VDE-Schriftenreihe   **44**

Blitzschutzanlagen
Erläuterungen zu
DIN 57185/VDE 0185

herausgegeben von der
Arbeitsgemeinschaft für Blitzschutz und
Blitzableiterbau (ABB) E.V.

bearbeitet von
Dipl.-Ing. Hermann Neuhaus VDE

1983

VDE-VERLAG GmbH
Berlin · Offenbach

VDE-Schriftenreihe Band 44
Blitzschutzanlagen
Erläuterungen zu
DIN 57 185/VDE 0185

herausgegeben von der
Arbeitsgemeinschaft für Blitzschutz und Blitzableiterbau (ABB) E. V.

i. Hs. Institut für Schadenverhütung und Schadenforschung
der öffentlich-rechtlichen Versicherer (IfS)
Preetzer Straße 75, D-2300 Kiel 14

bearbeitet von Hermann Neuhaus VDE

Redaktion: Erhard Sonnenfeld

CIP-Kurztitelaufnahme der Deutschen Bibliothek

Neuhaus, Hermann:
Blitzschutzanlagen : Erl. zu DIN 57 185/VDE 0185/
bearb. von Hermann Neuhaus. Hrsg. von d. Arbeitsgemeinschaft
für Blitzschutz u. Blitzableiterbau (ABB) e. V. –
Berlin; Offenbach : VDE-VERLAG, 1983.
  (VDE-Schriftenreihe; 44)
  ISBN 3-8007-1303-9

NE: Verband Deutscher Elektrotechniker: VDE-Schriftenreihe

ISSN 0506-6719
ISBN 3-8007-1303-9

© 1983 VDE-VERLAG GmbH, Berlin und Offenbach
    Bismarckstraße 33, D-1000 Berlin 12
Alle Rechte vorbehalten
Gesamtherstellung: Verlagsdruckerei VDE-VERLAG GmbH, Berlin

Inhalt

Vorwort ... 9
Überblick über Geschichte und Tätigkeit der Arbeitsgemeinschaft für Blitzschutz und Blitzableiterbau (ABB) E.V. ... 11

Teil 1 Allgemeines für das Errichten

Zu Beginn der Gültigkeit		13
Zu 1	Anwendungsbereich	13
Zu 2	Begriffe	13
Zu 2.1.1	Äußerer Blitzschutz	13
Zu 2.1.2	Innerer Blitzschutz	14
Zu 2.1.3	Isolierte Blitzschutzanlage	14
Zu 2.1.5 und 2.1.6	Schutzbereich und Schutzwinkel	14
Zu 2.6.3.2	Fernmeldeanlagen	14
Zu 2.8	Näherungen	15
Zu 3	Allgemeine Anforderungen	15
Zu 3.3	Planungsunterlagen	15
	Planung einfacher Blitzschutzanlagen	16
	Planung schwieriger Blitzschutzanlagen	17
Zu 4	Anforderungen an Bauteile	18
Zu 4.1	Werkstoffe, Bauteile und Betriebsmittel	18
Zu 4.1.1	Werkstoffe und Mindestmaße, Tabellen 1 und 2	18
Zu 4.1.2	Betriebsmittel	19
Zu 4.1.2.1	Schraubenverbindungen	19
Zu 4.1.2.2 und 4.3.1.6	Leitungshalter	19
Zu 4.1.2.3	Wetterbeständige Kunststoffmäntel von Leitungen	20
Zu 4.1.4	Ventilableiter	20
Zu 4.2	Verbindungen	20
Zu 4.2.4	Blindnieten an kunststoffbeschichteten Blechen	20
Zu 4.3	Maßnahmen gegen Korrosion	21
Zu 4.3.2	Erder	21
Zu 4.3.2.1	Erder aus Kupfer	21
Zu 4.3.2.2	Erder und Stahlbetonfundamente	21
Zu 4.3.2.3	Anschlußfahnen an Fundamenterdern	22

Zu 5	Ausführung des äußeren Blitzschutzes	22
Zu 5.1	Fangeinrichtungen	22
Zu 5.1.1.2.1	Maschenförmige Fangleitungen	24
Zu 5.1.1.2.2	Fangleitung oder Fangstange als Fangeinrichtung	28
Zu 5.1.1.2.3 und 5.1.1.2.4	Niedrige Dachaufbauten	31
Zu 5.1.1.3	Andere Dachaufbauten und Schornsteine	34
Zu 5.1.1.5 und 5.1.1.8	Brüstungsabdeckungen aus Metall, Dachdeckungen aus Metall	35
Zu 5.1.1.7	Unterdachanlage	37
Zu 5.1.1.9	Dächer mit Wärmedämmschichten	37
Zu 5.1.1.10	Dächer auf Stahlbindern	41
Zu 5.1.1.11	Dachdeckungen aus Wellasbestzement	41
Zu 5.1.1.12	Fangpilze	41
Zu 5.1.1.14	Fangeinrichtungen an Außenwänden	41
Zu 5.1.1.15	Trennung maschineller und elektrischer Einrichtungen der Aufzüge usw. von Fangeinrichtungen	43
Zu 5.1.1.16	Kleinere elektrische Installationen auf dem Dach	45
Zu 5.1.2	Isolierte Fangeinrichtungen	47
Zu 5.2	Ableitungen	50
Zu 5.2.1	Anzahl und Lage der Ableitungen	50
Zu 5.2.9	Ableitungen bei Stahlbetonbauten	51
Zu 5.2.10	Metallfassaden	51
Zu 5.2.11	Metallene Regenfallrohre	54
Zu 5.2.13	Trennstellen	54
Zu 5.3	Erdung	55
Zu 5.3.1	Voll funktionsfähige Erdung	55
Zu 5.3.2	Höhe des Erdungswiderstandes	56
Zu 5.3.4	Fundamenterder	56
Zu 5.3.6	Einzelerder	58
Zu 5.3.7	Ableitungen innerhalb ausgedehnter Gebäude	59
Zu 5.3.9	Schutz gegen Berührungsspannungen und Schrittspannungen bei Blitzeinschlag	60
Zu 6	Ausführung des inneren Blitzschutzes	63
Zu 6.1	Blitzschutz-Potentialausgleich	63
	Aufbau und Einsatz von Trennfunkenstrecken und anderen Funkenstrecken	63
Zu 6.1.1	Blitzschutz-Potentialausgleich mit metallenen Installationen	69

Zu 6.1.1.1	Arten der metallenen Installationen	69
Zu 6.1.1.2	Querschnitte der Blitzschutz-Potentialausgleichsleitungen	70
Zu 6.1.1.3	DVGW-Arbeitsblatt GW 306	72
Zu 6.1.1.4	Fremde Rohrleitungen	73
Zu 6.1.2 und 6.1.2.1	Blitzschutz-Potentialausgleich mit elektrischen Anlagen	73
Zu 6.1.2.2	Einbau von Überspannungsableitern in Starkstromnetzen	73
Zu 6.2	Näherungen	75
Zu 6.2.1	Näherungen zu metallenen Installationen	75
Zu 6.2.1.1	Arten der metallenen Installationen oberhalb des Potentialausgleichs	75
Zu 6.2.1.2	Näherungen in Aufzug-Maschinenräumen und Klimakammern auf dem Dach	75
Zu 6.2.1.3	Überbrückung von Näherungen mittels Trennfunkenstrecken	75
Zu 6.2.1.5 bis 6.2.1.7	Berechnung der notwendigen Abstände zur Beseitigung von Näherungen	75
Zu 6.2.2	Näherungen zu elektrischen Anlagen	79
Zu 6.2.2.1.1	Abstände zu Starkstromanlagen	79
Zu 6.2.2.1.3	Näherungen zu Dachständern für Starkstromfreileitungen	79
Zu 6.2.2.1.5	Starkstromanlagen auf dem Dach	79
Zu 6.1 und 6.2	Installationsarbeiten beim Blitzschutz-Potentialausgleich und bei Näherungen durch Elektrofirma oder Blitzschutzfirma	80
Zu 6.3	Überspannungsschutz für Fernmeldeanlagen und elektronische MSR-Anlagen im Zusammenhang mit Blitzschutzanlagen	80
Zu 6.3.3	Meßgeräte auf dem Dach oder an Außenwänden	80
Zu 6.3.4	Blitzschutz für Antennen	81
Zu 7	**Prüfungen**	81
Zu 7.1	Prüfung nach Fertigstellung	82
Zu 7.2	Prüfung bestehender Anlagen	82
	Anforderungen an Prüfer	83
	Tabelle 107. Prüfer von Blitzschutzanlagen	84

	Angeordnete Prüffristen	85
	Freiwillige Prüfungen von Blitzschutzanlagen	85
	Tabelle 108. Angeordnete Wiederholungsprüfungen und Prüffristen sowie die dafür zugelassenen Prüfer	86
	Tabelle 109. Empfohlene Fristen für Wiederholungsprüfungen (Vorschlag der Blitzableitersetzer und der Prüforganisationen)	88
	Anwendung der Tabellen 109 und 110	88
	Tabelle 110. Empfohlene Fristen für Wiederholungsprüfungen (Vorschlag der Gebäudeeigentümer, der Berufsgenossenschaften und der Sachversicherer)	89

Teil 2 Errichten besonderer Anlagen

Zu 4	**Bauliche Anlagen besonderer Art**	91
Zu 4.1	Freistehende Schornsteine	91
Zu 4.1.2.1	Fangeinrichtungen an nichtmetallenen Schornsteinen	91
Zu 4.1.2.4	Isolierte Befestigung der Ableitungen	93
Zu 4.1.2.7	Schornsteine aus Stahlbeton	93
Zu 4.1.3.1	Einbau von Ventilableitern	93
Zu 4.2	Kirchtürme und Kirchen	96
Zu 4.3	Fernmeldetürme aus Stahlbeton	96
Zu 4.4	Seilbahnen	98
Zu 4.5	Elektrosirenen	100
Zu 4.6	Krankenhäuser und Kliniken	100
Zu 4.7	Sportanlagen	104
Zu 4.8	Tragluftbauten	106
Zu 4.9	Brücken	109
Zu 5	**Nichtstationäre Anlagen und Einrichtungen**	112
Zu 5.1	Turmdrehkrane auf Baustellen	112
Zu 5.2	Automobilkrane auf Baustellen	114
	Freibäder	115
	Fliegende Bauten	115
	Dauer-Zeltlager	115
Zu 6	**Anlagen mit besonders gefährdeten Bereichen**	115
Zu 6.1	Feuergefährdete Bereiche	115
Zu 6.1.2	Gebäude mit weicher Bedachung	116
Zu 6.1.4	Windmühlen	120

Zu 6.2	Explosionsgefährdete Bereiche	120
Zu 6.2.1.2	Fernmelde- und MSR-Anlagen	120
Zu 6.2.1.4	Blitzschutz-Potentialausgleich	120
Zu 6.2.1.6	Anschlüsse an Rohrleitungen	121
Zu 6.2.1.7	Anschlüsse an Behälter und Tanks	121
Zu 6.2.2.2	Gebäude mit Bereichen der Zonen 1 und 11	121
Zu 6.2.2.2.1	Fangeinrichtungen am Gebäude	123
Zu 6.2.2.2.2	Isolierte Fangeinrichtungen	125
Zu 6.2.2.2.3	Stahlbauteile als Ableitungen	125
Zu 6.2.3.1.4	Erdung von Tanks im Freien	126
Zu 6.2.3.1.7, 6.2.3.2.1 und 6.2.3.2.2	Einbau von Trennfunkenstrecken	126
Zu 6.2.3.3.2	Elektrische Einrichtungen im Innern von Tanks	129
Zu 6.2.3.3.3	Mindestwanddicke von Behältern mit Zone 0 im Innern	129
Zu 6.3	Explosivstoffgefährdete Bereiche	129
Zu 6.3.2	Isolierte Blitzschutzanlage	129
Zu 6.3.3	Gebäudeblitzschutzanlage	133
Zu 6.3.5.1 und 6.3.6.3	Blitzschutz-Potentialausgleich mit metallenen Installationen und elektrischen Anlagen in den Gebäuden	133

Schrifttum 133

Anhänge

A	Die Blitzschutzbedürftigkeit baulicher Anlagen	135
B	Fundamenterder für den Potentialausgleich und als Blitzschutzerder; Merkblatt zur Schadenverhütung	167
C	Planung von Erdungsanlagen	175
D	Prüfung von Erdungsanlagen durch elektrische Messungen	201
E	Blitzstrom-Kennwerte	215
F	Personenblitzschutz gegen Berührungs- und Schrittspannungen bei Blitzeinschlag	229
G	Mindestabstände D zu Blitzschutzanlagen, abhängig von Durchmesser und Abstand der Ableitungen	249
H	Verbinden von Blitzschutzanlagen mit metallenen Gas- und Wasserleitungen in Verbrauchsanlagen	257
J	PTB-Merkblatt für den Blitzschutz an eigensicheren Stromkreisen, die in Behälter mit brennbaren Flüssigkeiten eingeführt sind	265

K Beispiel einer Leistungsbeschreibung und eines
  Leistungsverzeichnisses 271
L DIN-Normen bezüglich Planung, Errichtung und Prüfung von
  Blitzschutzanlagen 285
M Merkblätter zum Personenblitzschutz 287

Vorwort

Die bisher von der Arbeitsgemeinschaft für Blitzschutz und Blitzableiterbau (ABB) e. V., nachfolgend kurz ABB genannt, herausgegebene 8. Auflage des Buches „Blitzschutz und Allgemeine Blitzschutzbestimmungen" wurde aufgrund des im Jahre 1976 abgeschlossenen Kooperationsvertrages zwischen ABB und VDE durch die im November 1982 erschienene VDE-Richtlinie 57185 Teil 1/VDE 0185 Teil 1 „Blitzschutzanlage, Allgemeines für das Errichten" und DIN 57185 Teil 2/ VDE 0185 Teil 2 „Blitzschutzanlage, Errichten besonderer Anlagen" abgelöst. Nach diesem Kooperationsvertrag ist die ABB Herausgeber der zum besseren Verständnis der einzelnen Maßnahmen erforderlichen Erläuterungen.
Weil die Übernahme des ABB-Buches „Blitzschutz und Allgemeine Blitzschutzbestimmungen" in dieses Vorschriftenwerk weitgehend den Verzicht auf die bisher direkt in den Text eingefügten Ausführungsbeispiele, Zeichnungen und Bilder, Anhänge und Merkblätter erforderte, wurden diese, soweit erforderlich, in aktualisierter Form als Kommentar in diese Erläuterungen aufgenommen.
Verfasser dieses von der ABB autorisierten Kommentars zur DIN 57185/ VDE 0185 Teil 1 und 2 ist Dipl.-Ing. H. Neuhaus, Köln, dem für die umfangreiche Arbeit und große Mühe herzlich gedankt wird. Gedankt sei auch all denen, die Herrn Neuhaus zu verschiedenen Sachgebieten Anregungen gegeben oder Beiträge geleistet haben. Weitere Anregungen, die sich aus dem Umgang mit diesem autorisierten Kommentar ergeben, werden gern entgegengenommen.
Möge dieser autorisierte Kommentar auch demjenigen Personenkreis hilfreich sein, der sich nur teilweise mit Elektrotechnik befaßt.

Darmstadt, im Mai 1983

Der Vorsitzende der Arbeitsgemeinschaft für Blitzschutz und Blitzableiterbau (ABB) e. V.
Gräf

Überblick über Geschichte und Tätigkeit der Arbeitsgemeinschaft für Blitzschutz und Blitzableiterbau (ABB) e. V.

Im Jahre 1885 wurde ein Unterausschuß des Elektrotechnischen Vereins zu Berlin mit dem Ziele gegründet, die Blitzgefahr zu untersuchen. Als Ergebnis seiner Arbeiten erschienen zwei Druckschriften: im April 1886 „Die Blitzgefahr, Nr. 1" und wenige Jahre später, 1890, „Die Blitzgefahr, Nr. 2". In der Folge wurden dann die technischen Mittel zur Vermeidung von Blitzschäden gesucht.
Ein erster Abschluß dieser Arbeiten waren die im Jahre 1901 aufgestellten „Leitsätze zum Schutze der Gebäude gegen den Blitz", die noch im gleichen Jahre von der Jahresversammlung des Verbandes Deutscher Elektrotechniker (VDE) e. V. gutgeheißen wurden. Zu diesen wurden dann in den folgenden Jahren „Erläuterungen und Ausführungsvorschläge" und für einzelne besonders gefährdete Gebäude besondere Richtlinien herausgegeben. Nach dem ersten Weltkrieg galt der Frage der Erdung besondere Aufmerksamkeit, und mit den zuständigen Stellen wurden schließlich Richtlinien für den „Anschluß der Blitzableitungen an Wasser- und Gasleitungsrohre" ausgearbeitet. Diese Arbeiten führten dazu, den ABB wesentlich zu erweitern und als selbständigen Ausschuß umzubilden, in dem alle am Blitzschutz interessierten Kreise vertreten waren (Wissenschaft, Technik, Handwerk, Versicherungen usw.).
Seine erste Tätigkeit war die Zusammenfassung aller an den verschiedensten Stellen veröffentlichten Richtlinien in einer Broschüre mit dem Titel „Blitzschutz", deren erste Auflage im Jahre 1924 erschien. Weitere Auflagen in Taschenbuchform folgten in den Jahren 1926, 1932 und 1937. Bei allen Auflagen wurde der Wortlaut immer wieder durchgearbeitet, größere Änderungen wurden aber erst bei der 4. Auflage vorgenommen. Die Vorarbeiten für die nächste Auflage, die größere Veränderungen notwendig machten, wurden in den Jahren 1939 bis 1945 zunächst stark verzögert und dann ganz unterbrochen. Die Verhältnisse nach 1945 waren wenig geeignet, diese Arbeiten weiterzuführen, obwohl eine große Nachfrage nach dem restlos vergriffenen Taschenbuch herrschte. Es war untunlich, nochmals einen Nachdruck herzustellen, vor allem auch im Hinblick auf die in den letzten Jahrzehnten gewonnenen Erkenntnisse und Erfahrungen.
Die Notwendigkeit einer solchen neuen Ausgabe führte dann dazu, daß sich zunächst in den westlichen Besatzungszonen die am Blitzschutz

interessierten Kreise auf Veranlassung der Schleswig-Holsteinischen Landesbrandkasse und der Arbeitsgruppe öffentlich-rechtliche Versicherung zusammenfanden und in Wuppertal einen „Ausschuß für Blitzableiterbau für das Vereinigte Wirtschaftsgebiet (ABBW)" gründeten. In der damaligen sowjetischen Besatzungszone wurden diese Kreise bei der Kammer der Technik in der Fachkommission 8a „Gebäudeblitzschutz" zusammengefaßt. Damit waren zwei Ausschüsse vorhanden, die die Arbeiten des früher für ganz Deutschland tätigen ABB fortsetzen konnten. Es ist zu begrüßen, daß diese beiden Ausschüsse sich zu gemeinsamer Arbeit zusammenfanden. Diese Zusammenarbeit ermöglichte es, daß dem dringenden Verlangen nach einer dem Stande von Wissenschaft und Technik entsprechenden Darstellung des Gebäudeblitzschutzes entsprochen werden konnte.
In Gemeinschaftsarbeit brachten diese beiden Gremien 1951 das Buch „Blitzschutz" in der fünften Auflage heraus. Bis zur siebenten Auflage 1963 wurde es als Gemeinschaftsarbeit beider Ausschüsse herausgegeben. Erst die 1968 erschienene achte Auflage wurde vom ABB e.V. allein erarbeitet und veröffentlicht. Sie war bis zur Herausgabe des Weißdruckes von DIN 57185/VDE 0185 im November 1982 gültig.
Mit den Vorarbeiten für diese neuen Blitzschutzrichtlinien ist bereits im Jahre 1970 begonnen worden. 1976 wurde dann zwischen ABB und VDE der Kooperationsvertrag unterzeichnet, in dem festgelegt wurde, daß die Deutsche Elektrotechnische Kommission im DIN und VDE (DKE) zusammen mit der Arbeitsgemeinschaft für Blitzschutz und Blitzableiterbau (ABB) diese neue, als VDE-Richtlinie gekennzeichnete Norm erarbeitet.
Der Entwurf zu DIN 57185/VDE 0185 wurde im Februar 1978 im Gelbdruck zum Einspruch veröffentlicht und im November 1982 erschienen die VDE-Richtlinien im Weißdruck
— DIN 57185 Teil 1/VDE 0185 Teil 1 „Blitzschutzanlage, Allgemeines für das Errichten" und
— DIN 57185 Teil 2/VDE 0185 Teil 2 „Blitzschutzanlage, Errichten besonderer Anlagen".

Erläuterungen
zu DIN 57185 Teil 1 / VDE 0185 Teil 1
Blitzschutzanlagen
Allgemeines für das Errichten

Anmerkung: Die Ziffern sind die Bezeichnungen der Abschnitte in DIN 57185/VDE 0185. Die Bilder zu den Erläuterungen Teil 1 sind bezeichnet mit 101 und folgende, die Bilder zu den Erläuterungen Teil 2 sind bezeichnet mit 201 und folgende. Um die Übersichtlichkeit zu erhöhen, wurde den Abschnitten, die in DIN 57185/VDE 0185 keine Überschrift haben, in eckigen Klammern eine Überschrift vorangestellt.

Zu Beginn der Gültigkeit

Die früher in VDE-Bestimmungen übliche Forderung auf Anpassung bestehender Anlagen bei Vorliegen erheblicher Mißstände mit Gefahren für Leben und Gesundheit von Personen ist inzwischen nach VDE 022/6.77 entfallen. Eine Anpassung ist nur dann vorzunehmen, wenn das ausdrücklich für bestimmte Fälle angegeben ist. Solche Hinweise sind in DIN 57 185/VDE 0185 Teil 1 und Teil 2 nicht enthalten. Bei bestehenden Blitzschutzanlagen kann trotzdem eine Anpassung insbesondere bezüglich des inneren Blitzschutzes erforderlich sein, wenn z. B. nachträglich in die geschützte bauliche Anlage neue betriebs- und sicherheitswichtige elektrische und elektronische Einrichtungen eingebaut werden.

Zu 1 Anwendungsbereich

Ausführliche Unterlagen zur Abschätzung der Blitzschutzbedürftigkeit baulicher Anlagen enthält Anhang A.

Zu 2 Begriffe

Gegenüber dem Buch Blitzschutz 8. Auflage [2] ist der Abschnitt über Begriffe wesentlich erweitert worden. Nur ein Teil der Begriffe entspricht sinngemäß den Angaben in der 8. Auflage unter Anpassung an die neueren Begriffe in VDE 0100 und DIN 57141/VDE 0141. Folgende Begriffe sind neu oder wesentlich geändert worden:

Zu 2.1.1 [Äußerer Blitzschutz]
Der äußere Blitzschutz ist im wesentlichen das, was man früher die Gebäu-

deblitzschutzanlage nannte. Eine Trennung gegenüber dem inneren Blitzschutz war erforderlich, weil bei den heutigen Bauweisen und Installationen die größeren Schäden durch nichtzündende Blitze innerhalb der baulichen Anlagen zu erwarten sind und durch einen äußeren Blitzschutz allein nicht verhindert werden können.

Zu 2.1.2 [Innerer Blitzschutz]
Der innere Blitzschutz umfaßt den Blitzschutz-Potentialausgleich und Maßnahmen zum Überspannungsschutz elektrischer Anlagen. Dazu gehören Verbindungen mit metallenen Installationen und elektrischen Anlagen, die Beseitigung von Näherungen zu metallenen Installationen und elektrischen Anlagen oberhalb der Potentialausgleichsebenen sowie der Überspannungsschutz von Starkstrom- und Fernmeldeanlagen einschließlich Meß-, Steuer- und Regelanlagen (MSR-Anlagen).

Zu 2.1.3 [Isolierte Blitzschutzanlage]
Die isolierte Blitzschutzanlage entspricht dem bisher nur für explosivstoffgefährdete Bereiche vorgeschriebenen äußeren Blitzschutz mittels Fangstangen außerhalb der gefährdeten baulichen Anlagen, jetzt erweitert auf Fangleitungen und Fangnetze und zugelassen für alle Arten baulicher Anlagen.

Zu 2.1.5 und 2.1.6 [Schutzbereich und Schutzwinkel]
Fangeinrichtungen wird allgemein ein Schutzbereich und ein Schutzwinkel zugeordnet. In der 8. Auflage war das stillschweigend nur bei Fangstangen für explosivstoffgefährdete Bereiche angenommen.

Zu 2.6.3.2 Fernmeldeanlagen
Hier wurde der in VDE 0800 und VDE 0845 noch nicht enthaltene Begriff der elektrischen Meß-, Steuer- und Regelanlagen, abgekürzt MSR-Anlagen, eingefügt, weil ein Blitzschutz auch für diese Anlagen notwendig ist wegen ihrer Empfindlichkeit bereits gegen Überspannungen im Bereich von einigen Volt. MSR-Anlagen mit pneumatischen oder hydraulischen Übertragungsmitteln in metallenen Rohrleitungen gehören zu den metallenen Installationen nach Abschnitt 2.6.1.
Der Begriff MSR-Anlagen ist zusätzlich zu „Fernmeldeanlagen" oder „Informationsverarbeitungsanlagen" in der Industrie schon seit vielen Jahren gebräuchlich.
MSR-Anlagen sind meist ein Bestandteil eines Gesamtsystems einer Zentralen Leittechnik (ZLT). Die Warte oder der Leitstand, wo alle MSR-Anlagen angeschlossen sind, ist auf Blitzeinwirkungen ebenso empfindlich

wie sonstige Fernmeldeanlagen mit elektronischen Einrichtungen. Das wurde durch die Erfahrungen bisher vielfach bestätigt. Blitzschutz- und Überspannungsschutzmaßnahmen müssen daher für Warte oder Leitstand besonders sorgfältig geplant werden.

Zu 2.8 *[Näherungen]*

Der Begriff Näherungen entspricht dem früheren Begriff Eigennäherungen im Buch Blitzschutz, 8. Auflage. Wenn in Sonderfällen der Blitzschutz-Potentialausgleich von außen eingeführte Leitungen mit Erderwirkung nicht erfaßt hat, umfaßt der Begriff Näherungen auch den früheren Begriff Fremdnäherungen.

Zu 3 Allgemeine Anforderungen

Zu 3.3 [Planungsunterlagen]

Eine Blitzschutzanlage läßt sich besonders wirksam und wirtschaftlich errichten, wenn sie bereits bei der Planung der baulichen Anlage berücksichtigt wird. Dann kann sie bereits im Rohbau unter Ausnutzung aller geeigneten baulichen Bestandteile begonnen werden. Dazu werden z. B. in Zusammenarbeit der Blitzschutzfirma mit der Rohbaufirma Fundamenterder, Anschlußleitungen an die Bewehrungen von Einzelfundamenten und Plattenfundamenten sowie Ableitungen in den aufgehenden Stahlbetonstützen verlegt. Blitzschutzanlagen sollten daher so rechtzeitig geplant, ausgeschrieben und vergeben werden, daß ihr Bau zusammen mit den Rohbauarbeiten begonnen werden kann.
Begriffe für Planungsunterlagen sind bisher in den einschlägigen Normen nicht einheitlich geregelt. In der **VOB Teil C: Blitzschutzanlagen DIN 18384** enthält der Abschnitt 0 Hinweise für die **Leistungsbeschreibung**. Das ist im wesentlichen eine Beschreibung der Baustelle und der baulichen Anlage mit den zugehörigen Versorgungsleitungen. DIe VOB wird seitens der Baubehörden von Bund, Ländern und Gemeinden in der Regel vertraglich vereinbart. Das gleiche gilt für den sozialen Wohnungsbau, da sie klare Vertragsverhältnisse zwischen Auftraggeber und Auftragnehmer schafft hinsichtlich Ausschreibung, Vergabe, Ausführung und Abrechnung von Bauleistungen. Eine Anwendung der VOB außerhalb der angegebenen Bereiche ist bisher nicht üblich.
Das Standardleistungsbuch für das Bauwesen/StLB 050, Leistungsbereich Blitzschutz- und Erdungsanlagen, ist unterteilt in die Ab-

schnitte Standardbeschreibung und Standardleistungsbeschreibung. Die **Standardbeschreibung** enthält unter anderem Technische Bedingungen, wie die Richtlinie DIN 57185/VDE 0185, über Lieferung von Planungsunterlagen und Angaben über die Raumarten wie feucht oder trocken, und Betriebsstätten wie explosionsgefährdet, landwirtschaftlich usw. Die **Standardleistungsbeschreibung** enthält im wesentlichen die Massenaufstellung der Bauteile der Blitzschutzanlage wie Fangeinrichtungen, Ableitungen, Erdungseinrichtungen. Das Standardleistungsbuch ist durch die Verschlüsselung der Leistungen für die automatisierte Datenverarbeitung geschaffen und ermöglicht dadurch eine Automation von Ausschreibung, Vergabe und Abrechnung von Bauleistungen. Eine Anwendung ist wohl auf sehr große Bauvorhaben beschränkt. Für kleine und mittlere Blitzschutzanlagen ist die Anwendung zu aufwendig.

Die Norm **DIN 48830 Blitzschutzanlage-Beschreibung** (zur Zeit Entwurf) ist unterteilt in eine ausführliche Beschreibung des Bauwerkes und eine Beschreibung der ausgeführten Blitzschutzanlage. Dazu kommt eine Zusammenstellung der üblichen Zeichnungen und Prüfberichte. Diese Norm enthält eine Aufstellung der Daten und Unterlagen, die für eine fertige Blitzschutzanlage z. B. in einem Prüfbuch aufbewahrt werden sollen. Für die Planung einer Blitzschutzanlage ist nur der Teil mit der Beschreibung zum Bauwerk brauchbar.

Planung einfacher Blitzschutzanlagen

Als Ausschreibungsunterlagen für einfache Blitzschutzanlagen, z. B. auf Wohngebäuden, Verwaltungsgebäuden, Gewerbebetrieben, Lagerhallen ohne nennenswerte Fernmelde- und elektronische Anlagen, genügen ein Lageplan sowie Baupläne (Grundrisse, Schnitte, Ansichten) und Angaben über Versorgungsleitungen. Die zum Angebot aufgeforderten Blitzschutzfirmen erarbeiten überschlägig eine Ausführungsskizze und eine Materialaufstellung als Grundlage für ihr Angebot. Die Blitzschutzfirma, die später den Auftrag erhält, muß eine Entwurfszeichnung mit Erläuterungen anfertigen und dem Auftraggeber vor Beginn der Arbeiten vorlegen. Der innere Blitzschutz besteht bei solchen einfachen Anlagen nur in der Verlegung einer Anschlußfahne zur Potentialausgleichsschiene. Bei baulichen Anlagen in exponierter Lage wie einsam oder auf Anhöhen sowie bei Anschluß an Freileitungen sollte der Einbau von Überspannungsableitern in der Starkstromanlage zusätzlich angeboten werden. Siehe dazu die Erläuterungen zu Abschnitt 6.1.2.2.

Planung schwieriger Blitzschutzanlagen

Neuzeitliche Verwaltungsgebäude enthalten meist umfangreiche Fernmeldeanlagen, EDV-Anlagen, Gebäudeleittechnik mit elektronischen Bauteilen usw. Industrieanlagen enthalten z. B. umfangreiche Prozeßleitanlagen und andere elektronische MSR-Anlagen, verteilt auf viele Gebäude und Außenanlagen. Bei der Planung der Blitzschutzanlagen für derartige bauliche Anlagen müssen die beteiligten Firmen, z. B. für die Starkstromanlage, die Fernmeldeanlage, die Leittechnik, die MSR-Anlagen, Feuermeldeanlagen, Sicherheitsmeldeanlagen mit einer Blitzschutzfirma oder einem Ingenieurbüro, gegebenenfalls wenn es sich auf Bauteile oder Geräte bezieht, auch mit deren Hersteller, zusammenarbeiten. Dabei ist zunächst festzustellen, ob und inwieweit der äußere Blitzschutz verstärkt werden soll gegenüber Normalanlagen, z. B. durch Vermehrung der Fangeinrichtungen und Ableitungen und gegebenenfalls Vermaschung der Erdungsanlagen zusammengehöriger Gebäude. Daraufhin können die anderen Firmen festlegen, welchen Umfang der innere Blitzschutz erhalten muß, damit ihre Anlagen ausreichend sicher vor Blitzeinwirkung sind. Daraus ergeben sich die auf die Blitzschutzfirma entfallenden Arbeiten für den inneren Blitzschutz, z. B.:
– Ort und Größe zusätzlicher Potentialausgleichsschienen
– Lage zusätzlicher Anschlußfahnen für
 Versorgungsleitungen wie Wasser, Gas, Postkabel;
 Hochspannungsstation, Niederspannungsverteilungen;
 Aufzugschächte;
 Heizzentrale, Kältezentrale, Klimazentrale;
 EDV-Anlage, Leitstand für Leittechnik, für Prozeßtechnik;
 Kabelbühnen, Kabelkanalbewehrungen;
 Rohrkanäle usw.
Auf Grund dieser Vorarbeiten kann die beteiligte Blitzschutzfirma oder das Ingenieurbüro die Ausschreibungsunterlagen für die Blitzschutzanlage ausfertigen. Dazu gehören insbesondere:
– Lageplan;
– Baupläne der Gebäude;
– Beschreibung der Gebäude nach Aufbau, Zweck und Einrichtungen;
– Beschreibung der vorgesehenen Blitzschutzanlage
 (üblicherweise Leistungsbeschreibung genannt);
– Aufstellung der zu verwendenden Leitungen, Bauteile nach Normbezeichnungen, Stückzahlen, Längen usw.;
 (üblicherweise Leistungsverzeichnis genannt);
– Entwurfspläne für den äußeren und inneren Blitzschutz.

Die Blitzschutzfirma, die den Auftrag erhält, muß die Unterlagen prüfen und etwaige Ergänzungsvorschläge gegebenenfalls vom Auftraggeber genehmigen lassen.
Anhang K enthält je ein Beispiel einer Leistungsbeschreibung und eines Leistungsverzeichnisses.

Zu 4 Anforderungen an Bauteile

Zu 4.1 Werkstoffe, Bauteile und Betriebsmittel

Zu 4.1.1 [Werkstoffe und Mindestmaße, Tabellen 1 und 2]

Zu Tabelle 1

Der in den Reihen 2, 12, 15 und 23 angegebene nichtrostende Stahl nach den Werkstoffnummern 1.4301 oder 1.4541 ist so ausgewählt, daß er den bei Blitzschutzanlagen auftretenden Korrosionseinflüssen standhält. Diese Stähle enthalten mindestens 18% Cr und 9% Ni und sind schweißbar. Anlauffarben oder Zunder vom Schweißen müssen durch Abbeizen oder Schleifen entfernt werden, weil sonst Korrosionen möglich sind.
Die Reihen 5 und 26 enthalten zusätzlich zu dem bisher üblichen Draht von 10 mm Durchmesser aus Reinaluminium auch einen Draht von 8 mm Durchmesser aus einer Aluminium-Knetlegierung (AlMgSi). Der Draht von 10 mm Durchmesser muß vor dem Verlegen verdrillt oder gereckt werden. Diese Vorbehandlungen bewirken eine starke Erhöhung der Steifigkeit, so daß diese Drähte, wie die Erfahrung zeigt, einwandfrei gerade liegen bleiben. Drähte aus Aluminium-Knetlegierung haben von sich aus eine entsprechend hohe Härte und Steifigkeit, so daß eine Vorbehandlung bei deren Verlegung entfällt.
In den Reihen 11 bis 13 sind Fangstangen nach DIN 48802 nur aus Vollmaterial und mit Längen bis 1500 mm enthalten. Fangstangen nach Abschnitt 5.1.1.2.2 müssen jedoch zur Erzielung eines ausreichenden Schutzbereiches unter Umständen wesentlich größere Längen erhalten. Solche Fangstangen können als Metallrohre bemessen werden in Anlehnung an die Vorschriften über die Festigkeitsberechnung von Antennenstandrohren (VDE 0855 und darin angegebene Unterlagen).
Die in Zeile 32 genannte Verbindungsleitung H07V-K ist eine einadrige feindrähtige Kupferleitung mit PVC-Isolierung für Spannungen bis 750 V; sie entspricht der früheren VDE-gemäßen Leitung NYAF (H heißt IEC-harmonisiert).

Zu Tabelle 2

Zu Reihe 5 ist als Fußnote angegeben, daß verzinkter Draht von 10 mm Durchmesser nicht für Fernmeldeanlagen der Deutschen Bundespost gilt. Das bezieht sich auf die Schirmleiter, die als Blitzschutz in 10 bis 30 cm Abstand oberhalb von Erdkabeln mit isolierender Außenhülle verlegt werden. Für diese Schirmleiter ist ein Durchmesser von 8 mm vorgeschrieben (Fernmeldebauordnung Teil 16 C).
Als Erdeinführung ist in Tabelle 2 nur die Erdeinführungsstange von 16 mm Durchmesser genannt (Reihe 6 und Reihe 11). Es ist aber nach wie vor zulässig, auch Bandstahl der üblichen Abmessung 30 mm × 3,5 mm als Erdeinführung zu verwenden (siehe auch Beispiele 3 und 4 in DIN 48803, Montagemaße für Blitzableiter, zur Zeit Entwurf).

Zu 4.1.2 *[Betriebsmittel]*
Als „Betriebsmittel" gelten z. B. Trennfunkenstrecken, Ventilableiter und Überspannungsschutzeinrichtungen.

Zu 4.1.2.1 *[Schraubenverbindungen]*
Anschlüsse und Verbindungen bei Aluminiumbauteilen werden meist nicht nur mit Federringen aus nichtrostendem Sahl sondern auch mit Schrauben aus nichtrostendem Stahl hergestellt. Auch Schrauben aus verzinktem Stahl sind dazu geeignet. Die Verträglichkeit von Aluminium mit Schrauben aus nichtrostendem Stahl auch im Freien trotz des wesentlich höheren Potentials des „Edelstahls" erklärt sich daraus, daß die Fläche des unedleren Aluminiums wesentlich größer ist als die Schraubenflächen. (Siehe dazu Anmerkung zu Abschnitt 4.3.2.)
Auch für Schraubenverbindungen bei Bauteilen aus Kupfer sind Federringe aus nichtrostendem Stahl geeignet.

Zu 4.1.2.2 und 4.3.1.6 *[Leitungshalter]*
In beiden Abschnitten sind Aussagen über Leitungshalter enthalten, die scheinbar nicht übereinstimmen. Im Abschnitt 4.1.2.2 sind alle gängigen Leitungshalter aufgeführt, aus denen für jede übliche Leitungsart, ob Stahl verzinkt, Aluminium, Kupfer, jeweils korrosionssichere Halter ausgewählt werden können.
Im Abschnitt 4.3.1.6 sind darüber hinaus Einlagen aus Kunststoff zugelassen, wenn die Werkstoffe von Leitungen und Haltern unterschiedlich sind. Das kann vorkommen, wenn z. B. während der Errichtung der Blitzschutzanlage Leitungshalter aus verzinktem Stahl schon gesetzt sind, der Bauherr aber nachträglich die Verlegung von Leitungen aus Kupfer verlangt. In

solchen Fällen sind auch Einlagen aus Doppelmetall in den Leitungshaltern mit bestem Erfolg verwendet worden. Bei Einlagen aus Kunststoff kommt es wesentlich auf die richtige Auswahl hinsichtlich der Wetterbeständigkeit an (siehe auch Erläuterungen zu Abschnitt 4.1.2.3).

Zu 4.1.2.3 [Wetterbeständige Kunststoffmäntel von Leitungen]
Als besonders witterungs- und ozonbeständig gelten viele Arten von synthetischem Kautschuk. Auch Kabelmäntel aus PVC sind gut witterungsbeständig. Eine Blitzschutzfirma kann die Witterungsbeständigkeit nicht selbst prüfen, sondern muß sie gegebenenfalls in der Bestellung ausdrücklich verlangen.

Zu 4.1.4 [Ventilableiter]
Der übliche Ventilableiter nach VDE 0675 bzw. IEC 99.1 ist eine Reihenschaltung aus Funkenstrecke und Varistor. In Sonderfällen können Varistoren (insbesondere Zinkoxid-Varistoren) ohne Funkenstrecke oder folgestromlöschende Funkenstrecken eingesetzt werden. Zinkoxid-Varistoren haben eine niedrigere Begrenzungsspannung als Ventilableiter, jedoch einen geringen Leckstrom. Dieser kann gegebenenfalls ihren Einsatz beschränken. Die folgestromlöschenden Funkenstrecken haben gegenüber den Ventilableitern eine höhere Ansprechspannung und eine wesentlich höhere Stromtragfähigkeit. Ihr Vorteil liegt im Schutz gegen direkte Blitzeinschläge. Bezüglich des Einsatzes von Ventilableitern siehe Erläuterungen zu Abschnitt 6.1.2.2.

Zu 4.2 Verbindungen

Zu 4.2.4 [Blindnieten an kunststoffbeschichteten Blechen]
Anschlüsse an kunststoffbeschichteten Blechen lassen sich mittels Laschen, z. B. nach DIN 48841, und Blindnieten kontaktsicher herstellen, ohne die Kunststoffschichten entfernen zu müssen. Ein metallener Kontakt entsteht durch die Aufweitung des Blindnietschaftes in der Bohrung, die einen hohen Lochleibungsdruck zur Folge hat. Versuche an Mustern mit 20maliger Belastung nach DIN 48810 (Entwurf) ergaben keine Veränderungen. Für 5 Blindnieten von 3,5 mm Durchmesser und bei einer Blechdicke von 0,7 mm betrug der Kontaktwiderstand vor und nach der Belastung 40 µOhm. Blindnieten auf Dächern sollten in geschlossener, d. h. wasserdichter Ausführung verwendet werden. Die Zugnägel müssen auch hier aus nichtrostendem Stahl bestehen.

Zu 4.3 Maßnahmen gegen Korrosion

Die in der letzten Zeile angegebene Korrosionsschutzmaßnahme „Trennung verschiedener Metalle" ist bereits in den Erläuterungen zu den Abschnitten 4.1.2.2 und 4.3.1.6 erklärt. Es handelt sich z. B. um Einlagen aus Doppelmetall bei Anschlüssen von Kupfer an Aluminium oder Stahl. Für Leitungsverbindungen sind Zweimetallklemmen zweckmäßig. Bleieinlagen neigen mit der Zeit zum Fließen des Materials, wodurch eine schlechte Kontaktgabe entsteht. Bei Blitzstrombeanspruchung führt dies zu Lichtbogenbildung und Schmelzen oder Spritzen des Bleis. Bleieinlagen sind deshalb nicht nur bei derartigen Verbindungen sondern grundsätzlich bei allen Verbindungen unzulässig. Nur bei Leitungshaltern bestehen keine Bedenken gegen Bleieinlagen.

Zu 4.3.2 Erder
Zu 4.3.2.1 [Erder aus Kupfer]
Erder aus Kupfer sind z. B. bei großen Kraftwerken erforderlich wegen der notwendigen Stromtragfähigkeit bei Kurzschlüssen. Diese Erdungsnetze dienen gleichzeitig als Blitzschutzerder. Zusätzliche Erder aus verzinktem Stahl für Blitzschutzzwecke sind dann nicht zulässig. Die unvermeidliche Verbindung der Erder aus Kupfer mit der Bewehrung von Stahlbetonbauten ist im Hinblick auf die Korrosion unbedenklich, weil Stahl in Beton ein dem Potential von Kupfer in Erde nahe gelegenes Potential hat.

Zu 4.3.2.2 [Erder und Stahlbetonfundamente] (siehe auch Erläuterungen zu Abschnitt 5.3.4)
Vor der allgemeinen Einführung des Fundamenterders war es üblich, bei baulichen Anlagen mit umfangreichen Stahlbetonfundamenten einen Ringerder aus verzinktem Stahl zu verlegen. Je nach den Bodenverhältnissen zeigte sich nach wenigen oder manchmal auch erst nach vielen Jahren, daß von dem Ringerder nur noch geringe verrostete Reste übrig waren. Als Ursache wurde eine elektrolytische Korrosion infolge des edleren Potentials von Stahl in Beton gegenüber Stahl und verzinktem Stahl in Erde erkannt. Die Abhilfsmaßnahme einer Verbindung über Trennfunkenstrecken kommt in der Praxis nicht infrage, wenn der Blitzschutzerder auch als Erder der Starkstromanlage dienen soll.
Bei Neubauten sind daher stets Fundamenterder zu verlegen, und soweit vorhanden, die Bewehrungen von Stahlbetonfundamenten einzubeziehen. Wenn zusätzlich äußere Erder erforderlich sind, z. B. eine unabhängige Erdung für Meßzwecke, Fernmeldeanlagen oder EDV-Anlagen, dürfen verzinkte Stahlerder verwendet werden, wenn in diesen Fällen keine galvanische Verbindung mit sonstigen Erdungsanlagen vorgenommen

wird. Eine Verbindung ist jedoch über Trennfunkenstrecken notwendig zum Blitzschutz-Potentialausgleich.

Zu 4.3.2.3 [Anschlußfahnen an Fundamenterdern] (siehe auch Erläuterungen zu Abschnitt 5.3.4)
Die Leitungsführung b in Bild 1 bedeutet, daß die angegebenen Leitungen Erdeinführungen sind. Nach Tabelle 1 sind als Erdeinführungen nur Stahl und Kupfer von 16 mm Durchmesser angegeben. Erdeinführungen aus schwächeren Leitungen, die nach Bild 1 zugelassen sind, müssen demnach zusätzlich einen mechanischen Schutz erhalten. Dazu eignen sich z. B. Schutzrohre aus starkwandigem witterungsbeständigem PVC, z. B. mit 5 mm Wanddicke. Schutzrohre aus Metall sind nicht zulässig, auch nicht für Erdeinführungen nach Abschnitt 4.3.2.5. Gemäß Erläuterungen zu Tabelle 2 ist auch Bandstahl 30 mm × 3,5 mm für Erdeinführungen wie bisher zulässig.

Zu 5   Ausführung des äußeren Blitzschutzes

Zu 5.1   Fangeinrichtungen

Die Richtlinien über Fangeinrichtungen sind durch die Annahme eines Schutzwinkels und eines Schutzbereiches gegenüber dem Buch Blitzschutz, 8. Auflage, erheblich geändert und erweitert worden.
Ein Schutzbereich mit einem Schutzwinkel von 45° gilt für einzelne Fangleitungen und Fangstangen und ist abgeleitet aus einem kreisbogenförmigen Schutzbereich nach **Bild 101 a**.
Zwischen 2 parallelen Fangleitungen wird ein zylinderförmiger Schutzraum angenommen mit einem Zylinderradius nach **Bild 101 b**.
Zwischen 2 Fangstangen und zwischen Fangstangen an mehreren Ecken einer baulichen Anlage und bei Fangeinrichtungen unterschiedlicher Höhe auf einem Dach ist die Beurteilung des Schutzbereiches mittels Kreisbogen schwierig. Einfacher ist in diesen Fällen die Annahme einer „Blitzkugel" mit den gleichen Radien wie bei den Kreisbogen. Solche Verfahren sind schon seit vielen Jahren gebräuchlich [11, 12]. Es ergibt sich dann eine fiktive Fangleitung zwischen zwei Fangstangen und eine fiktive Fangebene zwischen mehr als zwei Fangstangen.
Die Berechtigung der Annahme der kreisbogenförmigen Schutzbereiche ist gegeben durch die sehr guten Erfahrungen mit Blitzschutzseilen und Blitzschutzstangen in Hochspannungs-Freiluftanlagen (DIN 57101/ VDE 0101/11.80). Auch bei Blitzschutzanlagen auf baulichen Anlagen

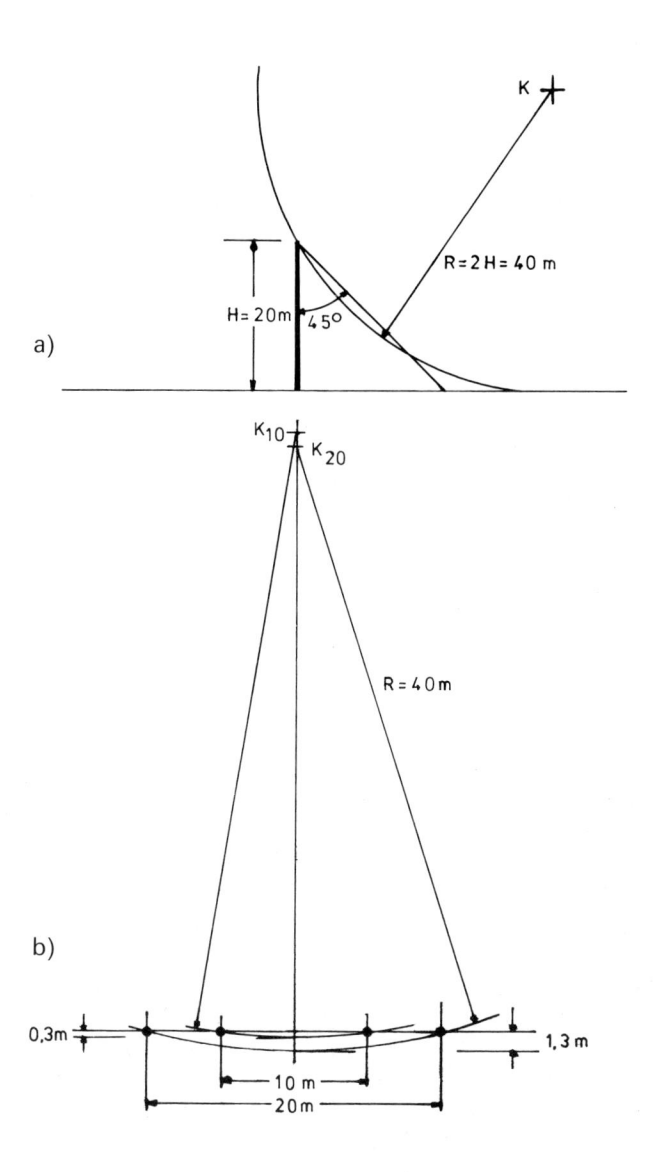

Bild 101. Schutzwinkel und Schutzbereich von Fangeinrichtungen
a) Schutzwinkel von 45° einer Fangstange oder Fangleitung bis zu 20 m Höhe. Enddurchschlagstrecke $R=2H=40$ m ist abgeleitet in Angleichung an den Schutzwinkel bei Freiluftanlagen nach DIN 57101/VDE 0101.
b) Durchgriff eines Blitzes zwischen parallelen Fangleitungen mit 10 m und 20 m Abstand bei Annahme des gleichen Radius $R=40$ m.

haben sich die bisherigen Fangeinrichtungen gut bewährt. Gelegentlich vorgekommene Blitzeinschläge in einigen Metern Abstand von Fangeinrichtungen verursachten nur geringfügige Schäden, waren also stromschwach. Die Verringerung der Maschenbreite bei Fangleitungen auf Dächern von 20 m auf 10 m ist eine Folge der Schutzraumannahme zwischen parallelen Seilen nach Bild 101 b. Bei einem Seilabstand von 10 m erschien der geringe „Durchgriff" von 0,3 m zulässig, weil bis zu diesem Abstand meistens keine geerdeten Metallteile mit der Möglichkeit der Ausbildung von Fangentladungen vorhanden sind. Die Zulassung eines „Durchgriffes" von 1,3 m, wie er sich bei einem Leiterabstand von 20 m ergibt, erschien dagegen nicht mehr vertretbar.

Über den Schutzbereich, über Fangentladungen, über die Enddurchschlagstrecke usw. wird immer noch in zahlreichen theoretischen Arbeiten und aufgrund von Modellversuchen berichtet, ohne daß bisher eine Einigung erzielt wurde [10].

Die in DIN 57185/VDE 0185 angenommenen Daten ergeben indes auf Grund aller Erfahrungen eine für den praktischen Gebäudeblitzschutz ausreichende Sicherheit.

Aus dem Schutzbereich von Fangstangen und Fangleitungen und dem Durchgriff bei parallelen und vermaschten Fangleitungen wurde in DIN 57185/VDE 0185 die **„isolierte Blitzschutzanlage"** entwickelt. Für einige Sonderfälle, nämlich in DIN 57185/VDE 0185 Teil 1, Abschnitt 6.3 (Überspannungsschutz für Fernmeldeanlagen) und in Teil 2, Abschnitte 6.2 und 6.3 (explosionsgefährdete und explosivstoffgefährdete Bereiche) sind die Schutzwinkel und Schutzbereiche der Fangeinrichtungen zum Teil erheblich eingeschränkt gegenüber den „Normalbereichen" nach Abschnitt 5.1 in Teil 1.

Zu 5.1.1.2.1 [Maschenförmige Fangleitungen]
Fangeinrichtungen, die in Maschenform verlegt werden müssen, bedingen in der Regel einen erhöhten Aufwand an Leitungen gegenüber den Bestimmungen im Buch Blitzschutz, 8. Auflage. Die grundsätzliche Forderung auf geschlossene Maschen ist dabei nicht von Bedeutung; denn auch nach der 8. Auflage mußten alle Firsten, Giebelkanten, Grate und Traufkanten mit Fangleitungen versehen werden, soweit die Gebäudebreite über 12 m betrug. Ein erhöhter Aufwand entsteht durch die Forderung eines Abstandes von 5 m statt früher 10 m zwischen allen zu schützenden Teilen und einer Fangeinrichtung.

Beispiele zeigen die **Bilder 102, 103, 105 bis 108.**

Nach Meinung der Errichter von Blitzschutzanlagen ist der erhöhte Aufwand an Fangeinrichtungen auf Grund aller bisherigen Erfahrungen mit den

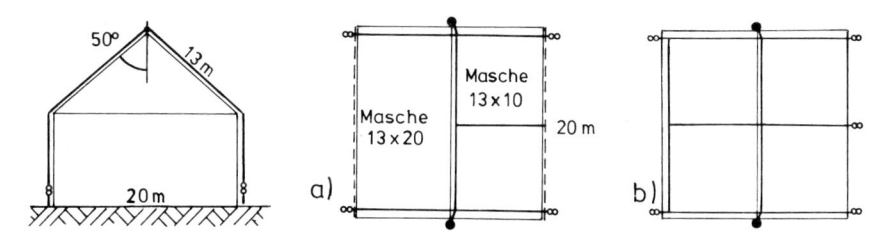

Bild 102. Maschenförmige Fangleitungen auf einem Satteldach mit Dachwinkel über 45°
a) Regenrinnen aus Metall; Fangleitungen auf dem First und an den Giebelkanten ergeben zusammen mit den Fangrinnen Maschen von 13 m × 20 m (linke Bildhälfte). Diese Maschen sind zu groß. Zusätzliche Fangleitung in Dachmitte zwischen First und Traufe ergibt Maschen von 13 m × 10 m (rechte Bildhälfte).
b) Regenrinnen aus Kunststoff; um die Maschenanordnung wie bei a) rechts zu erhalten, Fangleitungen auch an den Traufen verlegen. Falls aus baulichen Gründen nicht möglich, bei Gebäuden bis 20 m Firsthöhe auf Leitungen an den Traufen verzichten, und wie Bild b) zeigt, zusätzliche Ableitungen in Dachmitte verlegen.

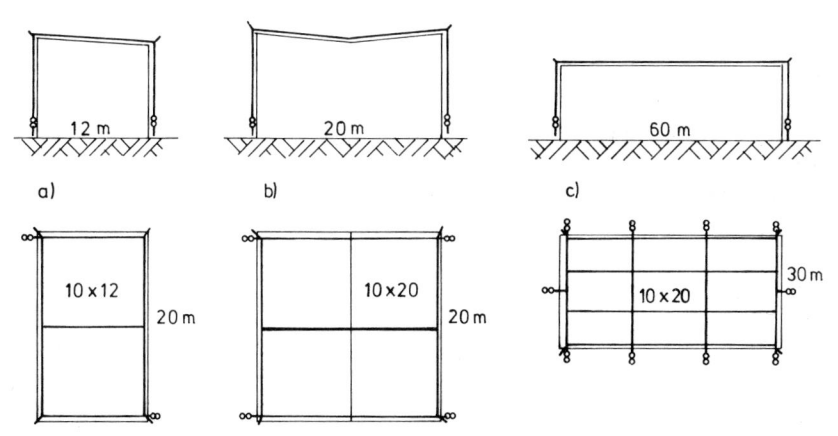

Bild 103. Fangleitungen und Ableitungen bei Gebäuden mit Flachdach oder Pultdach; Fangleitungen an allen Dachkanten erforderlich, soweit nicht metallene Regenrinnen oder Metalleinfassungen als Fangeinrichtungen wirksam sind. Zusätzliche Fangleitungen auf der Dachfläche so verlegen, daß die Maschengröße von 20 m × 10 m nicht überschritten wird.
Ableitungen:
a) $n = U/20 = 64/20 = 3{,}2$; abrunden auf 3; Abzug -1 ergibt 2 Ableitungen, da Breite bis 12 m
b) $n = U/20 = 80/20 = 4$ Ableitungen
c) $n = U/20 = 180/9 = 9$ Ableitungen; Zuschlag $+1$ ergibt 10 Ableitungen, da symmetrisches Gebäude.

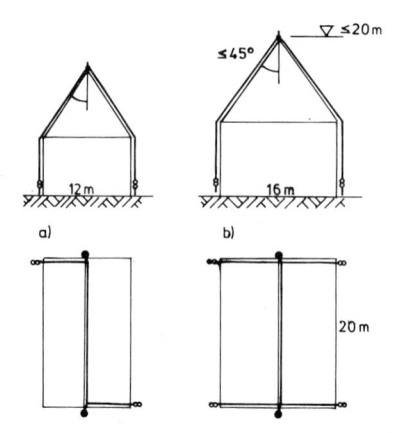

Bild 104. Fangleitungen und Ableitungen bei Gebäuden mit Satteldach mit Dachwinkel bis 45°; Firstleitung genügt als Fangeinrichtung; metallene Regenfangrinnen an Ableitungen anschließen.
Ableitungen:
a) $n = U/20 = 64/20 = 3,2$; abrunden auf 3; Abzug -1 ergibt 2 Ableitungen, da Gebäudebreite bis 12 m
b) $n = U/20 = 72/20 = 3,6$; aufrunden auf 4; 4 Ableitungen, da Gebäudebreite über 12 m.

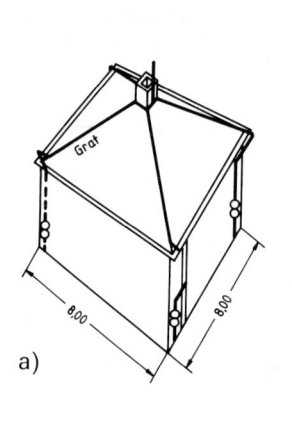

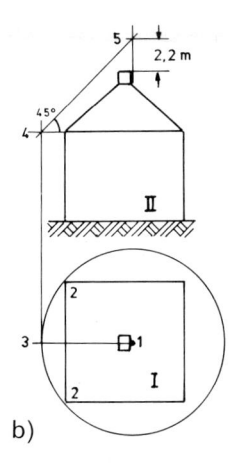

Bild 105. Das Zeltdach
a. Eine Blitzschutzanlage mit Fangleitungen muß alle Grate und Traufen erfassen. Das ist für ein kleines Gebäude ein erheblicher Aufwand. Einfacher ist eine Fangeinrichtung aus einer Fangstange auf der Dachspitze. Beispiel dazu zeigt Bild 105 b.
b. Im Grundriß I zeigt Punkt 1 die Lage der Fangstange. Um Punkt 1 durch die Gebäudeecken 2 einen Kreis schlagen. Vom Punkt 3 eine Senkrechte bis zum Schnittpunkt 4 mit der Traufenebene ziehen.
Winkel von 45° von Punkt 4 in Richtung Dachspitze bei 5 auftragen. Schnittpunkt mit Fangstangenachse ergibt Fangstangenhöhe von 2,2 m. Fangstangenspitze bildet mit Kreis im Grundriß I den Schutzkegel von 45° in Höhe der Traufenebene.

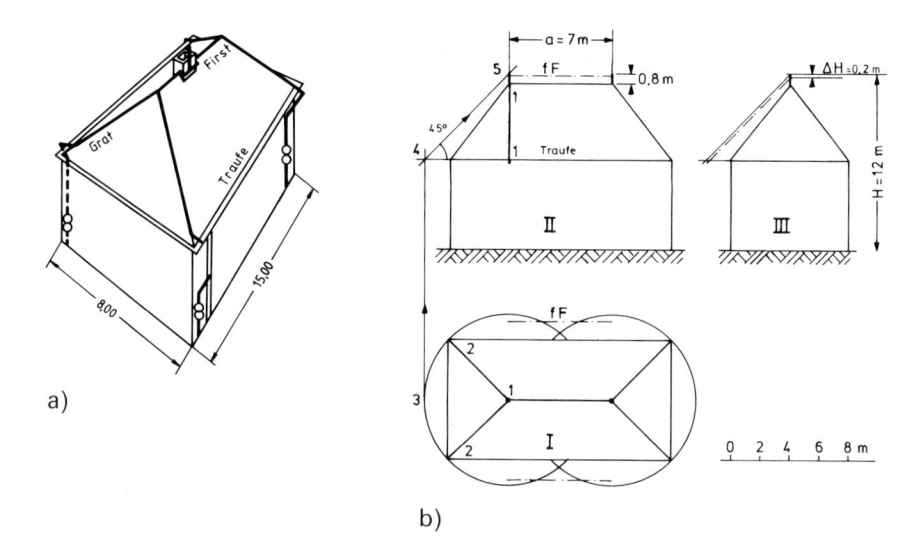

Bild 106. Das Walmdach

a. Eine Blitzschutzanlage mit Fangleitungen muß den First, alle Grate und alle Traufen erfassen.

Weniger Aufwand ist mit einer Fangeinrichtung aus zwei Fangstangen an den Firstenden möglich. Bild 106b zeigt die Konstruktion dazu.

b. Im Aufriß II ist 1–1 die Achse einer Fangstange auf einem Firstende. Im Grundriß I ist das Firstende ebenfalls mit 1 bezeichnet. Im Grundriß um Punkt 1 einen Kreis durch die zwei Gebäudeecken 2 schlagen.
Vom Punkt 3 eine Senkrechte bis zum Schnittpunkt 4 mit der Traufenebene im Aufriß II ziehen.
Winkel von 45° von Punkt 4 in Richtung Firstende bei 5 auftragen. Schnittpunkt mit Fangstangenachse ergibt Fangstangenhöhe von 0,8 m. Zwischen den 2 Fangstangen fiktive Fangleitung nach Teil 1, Bild 7 ermitteln; für $a = 7$ m und $H = 12$ m ergibt das $\Delta H = 0{,}2$ m.
In der Stirnansicht III Schutzwinkel von 45° für die Fangstangenspitze und die fiktive Fangleitung einzeichnen.
Im Grundriß I Schutzbereiche der zwei Fangstangen als Kreise und Schutzbereich der fiktiven Fangleitung als Linien parallel zur Traufe einzeichnen. Gebäude liegt voll im Schutzbereich der zwei Fangstangen. Fiktive Fangleitung wäre hier nicht nötig.
Beide Fangstangen durch Firstleitung verbinden und Schornstein anschließen. Es genügen 2 Ableitungen bei dem Gebäudegrundriß von 8 m × 15 m. Der Schornstein ist zur besseren Übersicht hier nicht eingezeichnet.

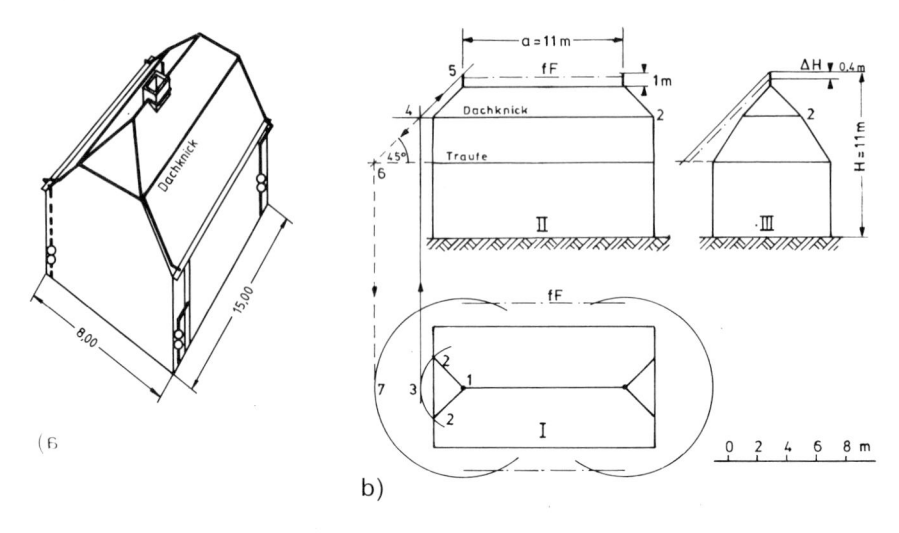

Bild 107. Das Krüppelwalmdach mit Dachknick
a) Eine Blitzschutzanlage mit Fangleitungen muß den First, die Dachknicks, alle Grate und alle Traufen erfassen. Weniger Aufwand ist mit zwei Fangstangen auf den Firstenden möglich. Bild 107b zeigt die Konstruktion dazu.
b) Die Konstruktion der Fangstangenhöhe ist die gleiche wie beim Walmdach nach Bild 106b. Jedoch wird der Grundkreis des Schutzkegels im Grundriß I nicht um die Gebäudeecken, sondern um die Enden der Dachknicks gezeichnet. Die Fangstangenhöhe beträgt 1 m. Für die fiktive Fangleitung ergibt sich mit $a = 11$ m und $H = 11$ m ein $\Delta H = 0,4$ m.
Die in den Grundriß I und die Stirnansicht III eingezeichneten Schutzbereiche decken das ganze Gebäude gut ab.
Beide Fangstangen durch Firstleitung verbinden und Schornstein anschließen. Es genügen 2 Ableitungen. Schornstein ist zur besseren Übersicht hier nicht eingezeichnet.

bisher üblichen Fangeinrichtungen übertrieben. Es erscheint daher berechtigt, die Maschengröße von 10 m × 20 m nicht mathematisch genau einzuhalten sondern in Grenzfällen auch mal großzügig aufzurunden, z. B. auf 12 m × 20 m oder auf 10 m × 23 m, soweit es sich um normale Gebäude nach Teil 1 handelt, insbesondere um Wohngebäude. Auch beim Sheddach nach Bild 108 läßt sich die Maschenregel nicht immer wörtlich einhalten.

Zu 5.1.1.2.2 [Fangleitung oder Fangstange als Fangeinrichtung]
In manchen Fällen ermöglichen die neuen Richtlinien einen verringerten Aufwand an Fangeinrichtungen, wenn der Dachwinkel (Winkel gegen die Vertikale) 45° nicht übersteigt. **Bild 104** zeigt dazu Beispiele.
Einige Dachformen eignen sich besonders gut zur Ausrüstung mit wenigen nicht sehr hohen Fangstangen, wie die **Bilder 105** bis **107** zeigen.

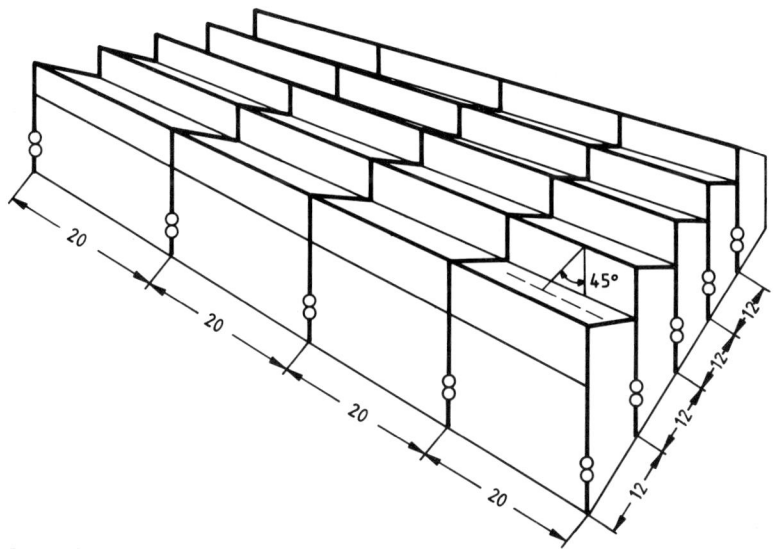

Bild 108. Das Sheddach
Blitzschutzanlage ist praktisch nur durch maschenförmige Fangleitungen ausführbar. Wenn, wie im Beispiel, der Abstand der Firstkanten mehr als 10 m beträgt, läßt sich die Maschengröße von 20 m × 10 m nicht einhalten. Gegen größere Maschen, z. B. 20 m × 12 m, bestehen keine Bedenken, da die Firstkanten einen Teil der Dachschrägen mit 45° abschirmen.

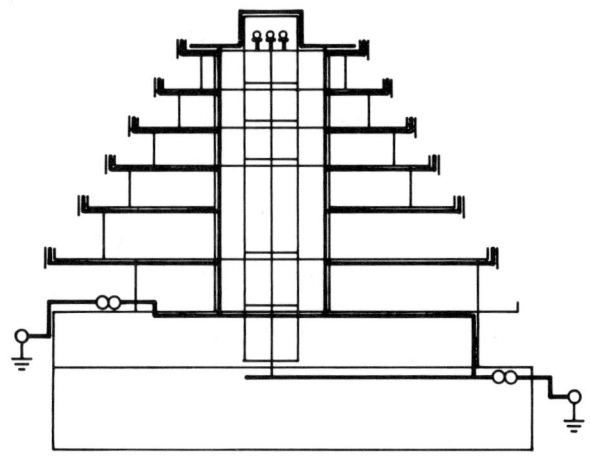

Bild 109. Das Terrassenhaus
Äußere Ableitungen lassen sich nicht verlegen, wenn alle Terrassen ohne Zwischenwände durchlaufen. Fangleitungen auf den Terrassenbrüstungen sind nicht möglich, wenn die Terrassen öffentlich zugänglich sind. Im vorliegenden Fall (Flughafengebäude Köln-Wahn) wurden alle Ableitungen für die Terrassen in die Fußböden gelegt. Als Fangeinrichtungen erhielten die Brüstungen Fangpilze nach Bild 110. Blitzschutzanlage wurde praktisch vollständig im Zuge der Rohbauarbeiten ausgeführt.

29

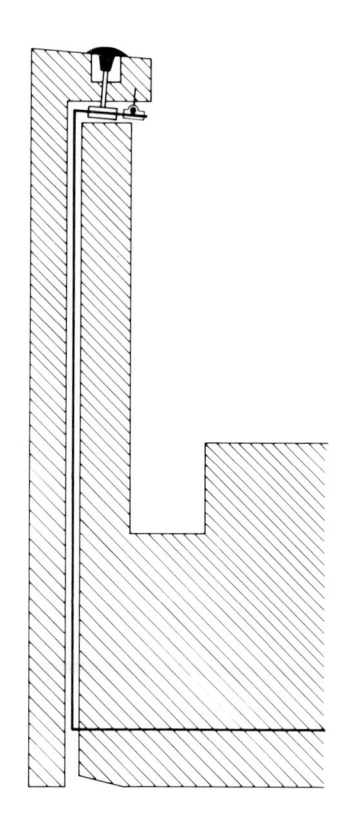

Bild 110. Anordnung der Fangpilze und deren Zuleitungen im Bereich der Terrassen des Gebäudes nach Bild 109.

Regenrinnen aus Metall oder andere Metallteile wie lange Schneefanggitter sind an Kreuzungsstellen mit den Ableitungen zu verbinden.
Eine Gebaudeform, bei der der Schutzwinkel von 45° ausgenutzt wird, ist das Terrassenhaus. Hier sind normale Fangleitungen und Ableitungen aus baulichen Gründen nicht möglich. **Bilder 109 und 110** zeigen ein Beispiel. An den Zugängen zu der obersten Terrasse ist eine Warnung für die Besucher angebracht:

Achtung!
Bei Gewitter Terrasse sofort verlassen

Weitere Beispiele der Ausnutzung des Schutzwinkels von 45° zeigen die **Bilder 111** für einen Giebelausbau und **112** für einen Treppengiebel.

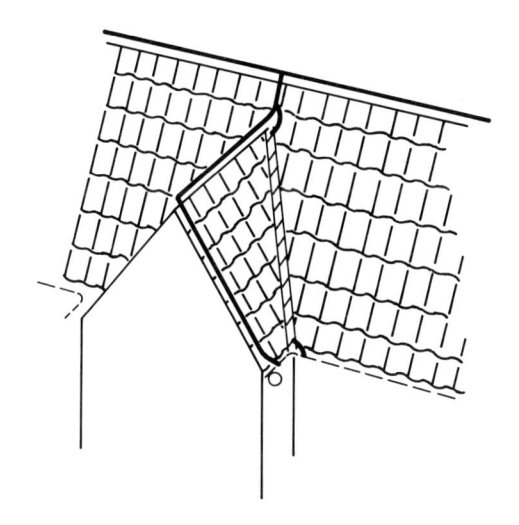

Bild 111. Giebelausbau durch Firstleitung schützen. Vorhandene Kehlbleche anschließen.

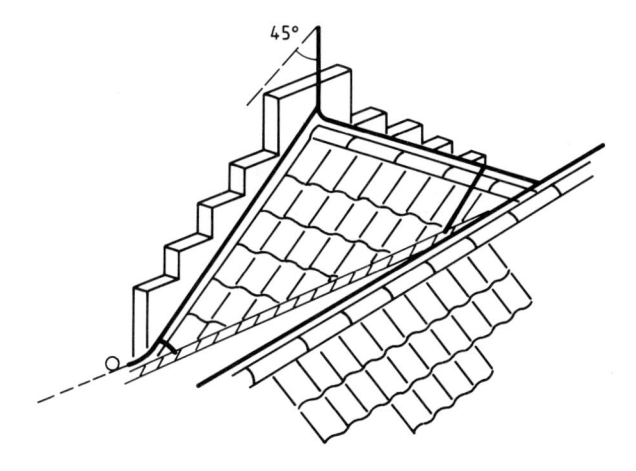

Bild 112. Treppengiebel durch Fangstange mit Schutzwinkel von 45° schützen.

Zu 5.1.1.2.3 und 5.1.1.2.4 [Niedrige Dachaufbauten]
Bild 113 zeigt als niedrige Dachaufbauten unter anderem feststehende Lichthauben aus Isolierstoffen, die nicht mehr als 0,3 m aus der Maschenebene herausragen und deshalb als geschützt gelten.
Für die weiter erkennbaren Motorlüfter gilt Abschnitt 5.1.1.16.

Bild 113. **Lichthauben** aus Isolierstoffen bis 0,3 m Höhe erhalten keine Fangeinrichtung.
Lichthauben mit Fernbetätigung über metallene Teile wie Drahtseile, Pneumatikrohre, elektrische Leitungen sowie Motorlüfter sind in die Blitzschutzanlage einzubeziehen. Beispiele siehe Bild 128.

a) Dachraumentlüfter

b) Dachhautentlüfter

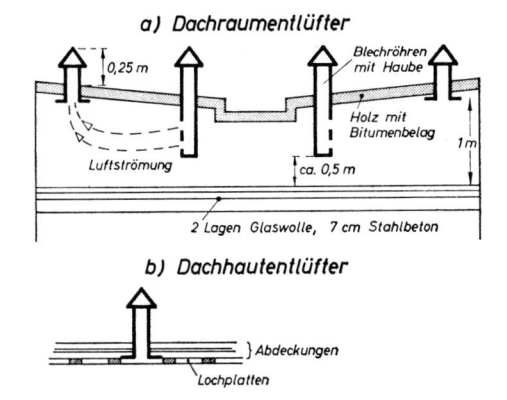

Bild 114. **Dachraum- und Dachhautentlüfter** bis 0,3 m Höhe, auch aus Metall, brauchen nicht angeschlossen zu werden, wenn sie mindestens 0,5 m von einer Fangeinrichtung entfernt sind.

Als weiteres Beispiel für Dachaufbauten, die als geschützt gelten, zeigt **Bild 114** die Dachraum- und Dachhautentlüfter.
Auf Dächern sind manchmal statt einer Reihe von einzelnen Lichthauben durchlaufende Oberlichter oder Lüftungsaufsätze großer Länge aufgebaut.

Bild 115. Ablufthauben einer Großküche, über eine Funkenstrecke an die Fangleitungen angeschlossen. Funkenstrecke verhindert den Übergang von Blitzteilströmen in den Küchenbereich, solange die Hauben nicht selbst getroffen werden. Wahrscheinlichkeit von Blitzschäden im Küchenbereich wird dadurch stark vermindert (vergleiche Erläuterungen zu Abschnitt 5.1.1.16). Im vorliegenden Fall liegen die Ablufthauben im Schutzbereich höherer Gebäudeteile, so daß mit direkten Einschlägen in die Hauben nicht zu rechnen ist. Nach Inkrafttreten von Teil 1 ist Anschluß in solchen Fällen nicht mehr erforderlich.

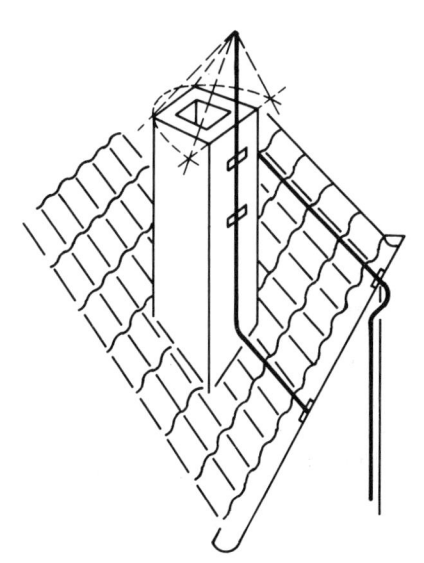

Bild 116. Für einen **Schornstein mit kleinem Querschnitt** genügt als Fangeinrichtung eine Fangstange mit einem Schutzkegel von 45°.
Halterungen für die Fanstange dürfen nicht eingeschlagen werden. Steindollen oder Dübel sind in gebohrte Löcher einzusetzen.

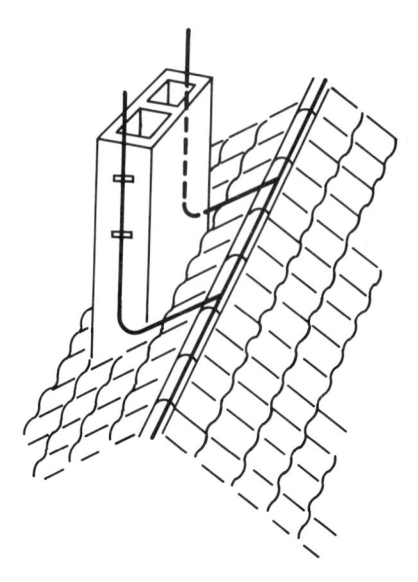

Bild 117. Ein **breiter Schornstein** kann durch 2 Fangstangen geschützt werden.

Sofern solche langen Aufbauten aus elektrisch nicht leitendem Material nicht mehr als 0,3 m aus der Maschenebene herausragen und nicht breiter sind als etwa $^1/_4$ der Maschenweite, gelten auch sie als geschützt im Sinne von Abschnitt 5.1.1.2.3.

Zu 5.1.1.3 [Andere Dachaufbauten und Schornsteine]
Dachaufbauten, die an die Fangeinrichtungen angeschlossen werden müssen, sind z. B. die Ablufthauben einer Großküche, wie sie auf **Bild 115** dargestellt sind. Der Anschluß darf auch über Funkenstrecken vorgenommen werden. Für kleinere Schornsteine genügen Fangstangen, die einen Schutzwinkel von 45° bieten müssen. Bei zwei Fangstangen muß der Schutzbereich zusätzlich für die fiktive Fangleitung zwischen den 2 Stangen ermittelt werden. Die **Bilder 116 bis 118** zeigen Beispiele.
Für größere Schornsteine eignen sich Fangrahmen besser als Fangstangen, weil Fangstangen in diesen Fällen unter Umständen verhältnismäßig hoch werden müßten und architektonisch ungünstig wirken. Die Abmessungen der Fangrahmen aus verschiedenen Metallen sind in DIN 57185/VDE 0185 Teil 1 Tabelle 1 angegeben.

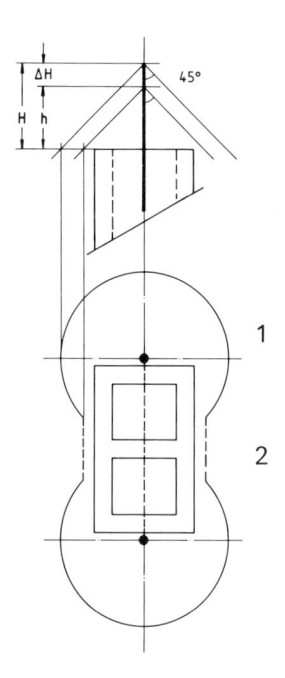

Bild 118. Konstruktion des Schutzbereiches von 2 Fangstangen an einem Schornstein.
1 = Schutzbereich einer Fangstange
2 = Schutzbereich der fiktiven Fangleitung zwischen den beiden Fangstangen nach Teil 1, Bild 7.

Zu 5.1.1.5 und 5.1.1.8 [Brustungsabdeckungen aus Metall, Dachdeckungen aus Metall]
Brüstungsabdeckungen aus Metall dürfen als Fangleitungen verwendet werden, wenn sie bei ausreichendem Querschnitt auch zuverlässig verbunden sind. **Bild 119** zeigt eine Abdeckung aus gezogenen Leichtmetallprofilen, die an den Stoßstellen durch fest eingeklemmte Laschen sehr gut verbunden sind. Dagegen müssen bei einer Brüstungsabdeckung aus abgekanteten Blechen alle Stöße überbrückt werden, z. B. durch Seilschlaufen, weil die eingeschobenen Laschen keinen ausreichenden Kontaktdruck erzeugen können **(Bild 120)**.
Bei Dachdeckungen aus Blechen muß von Fall zu Fall geprüft werden, inwieweit die einzelnen Blechtafeln für die Ableitung von Blitzströmen

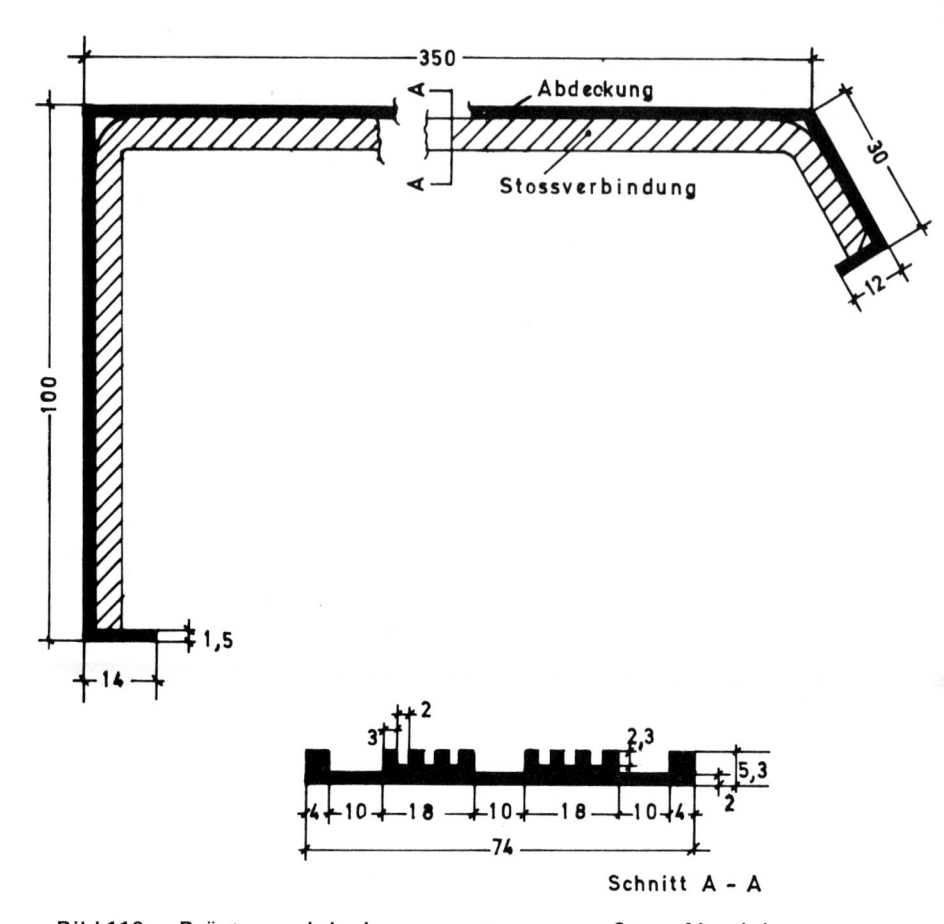

Bild 119. Brüstungsabdeckung aus stranggepreßtem Aluminium
Die Stoßverbindung klemmt sehr fest, so daß eine ausreichend leitfähige Verbindung entsteht (Prüfung durch TH Darmstadt). Mindestmasse für Stoßverbindungen nach Teil 1, Abschnitt 5.1.1.8 hier nicht erforderlich.
Rippen der Stoßverbindung erhöhen das Widerstandsmoment und die Federwirkung gegenüber einem vollen flächengleichen Rechteckquerschnitt.

ausreichend verbunden sind. Die Konstruktionen von Metalldächern sind sehr vielseitig. Eine Übersicht dazu enthält die Veröffentlichung [14]. Günstig bezüglich der Verwendung für Blitzschutzzwecke sind z. B. Bleche mit Verbindungen durch Stehfalze und Blechprofile mit Klemmwirkung. Grundsätzlich muß beachtet werden, ob in bestimmten Abständen oder am First Unterbrechungen des metallischen Zusammenhanges bestehen. An solchen Stellen sind Überbrückungen erforderlich.

Bild 120. Brüstungsabdeckung aus abgekanteten Aluminiumblechen
Die Stoßverbindungen aus Blech ergeben keine ausreichende Kontaktkraft. Daher Überbrückungen der Stöße, z. B. durch Seilschlaufen, notwendig. Schrauben, Muttern und Federringe aus nichtrostendem Stahl verwenden.

Anschlüsse an Bleche, auch bei Beschichtung mit Kunststoff, sind in vielen Fällen einfach und zuverlässig mittels Blindnieten möglich (Erläuterungen zu Abschnitt 4.2.4).
Einige vereinfachte Beispiele zeigen die **Bilder 121 bis 123**.

Zu 5.1.1.7 [Unterdachanlage]
Die Anordnung der Fangspitzen bei der Unterdachanlage hat sich gegenüber dem Buch Blitzschutz, 8. Auflage geringfügig geändert. Der Abstand der Fangspitzen darf bis zu 5 m, ihre Höhe soll 0,3 m über der Dachhaut betragen (**Bild 124**). Für die Verbindungsleitungen gilt die Maschenregel.

Zu 5.1.1.9 [Dächer mit Wärmedämmschichten]
Druckfehlerberichtigung: In der dritten Zeile von Abschnitt 5.1.1.9 muß es richtig 5.1.1.2 heißen.
Bei solchen Dächern sollen Durchführungen durch das Dach vermieden werden. **Bild 125** zeigt den Aufbau solcher Dächer.
Ein besonderes Problem stellen **Metallfolien unterhalb der Dachhaut** dar. Die in den letzten Jahren bei Steildächern übliche Wärmedämmung besteht aus schwerentflammbaren oder nichtbrennbaren Dämmstoffen, die mittels Randstreifen zwischen den Sparren befestigt werden. Als Windschutz ist auf der Unterseite in der Regel eine Aluminiumfolie aufgebracht. In manchen Fällen besteht der Windschutz auch aus asphaltgetränktem

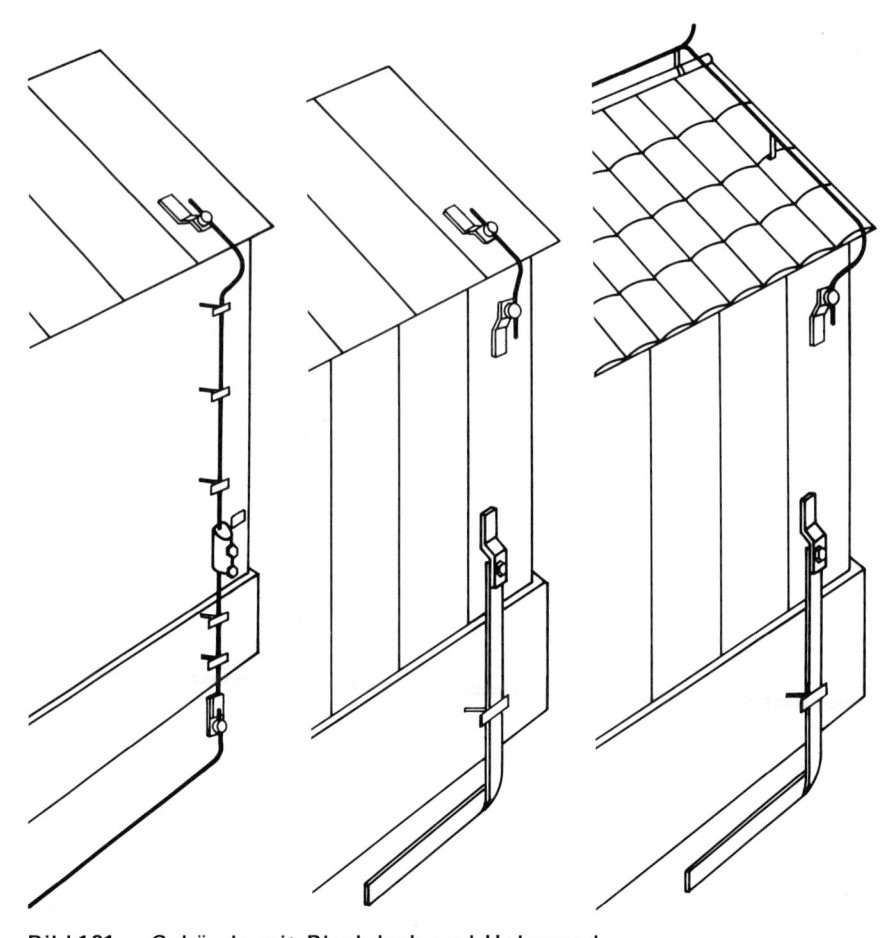

Bild 121. Gebäude mit Blechdach und Holzwand
Blechdach darf als Fangeinrichtung verwendet werden, wenn die Bedingungen in Teil 1, Abschnitt 5.1.1.8 erfüllt sind. Bei feuergefährdeten Bereichen gilt jedoch Teil 2, Abschnitt 6.1.1.1 und sinngemäß Abschnitt 6.1.1.3.

Bild 122. Gebäude mit Blechdach und Blechwand
Für das Blechdach gelten die gleichen Angaben wie zu Bild 121. Blechwand ist sinngemäß eine Metallfassade nach Teil 1, Abschnitt 5.2.10 und darf gegebenenfalls als Ableitung verwendet werden. Teil 2, Abschnitt 6.1.1.1 braucht bei feuergefährdeten Bereichen nicht berücksichtigt zu werden, wenn die Teile der Blechwände senkrecht und waagerecht zuverlässig funkensicher verbunden sind.

Bild 123. Gebäude mit Ziegeldach und Blechwand
Für die Blechwand gelten die gleichen Angaben wie zu Bild 122.

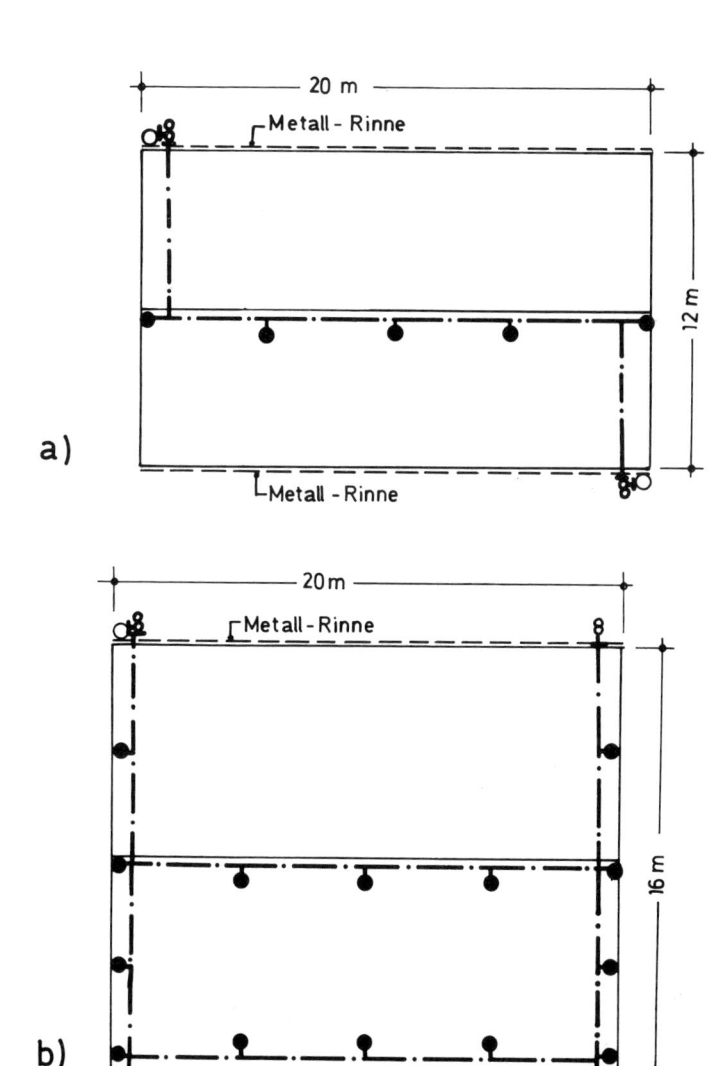

Bild 124. Unterdachanlage
Für die Anordnung der über Dach anzubringenden Fangspitzen gelten die gleichen Regeln wie für Fangleitungen über Dach.
a) Dachwinkel bis 45°. Die Fangspitzen auf dem First genügen als Fangeinrichtung (siehe Bild 104). Spitzenabstand 5 m, Spitzenhöhe 0,3 m
b) Dachwinkel mehr als 45°. Alle Giebelkanten und die Traufen müssen Fangeinrichtungen erhalten. Falls Regenrinne aus Kunststoff, auch an der Traufe Unterdach-Fangeinrichtungen anbringen oder wie auf Bild 102 b zusätzliche Unterdach-Fangeinrichtungen in Dachmitte verlegen.

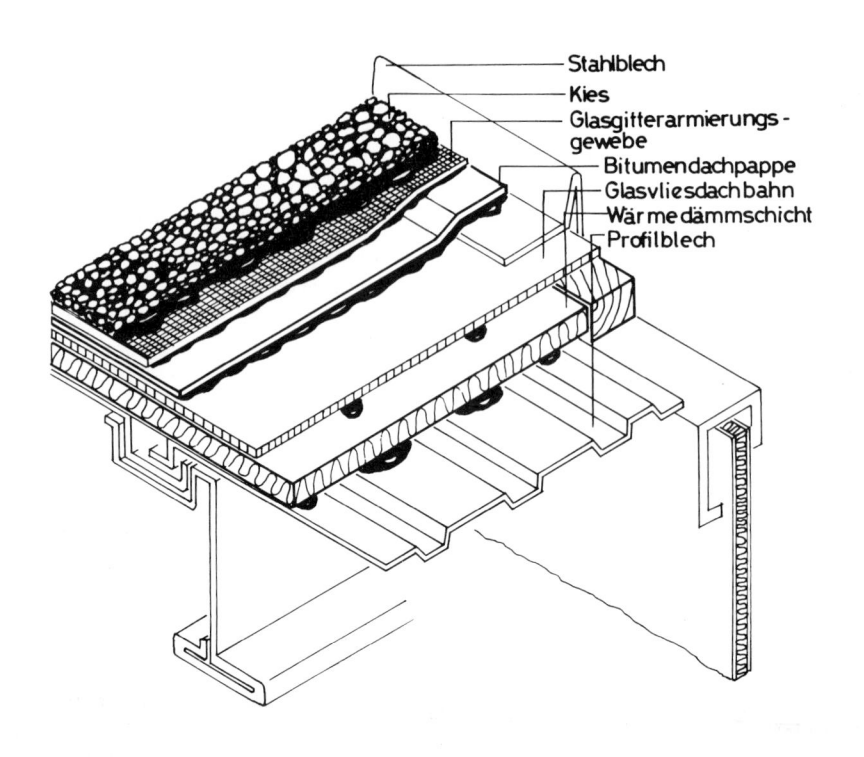

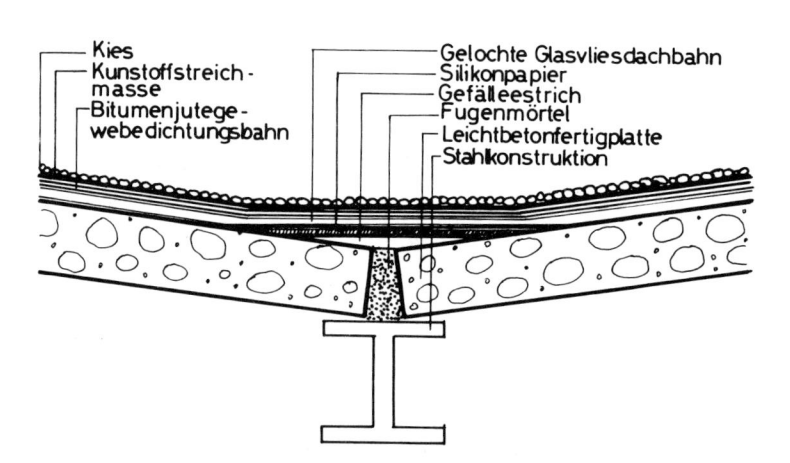

Bild 125. Dächer mit Wärmedämmschichten
Dachdurchführungen durch die Wärmedämmschicht vermeiden, da diese erfahrungsgemäß häufig undicht werden. Fangleitungen mit der Stahlkonstruktion nur an vorhandenen Öffnungen und an den Dachrändern verbinden.

40

und mit Maschendraht bewehrtem Papier. Durch Blitzeinwirkung sind derartige Papiere schon in Brand geraten. Beim Errichten einer Blitzschutzanlage müssen diese Metallfolien oder Drahtgewebe berücksichtigt werden. Die Querschnitte der Folien oder Maschendrähte sind zu gering und die Verbindungen zwischen Nachbarbahnen sind unzuverlässig oder fehlen ganz, als daß man diese Metallteile in die Blitzschutzanlage einbeziehen könnte. Es bleibt daher nur übrig, die Blitzschutzanlage so zu errichten, daß nach Möglichkeit kein Blitz neben den Fangeinrichtungen in die Folien oder Maschendrähte einschlägt. Der Blitz würde dann unkontrollierte Wege zu metallenen und elektrischen Installationen nehmen mit entsprechenden Schadensmöglichkeiten. Vergleichsweise besteht eine ähnliche Aufgabe wie beim Weichdach, bei dem die Blitzschutzanlage den Übergang des Blitzstromes auf die Bindedrähte im Dach verhindern soll. Im vorliegenden Fall dürfte die Anbringung von Fangspitzen von etwa 0,3 m Höhe und etwa 5 m Abstand auf der Firstleitung und auf den Dachleitungen bis zur Traufe als zusätzliche Maßnahme ausreichen, einen Blitzeinschlag in die Folien oder den Maschendraht zu verhindern.

Zu 5.1.1.10 [Dächer auf Stahlbindern]
Hier ist im Gegensatz zum vorigen Abschnitt an einfachere Dächer, z. B. mit Dachdeckungen aus Bitumenpappe oder aus Dachziegeln gedacht. Dachdurchführungen nach DIN 48807 lassen sich z. B. bei Bitumenpappe einwandfrei dicht herstellen.

Zu 5.1.1.11 [Dachdeckungen aus Wellasbestzement]
Die mögliche Funkenbildung bei Blitzeinschlag bedingt, daß bei feuer-, explosions- und explosivstoffgefährdeten Bereichen zusätzliche Maßnahmen gegen Zündung getroffen werden müssen. Eine Abhilfe ist z. B. die Anordnung einer isolierten Blitzschutzanlage. Soweit das zu aufwendig erscheint, kommen zusätzliche bauliche Maßnahmen in Form einer feuerhemmenden Unterdecke infrage.

Zu 5.1.1.12 [Fangpilze]
Fangpilze sind mit Erfolg insbesondere auf Parkdächern eingesetzt worden. **Bild 126** zeigt dazu ein Beispiel (siehe auch Bild 110).

Zu 5.1.1.14 [Fangeinrichtungen an Außenwänden]
Die Bestimmungen in diesem Abschnitt über Fangeinrichtungen an Außenwänden und den Anschluß von Metallteilen an Seitenwänden sind gegenüber dem Buch Blitzschutz, 8. Auflage neu und hängen mit der Einführung

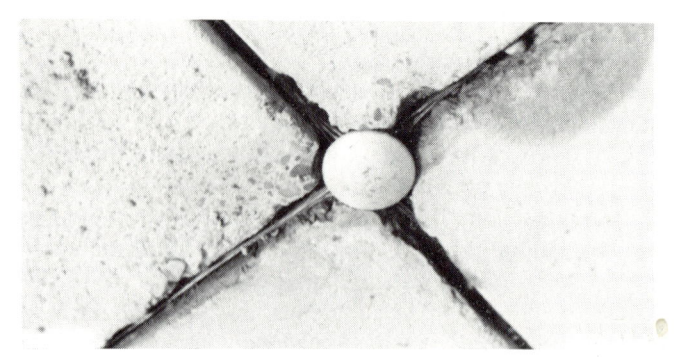

Bild 126. Fangpilze als Fangeinrichtungen auf befahrbaren und begehbaren Dächern (z. B. auf Parkdächern). Erdung über Bandstahlleitungen in den Fugen (Bild Hinderthür, Siegen).
„Maschengröße" ist zwangsläufig durch die Fugenlagen gegeben.

Bild 127. Anschluß von Aufzügen an die Blitzschutzanlage
unten: alle Schienen an den Potentialausgleich anschließen;
oben: alle Schienen miteinander verbinden und über eine bewegliche Leitung an den Maschinenrahmen anschließen;
kein Anschluß an die Fangleitungen, auch nicht über Funkenstrecken.

von Schutzbereich und Schutzwinkel eng zusammen. Insbesondere wird davon ausgegangen, daß bei Höhen über 20 m auch seitliche Blitzeinschläge auftreten können. Bei der Planung von Blitzschutzanlagen müssen die erforderlichen Maßnahmen rechtzeitig berücksichtigt werden, da sie praktisch nur zusammen mit der Rohbaufirma ausgeführt werden können (Einlegen von Leitungen oder Leerrohren an den richtigen Stellen). Balkongitter und andere Metallteile dürfen als Fangeinrichtungen verwendet werden, wenn ihre waagerechten Abstände nicht mehr als etwa 10 m betragen.

Zu 5.1.1.15 [Trennung maschineller und elektrischer Einrichtungen der Aufzüge usw. von Fangeinrichtungen]
Dieser Abschnitt gilt für Aufzugs- und Klimaanlagen und sonstige technische Einrichtungen, die in besonderen Aufbauten auf dem Dach untergebracht sind. Bei diesen Anlagen muß meist mit elektronischen MSR-Anlagen gerechnet werden. Ihr Überspannungsschutz würde sehr erschwert, wenn durch den Anschluß der Fangeinrichtungen an die maschinellen und elektrischen Bauteile erhebliche Blitzteilströme unmittelbar auf die elektrischen und elektronischen Einrichtungen einwirken könnten. **Bild 127** zeigt ein Beispiel für die Blitzschutzmaßnahmen im Bereich eines Aufzuges. Die Führungsschienen sind nach den Abschnitten 5.2.12 und 6.1.1.1 unten mit dem Blitzschutz-Potentialausgleich verbunden. Die Fangeinrichtungen auf der Aufzugskammer sind so verlegt, daß ihr Abstand zu den maschinellen und elektrischen Einrichtungen den Näherungsbestimmungen entspricht. Der Mindestabstand beträgt z. B. bei einem Hochhaus von 25 m Höhe mit acht Ableitungen nach Abschnitt 6.2.1.6

$D \geq L/7n = 30/(7 \cdot 8) \approx 0,5$ m.

Darin bedeuten:
D = Mindestabstand zu den Fangeinrichtungen
L = Länge der Ableitungen
n = Anzahl der Ableitungen
Der Maschinenrahmen, der üblicherweise auf Schwingungsdämpfern steht, soll mit den oberen Enden aller Führungsschienen verbunden werden, damit bei einem etwaigen Blitzstromübergang trotz des Abstandes zu den Fangleitungen die Seile und Schleppkabel keinen Blitzteilstrom übernehmen müssen (siehe Abschnitt 5.2.12).
Diese Angaben für Aufzugsanlagen gelten sinngemäß auch für Klimakammern usw.
Von diesen Regeln sind Aufzüge in Fernmeldetürmen ausgenommen, da in DIN 57845/VDE 0845, Abschnitt 3.10.2 und in DIN 57800 Teil 2/

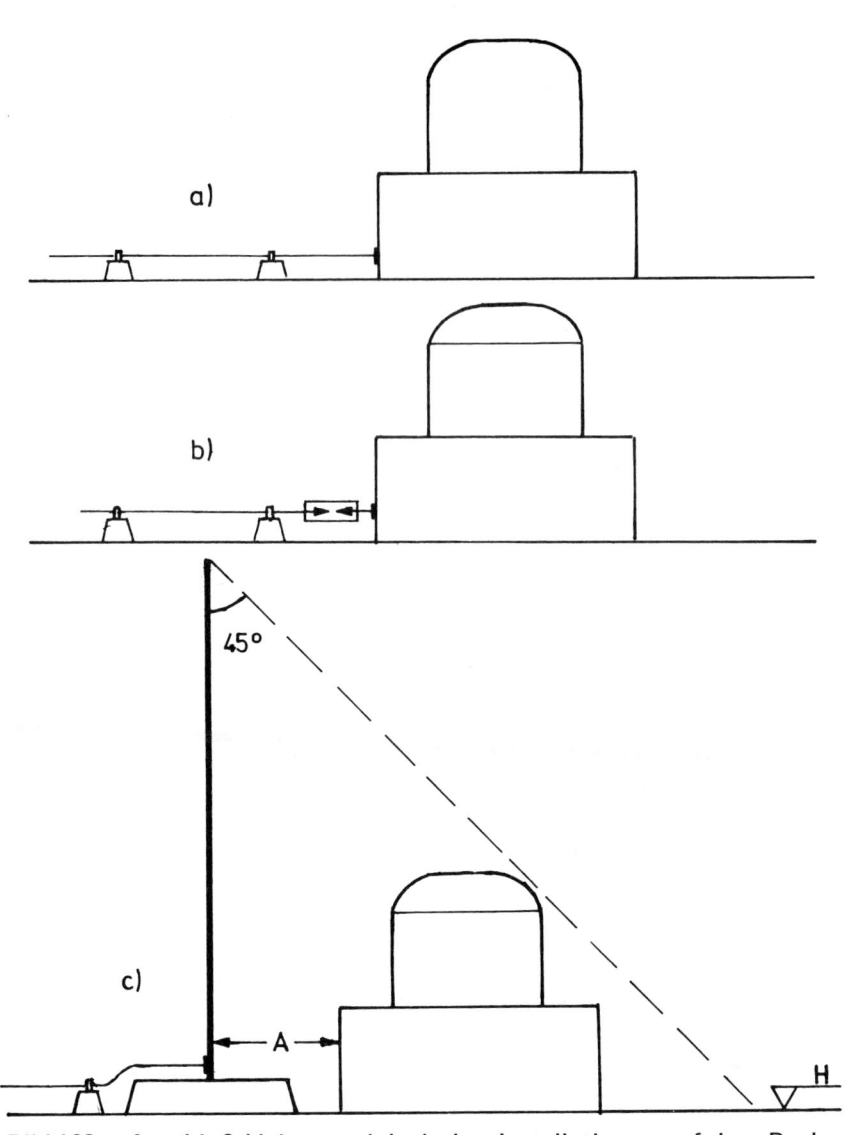

Bild 128. Anschluß kleinerer elektrischer Installationen auf dem Dach
a) direkter Anschluß. Nachteil: bei jedem Blitzeinschlag fließt Teilstrom über Schutzleiter zur Starkstromanlage.
b) Anschluß über Funkenstrecke: in der Praxis sehr gut bewährt (siehe auch Bild 129).
c) Schutz durch Fangstange: bei ausreichendem Abstand A nach Teil 1, Abschnitt 6.2.1.6 kein Blitzeinschlag in Elektrogerät zu erwarten.
Nach neuen Erkenntnissen Wirkung einer Fangstange nur bis etwa 30 m Gebäudehöhe zu erwarten. Bei größerer Höhe mehrere Fangstangen oder Käfig erforderlich (Bilder 130 und 131).

Bild 129. Elektrolüfter und Hindernisleuchte auf dem Dach eines Flughafengebäudes. Anschluß an die Blitzschutzanlage über Funkenstrecken.

VDE 0800 Teil 2, Abschnitt 13.2 ausreichende Blitzschutzmaßnahmen für innere Einrichtungen der FM-Türme vorgeschrieben sind.

Zu 5.1.1.16 [Kleinere elektrische Installationen auf dem Dach]
Auf **Bild 128** sind für den Anschluß eines Elektrolüfters drei verschiedene Möglichkeiten angegeben:
    direkter Anschluß an die Fangleitungen
    Anschluß über Funkenstrecke
    Abschirmung mittels Fangstange.
Der direkte Anschluß hat den Nachteil, daß bei jedem Blitzeinschlag ein Blitzteilstrom über den Schutzleiter zur elektrischen Anlage fließt, was mit Schäden verbunden sein kann.
Bei einem Anschluß über eine Funkenstrecke wird dieser Nachteil weitgehend vermieden. Nur noch bei einem direkten Blitzeinschlag in den Lüfter geht ein Teilstrom auf die elektrische Anlage über. Erfahrungsgemäß sind solche Einschläge selten, so daß die Summe der Schäden über lange Zeiten geringer werden kann. Der Anschluß über Funkenstrecken hat sich bisher gut bewährt und sollte als Regelfall gelten.
Der Anschluß über Funkenstrecken ist in Sonderfällen grundsätzlich notwendig, z. B. im Bereich von Flughäfen. **Bild 129** zeigt als Beispiel den Anschluß eines Lüfters und einer Hindernisleuchte über Funkenstrecken an die Blitzschutzanlage eines Flughafengebäudes. Dadurch werden Schleifenbildungen aus Schutzleitern der Starkstromanlagen und den Leitungen

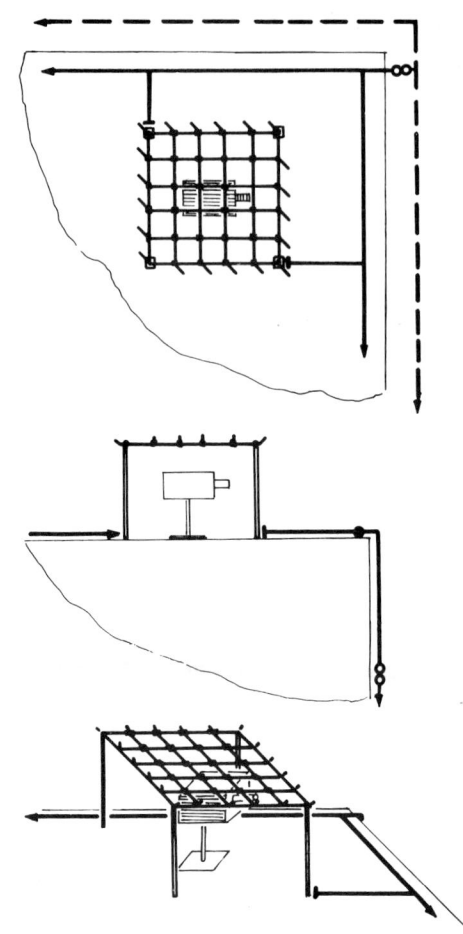

Bild 130. Schutznetz über einem elektrischen Gerät auf dem Dach zur Verhinderung direkter Blitzeinschläge.

des Blitzschutzes unterbunden, die sonst den Funk- und Radarbetrieb stören könnten.
Wenn in Sonderfällen ein Übergang von Blitzteilströmen auf elektrische Einrichtungen auf dem Dach grundsätzlich vermieden werden muß, so kommt als Schutzmaßnahme die Abschirmung mittels Fangstangen oder Fangkäfigen infrage. Bild 128c zeigt den Schutz mittels einer einzelnen Fangstange. Nach neuesten Erkenntnissen reicht eine Fangstange jedoch nicht bis zu beliebigen Höhen sondern nur bis etwa 30 m Höhe über Erdboden. Bei größeren Höhen ist damit zu rechnen, daß die Folgeblitze

negativer Abwärtsblitze nicht mehr die Fangstange treffen sondern zu dem zu schützenden Objekt überspringen. Abhilfe bringt in solchen Fällen z. B. ein Schutznetz nach **Bild 130** oder ein Schutzkäfig nach **Bild 131**. (Siehe auch Hasse/Wiesinger [11], Abschnitte 4.4 und 5.2.2.8)

Zu 5.1.2 [Isolierte Fangeinrichtungen]
Dieser Abschnitt enthält sehr ausführliche Unterlagen über die Berechnung und Bemessung isolierter Blitzschutzanlagen. Ein Beweis für die Wirksamkeit einer isolierten Blitzschutzanlage mittels Fangstangen neben landwirtschaftlichen Gebäuden wurde in den Fünfziger Jahren in Österreich erbracht. Aus Materialmangel wurden damals viele Gehöfte auf dem Lande in dieser Weise gegen Blitzeinschlag geschützt und das mit gutem Erfolg.

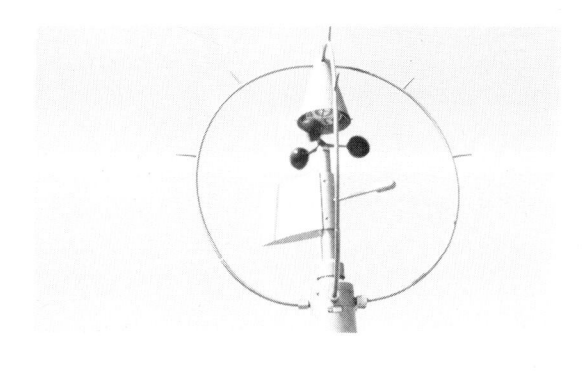

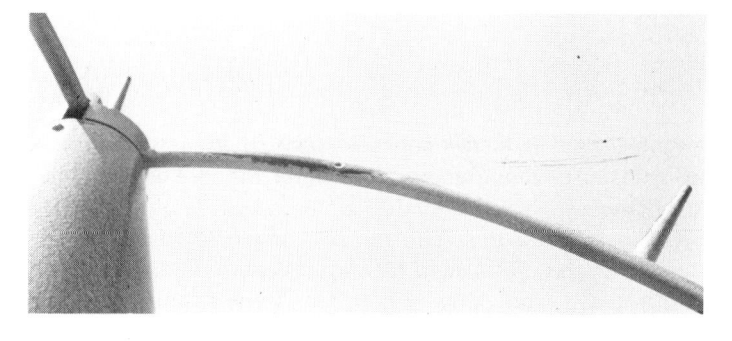

Bild 131. Schutzkäfig aus 2 gekreuzten Ringen mit Fangspitzen für den Windmesser an einem Fernsehturm (Bild: Aßfalg, München).

a)   b)

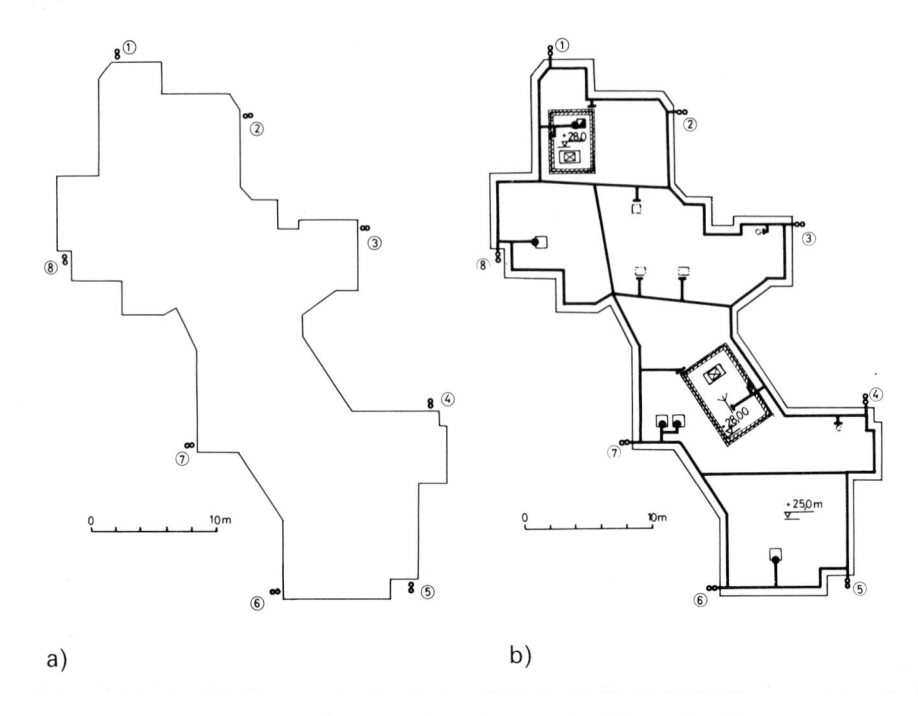

Bild 132a. Ableitungen bei Gebäuden mit unregelmäßigem Umriß.
Anzahl der Ableitungen:
Umfang als Fadenmaß über die Ecken $U = 115$ m; $n = 115/20 = 5,75$ aufgerundet ergibt 6 Ableitungen.
Umfang längs der Dachkanten $U = 145$ m; $n = 145/20 = 7,25$ abgerundet ergibt 7 Ableitungen.
Nach Teil 1, Abschnitt 5.2.1 Ableitungen an den Ecken der baulichen Anlage erforderlich, hier mindestens 8 Ableitungen.
Bild 132b. Fangeinrichtungen nach Lage der Ableitungen und nach der Maschenregel anordnen.

Diese Fangstangen hatten jedoch keine sehr lange Lebensdauer (nicht imprägnierte Holzmasten). Daraufhin wurden später wieder normale Blitzschutzanlagen errichtet.
Grundsätzlich ist die isolierte Blitzschutzanlage unter Verwendung von Fangmasten nicht billig, da die Masten im allgemeinen 10 bis 12 m hoch sein müssen. Holzmasten sind dabei schon sehr schwer und selbst bei Imprägnierung beträgt ihre Lebensdauer kaum mehr als 20 Jahre. In der Praxis werden daher meist Masten aus Stahlrohr verwendet. Soweit zwischen den Masten Fangleitungen oder Fangnetze gespannt werden, müs-

c)   d)

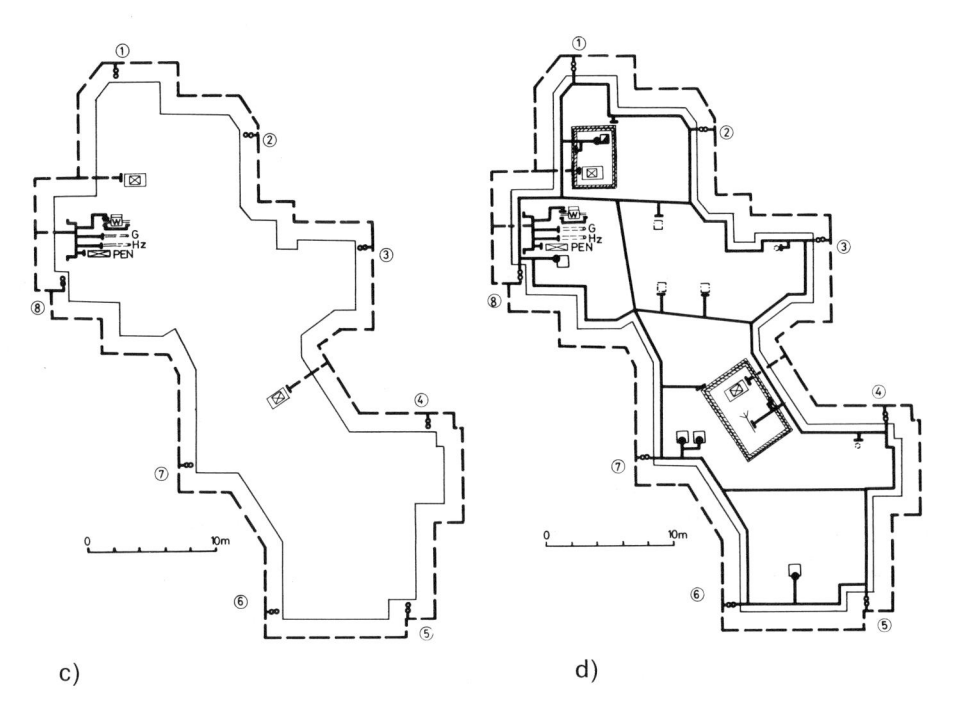

Bild 132 c. Erdungsanlage bei Neubauten als Fundamenterder, nur bei Altbauten als Ringerder. Potentialausgleich mit den Aufzügen über zusätzliche Anschlußfahnen am Erder.
Bild 132 d. Gesamte Blitzschutzanlage auf einer Zeichnung.

sen die Masten zusätzlich verankert werden. Ein Beispiel für eine isolierte Fangeinrichtung für Munitionslager ist in den Erläuterungen zum Teil 2, Abschnitt 6.3.2 enthalten (Bilder 242 bis 244).
Eine isolierte Blitzschutzanlage stellt auch die Verlegung von Fangleitungen mittels Holzstützen auf weichgedeckten Dächern dar. Dabei sind die Anforderungen im Abschnitt 5.1.2 zwar bei weitem nicht eingehalten. Trotzdem ist ein sehr guter Blitzschutz weichgedeckter Gebäude erreicht worden, vorausgesetzt, daß Potentialausgleich und Näherungsbestimmungen eingehalten sind.

Zu 5.2 Ableitungen

Zu 5.2.1 [Anzahl und Lage der Ableitungen]
Die Regeln zur Ermittlung der Anzahl und der Lage der Ableitungen sind gegenüber dem Buch Blitzschutz, 8. Auflage, vereinfacht worden. Grundsätzlich ist auf je 20 m Umfang der Dachaußenkanten eine Ableitung vorgesehen. Das Ergebnis aus Umfang geteilt durch 20 ist ab $^5/_{10}$ aufzurunden, darunter abzurunden auf eine ganze Zahl. **Nachdem** diese ganze Zahl ermittelt ist, darf bei Gebäudebreiten bis 12 m eine ungerade Zahl um 1 vermindert werden; bei breiteren Gebäuden wird eine ungerade Zahl um 1 erhöht. Unabhängig von dieser Rechenregel ist bis zu 20 m Umfang mindestens eine Ableitung vorzusehen. Über 20 m Umfang sind mindestens 2 Ableitungen erforderlich. Die wirkliche Verteilung der so gewonnenen Anzahl von Ableitungen richtet sich nach den Gebäudeecken, der Lage der Fangleitungen usw. Es kommt dabei auf einen gleichmäßigen Abstand von 20 m nicht an. Einzelne Abstände können z. B. 25 m betragen, oder auch 15 m. Neu ist die Forderung nach Ableitungen innerhalb geschlossener Innenhöfe ab 30 m Umfang.
Die Bilder 103 und 104 zeigen Beispiele für die Anordnung der Ableitungen nach der 20-m-Regel.
Bei Gebäuden mit sehr unregelmäßigem Umriß müssen Anzahl und Lage der Ableitungen von Fall zu Fall nach den bevorzugten Einschlag-Ecken festgelegt werden. **Bild 132a** zeigt dazu ein Beispiel. Weder aus dem Umfang längs der Dachkanten noch aus dem Umfang als Fadenmaß (Messung nur über alle Ecken) ergibt die 20-m-Regel die notwendige Anzahl der Ableitungen. Das Fadenmaß ist hier sogar besonders ungünstig, obwohl es eine größere Grundfläche umfaßt als der Umfang längs aller Dachkanten. Das Fadenmaß sollte daher grundsätzlich nicht als Berechnungsgrundlage der Ableitungen benutzt werden.
Die vier Einzelblätter des Bildes 132 zeigen, wie die Blitzschutzanlage nach und nach aus der Lage der Ableitungen entwickelt wird: **132b** zeigt die Fangleitungen, **132c** die Erdung und den Potentialausgleich und **132d** die gesamte Blitzschutzanlage auf einem Blatt.

Zu 5.2.9 [Ableitungen bei Stahlbetonbauten]
Hier wird unterschieden, ob die Bewehrungsstähle zuverlässig elektrisch leitend verbunden sind oder nicht. Durch Untersuchungen in der Schweiz und in Schweden wurde nachgewiesen, daß die Verrödelung (Drahtbindungen) der Bewehrungsstähle für Stoßströme zuverlässige Verbindungen

ergeben kann. Das bedeutet, daß bei gegebener ausreichender Verrödelung die Bewehrungen als Ableitungen verwendet werden dürfen. Auf Grund vieler Besichtigungen und Messungen auf Baustellen und der Durchsicht vieler Bewehrungspläne lassen sich die verschiedenen Bewehrungsverfahren wie folgt beurteilen:

– Die Bewehrungen von hohen schlanken Bauwerken wie freistehende Schornsteine und Brückenpfeiler sind an den Stoßstellen so weit überdeckt und mit den Querbewehrungen so oft verrödelt, daß eine elektrisch einwandfreie Verbindung besteht. Zusätzliche Ableitungen brauchen nicht eingelegt werden.
– Bei Stahlbetonskelettbauten werden dagegen die Bewehrungskörbe der einzelnen Stützen stockwerksweise aufgesetzt; die Körbe stehen konisch ineinander und werden nur an wenigen Stellen verrödelt. Hier ist das Einlegen zusätzlicher Ableitungen notwendig.
– Baustahlgewebematten werden wenig oder gar nicht verrödelt. Wenn solche Matten als Ableitungen, als Fundamenterder oder als Abschirmung verwendet werden sollen, müssen immer an den notwendigen Stellen Leitungen, z. B. aus verzinktem Bandstahl eingelegt und durch Verrödeln, Klemmen oder Schweißen mit der Bewehrung verbunden werden.

Bei Stahlbeton-Fertigteilen ist es erforderlich, an den Enden der Bauteile Anschlußstücke in Form von herausgeführten Fahnen oder von Ankerschienen oder von Ankerplatten anbringen zu lassen, die über geeignete Bewehrungsstähle oder durch zusätzlich eingelegte Leitungen verbunden sind.
Die **Bilder 133 und 134** zeigen Beispiele von Bewehrungen, die als Ableitungen verwendet werden. Weitere Beispiele enthalten die **Bilder 202 und 224** in den Erläuterungen zu Teil 2.

Zu 5.2.10   [Metallfassaden]
Die Konstruktion von Metallfassaden ist so vielfältig, daß kein einheitliches Verfahren für den Blitzschutz vorgeschlagen werden kann. Nur in wenigen Fällen bestehen Metallfassaden aus Profiltafeln, die vom Dachrand bis an den unteren Gebäuderand in einem Stück durchlaufen und dadurch ideale Ableitungen darstellen. In der Regel bestehen Metallfassaden aus vielen Einzelfeldern für Brüstungen und Fenster, die voneinander und vom Gebäude zur Schall- und Wärmedämmung und aus Korrosionsschutzgründen durch elektrisch isolierende Bauteile getrennt befestigt sind. Solche Fassa-

Bild 133. Verzinkter Stahldraht als Ableitung in einer Stahlbetonstütze eines Hochhauses während der Bauarbeiten mit hochgenommen.

Bild 134. Stahlbeton-Fertigstütze mit eingelegter Ableitung aus Stahldraht 10 mm ⌀. Stahldraht unten an eingelegte Ankerschiene angeschlossen.
1 Erdungsleitung an Ankerschiene angeschweißt
2 Anschlußfahne vom Fundamenterder
3 Erdungssammelleitung zum Anschluß aller Stützen.

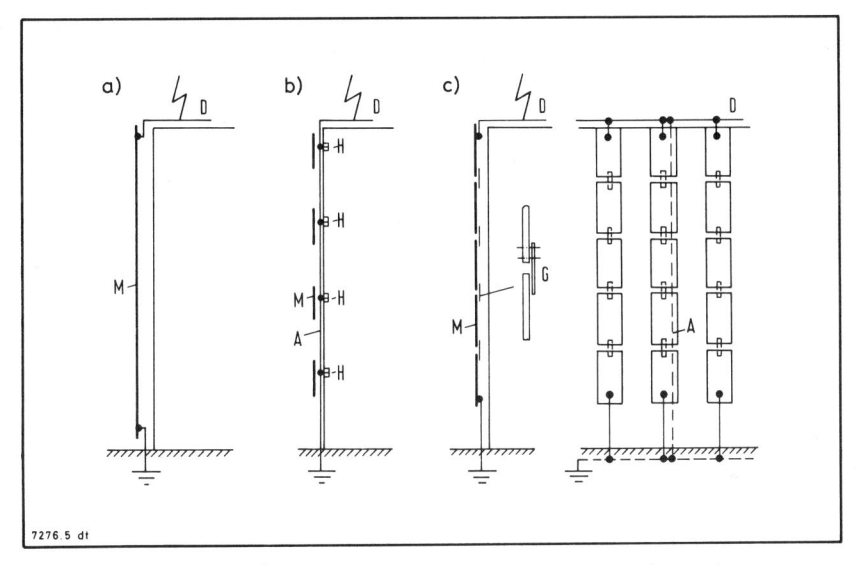

Bild 135. Einbeziehung von **Metallfassaden** in die Blitzschutzanlage.
a) Metallfassade als Ableitung
b) waagerechte Fassadenbänder über geerdete Ankerschienen einbezogen
c) senkrechte Fassadenbänder über Gleitkontakte einbezogen
A Ableitungen in Abständen von 20 m
D Fangleitung
G Gleitkontakt
H Ankerschienen waagerecht durchlaufend verbunden und in Abständen von 20 m an Ableitungen angeschlossen
M Metallfassade.

den sind als Ableitungen nicht geeignet, müssen aber in die Blitzschutzanlage einbezogen werden. Das ist z. B. möglich durch eine geerdete Unterkonstruktion aus Ankerschienen und Ableitungen hinter der Fassade oder durch Gleitkontakte zwischen übereinander liegenden Fassadentafeln. **Bild 135** zeigt die grundsätzliche Anordnung solcher Hilfskonstruktionen. Bei Blechen, auch mit Kunststoffbeschichtung, lassen sich elektrisch gut leitende Anschlüsse mittels Blindnieten herstellen, s. dazu die Erläuterungen zu 4.2.4.
Bei Metallfassaden bis zu 20 m Höhe darf in Angleichung an DIN 57185/ VDE 0185 Teil 1, Abschnitt 5.1.1.14, zweiter Absatz, auf einen Anschluß an die Ableitungen verzichtet werden, soweit die Metallteile nicht als Ableitungen verwendet werden oder verwendet werden können, z. B. bei bestehenden Gebäuden.

Zu 5.2.11 [Metallene Regenfallrohre]
Wenn Regenfallrohre hinter Verkleidungen verlegt sind, darf auf den Potentialausgleich unten mit der Blitzschutzanlage verzichtet werden.

Zu 5.2.13 [Trennstellen]
Der Einbau von Trennstellen richtet sich nach der Art der Ableitungen und der Erdungsanlage. Bei Ableitungen unter Putz können Trennstellen in Trennstellenkästen nach DIN 48839 eingebaut werden. Bei Ableitungen in Stahlbetonstützen werden Trennstellen zu äußeren Erdungsanlagen in Unterflurkästen eingebaut; bei Fundamenterdern können Trennstellen nur auf dem Dach im Zuge der Anschlußfahnen aus dem Stahlbeton angebracht werden. In den beiden Fällen der Ableitungen in Stahlbeton haben Messungen an den Trennstellen keine Aussagekraft, ob jeweils in der Achse der Trennstellen durchgehende Ableitungen wirksam sind. Die Messungen können nur beweisen, daß die zugehörigen Anschlußfahnen tatsächlich mit der Bewehrung irgendwo verbunden sind. Bei solchen Ableitungen muß die einwandfreie Durchverbindung bereits bei der Errichtung des Rohbaues durch eine laufende Bauüberwachung sicher gestellt werden. Bei wichtigen Anlagen, z. B. bei Kernkraftwerken, werden seitens der Bauüberwachung sorgfältig Protokolle geführt.

Bild 136. Trennstelle in einer Ableitung auf der Außenwand mit Nummernschild.
Bild 137. Meßbolzen am Fuß eines Stahlbetonpfeilers einer Brücke, an die Bewehrung angeschweißt.

Soweit bei Stahlbetonbauten der Einbau von Trennstellen wegen der rückseitigen Überbrückung durch Bewehrungsstähle wenig Sinn hat, ist der Einbau von Meßbolzen zweckmäßig. Das wurde z. B. unten an hohen Brückenpfeilern ausgeführt, damit eine spätere Prüfung des elektrischen Widerstandes der Bewehrung bis zum Pfeilerkopf ohne erneutes Aufstemmen der Betondeckung möglich ist.
Die **Bilder 136 und 137** zeigen die Ausführung einer Trennstelle und eines Meßbolzens.
Wenn in Sonderfällen zusätzlich zu Fundamenterdern äußere Ringerder verlegt werden, können diese über Trennstellen und isolierte Zuleitungen angeschlossen werden. Ein Beispiel zeigt **Bild 138**.

Zu 5.3 Erdung

Zu 5.3.1 [Voll funktionsfähige Erdung]
Die Forderung, daß die Erdung ohne Mitwirkung von geerdeten Rohrleitungen und geerdeten Leitern der elektrischen Anlagen voll funktionsfähig sein soll, bedeutet, daß in jedem Fall Erder mit Abmessungen nach den Abschnitten 5.3.3 bis 5.3.6 vorhanden sein müssen. Der Grund dieser Forderung ist, daß die beim Blitzeinschlag auftretende höchste Spannung überwiegend durch die örtlich vorhandenen Erder bestimmt wird; Rohrleitungen und von außen zugeführte geerdete elektrische Leitungen wirken im Anstieg des Blitzstromes wesentlich nur mit ihrem höheren Stoßausbreitungs- oder Wellenwiderstand. Beispiele dazu sind im Anhang C enthalten.
Die Frage, ob Erdungsanlagen nach DIN 57141/VDE 0141 auch für eine Blitzschutzanlage mitverwendet werden dürfen, kann die ausführende Blitzschutzfirma nicht beurteilen. In jedem Fall muß der Betreiber der Hochspannungsanlage eine Entscheidung treffen. Die hier maßgebende

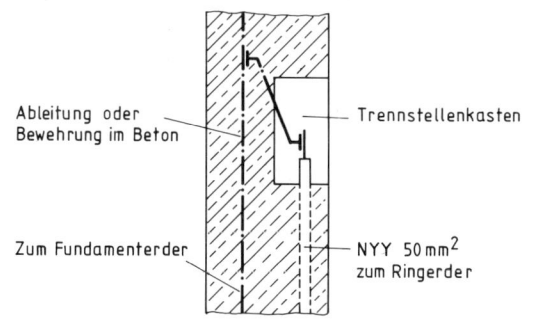

Bild 138. Trennstelle im Stahlbetonschäft eines Fernmeldeturmes mit isolierter Erdungsleitung zu einem äußeren Ringerder.
(Bild: Dehn+Söhne)

„Erdungsspannung" bezieht sich nicht auf Blitzeinwirkungen sondern auf Vorgänge in der Hochspannungsanlage. Soweit Teile der Blitzschutzanlage öffentlich zugänglich sind, sind als Grenze der Erdungsspannung 50 V anzunehmen. Bei höheren möglichen Erdungsspannungen ist eine unmittelbare Verbindung nicht zulässig.

Zu 5.3.2 Höhe des Erdungswiderstandes
Der Verzicht auf die Forderung eines bestimmten Erdungswiderstandes gilt nur für Gebäude ohne wichtige Fernmeldeverbindungen, insbesondere ohne MSR-Verbindungen zu anderen Gebäuden. Liegen solche Verbindungen vor, z. B. in Industrieanlagen mit zentraler Prozeßsteuerung und Überwachung, so soll der Erdungswiderstand jedes einzelnen Gebäudes so niedrig wie möglich sein, damit die Potentialanhebung bei Blitzeinschlag gering gehalten wird. Außerdem sollen die Erdungsanlagen dieser Gebäude miteinander weitgehend vermascht werden (Flächenerdung), damit auf den Schirmen der MSR-Kabel möglichst geringe Blitzstromanteile fließen. Ohne solche Erdungsmaßnahmen werden die Überspannungsschutzmaßnahmen für die MSR-Anlagen sehr aufwendig.
Bestimmte Erdungswiderstände müssen z. B. in folgenden Fällen eingehalten werden:

- Erdungsanlagen in explosivstoffgefährdeten Bereichen mit 10 Ohm (DIN 57185/VDE 0185 Teil 2, Abschnitt 6.3.4.5).
- Funktions- und Schutzerdung bei Fernmeldeanlagen (DIN 57800/ VDE 0800 Teil 2), die gleichzeitig als Blitzschutzerder verwendet werden,
- Bei Gebäuden mit eigener Trafostation, wenn der Blitzschutzerder gleichzeitig die Bedingungen für die Erder der Hochspannungs- und Niederspannungsanlagen erfüllen soll; das kann eine erhebliche Ersparnis bedeuten gegenüber besonderen Erdern für Hochspannungs- und Niederspannungsanlagen.

Anhang C enthält ausführliche Unterlagen zur Planung von Erdungsanlagen.

Zu 5.3.4 [Fundamenterder (siehe auch Erläuterungen zu den Abschnitten 4.3.2.2 und 4.3.2.3)]
Nach den Technischen Anschlußbedingungen für Starkstromanlagen mit Nennspannungen bis 1000 V der Elektrizitäts-Versorgungsunternehmen ist in Neubauten ein Fundamenterder einzubauen, um den Potentialausgleich wirksam gestalten zu können. Dieser Fundamenterder sollte stets auch als

Blitzschutzerder eingerichtet werden. Das bedeutet das Herausführen weiterer Anschlußfahnen zum Anschluß der Ableitungen. Ist die künftige Lage der Ableitungen noch nicht bekannt oder werden vorsorglich für eine später zu errichtende Blitzschutzanlage Anschlußfahnen vorgesehen, ist es zweckmäßig, die Anschlußfahnen nach innen zu führen, da im Keller ein seitlicher Ausgleich zwischen Ableitungen und Anschlußfahnen leicht herzustellen ist.

Der Fundamenterder hat gegenüber Erdern im Erdbereich wesentliche Vorteile:
— Er ist billiger,
— er hat einen niedrigeren Erdungswiderstand als z. B. ein Ringerder, insbesondere wenn zusätzlich Bewehrungen angeschlossen sind,
— er hat die gleiche Lebensdauer wie das Gebäude selbst.

Anhang B enthält das Merkblatt „Fundamenterder" des Verbandes der Sachversicherer.

Bei der praktischen Ausführung ist besonders zu beachten, daß der Fundamenterder mindestens 5 cm Betondeckung hat und in Beton mindestens der Festigkeitsklasse B 15 liegt. Ohne diese Maßnahmen ist der Erder auf Korrosion gefährdet.

Bezüglich der Anschlußfahnen siehe auch Erläuterungen zu Abschnitt 4.3.2.3.

Plastikfolien als Sauberkeitsschicht unter dem Betonfundament mit Fundamenterder haben sich nach neueren Untersuchungen nicht widerstandserhöhend ausgewirkt [1].

Schutzwannen mit eingelegten Bitumen- und Metallfolien wirken dagegen isolierend, weil dadurch die Feuchtigkeit zum eigentlichen Fundament keinen Zutritt mehr hat. In solchen Fällen kann ein Fundamenterder unterhalb der Wanne verlegt werden, oder es sind ausnahmsweise Erder im Erdreich notwendig.

Fehlen bei einem bereits verlegten Fundamenterder die Anschlußfahnen für die Blitzschutzanlage, so muß eine Erdungsanlage aus einem Ringerder oder aus Einzelerdern errichtet werden. Der notwendige Korrosionsschutz für den Ringerder ist im Abschnitt 4.3.2.2 angegeben. Der Ringerder soll z. B. aus einer Leitung mit Bleimantel bestehen. Für den Fall der Einzelerder fehlt eine entsprechende Anweisung für das Erdermaterial, wenn eine Trennung vom Fundamenterder nicht über Funkenstrecken vorgenommen werden kann. Für Einzelerder in Form von Tiefenerdern kommt z. B. Stahl mit Kupfermantel nach Tabelle 2 von DIN 57185/VDE 0185 Teil 1 in Frage. Zur Zeit wird im Entwurf einer VDE-Richtlinie „Werkstoffe und Mindestmaße von Erdern bezüglich der Korrosion" untersucht, ob infolge des edleren

Potentials der Tiefenerder der Fundamenterder oder die Bewehrung im Beton auf Korrosion gefährdet sind.
Für Fundamenterder sind Leitungen aus verzinktem Stahl vorgesehen. Es gibt aber Sonderfälle, z. B. in Übersee, in denen verzinkter Stahl nicht zur Verfügung steht. Es ist zulässig, einen Fundamenterder auch aus schwarzem Stahl zu verlegen, weil auch eine starke Bewehrung aus schwarzem Stahl allein als Fundamenterder benutzt werden darf. In diesen Fällen empfiehlt sich eine Verbindung der Fundamenterderteilstücke untereinander und mit den Anschlußfahnen durch Schweißen, weil bei angerostetem oder oxydiertem Stahl mittels Keilklemmen oder Schraubklemmen unter Umständen kein guter Kontakt erreicht wird. Für die Anschlußfahnen eignet sich in diesem Fall wegen der notwendigen Schweißverbindungen Band aus nichtrostendem Stahl, wie es in Tabelle 1 von DIN 57185/VDE 0185 Teil 1, für oberirdische Verbindungen angegeben ist. Als Querschnitt genügt auch Band mit 30 mm × 2 mm, wenn es sich um viele Anschlußfahnen handelt. Auf Schutzumhüllungen auf den kurzen Abschnitten aus nichtrostendem Stahl mit mindestens 18% Cr und 9% Ni im Erdreich kann verzichtet werden, da nichtrostender Stahl edler ist als der Fundamenterder. Auch an den Schweißstellen von nichtrostendem Stahl mit anderen Stahlsorten, z. B. Betonstahl, ist kein zusätzlicher Korrosionsschutz erforderlich, sofern an der Verbindungsstelle die Betondeckung nach DIN 1045/12.78, Abschnitt 13.2, eingehalten ist*). Schweißstellen in Erde müssen jedoch entzundert und korrosionsgeschützt werden. Die in den VDEW-Richtlinien angegebene Betondeckung von 5 cm ist praktisch in allen Fällen ausreichend bei Betonfestigkeitsklasse mindestens B 15.
Nach DIN 1045 „Beton- und Stahlbetonbau, Bemessung und Ausführung" dürfen verzinkte Stahlteile nicht mit der Bewehrung (aus schwarzem Stahl) in Verbindung stehen. Diese Bestimmung gilt nach einer Vereinbarung mit dem zuständigen Normenausschuß nicht für Blitzschutzanlagen. Fundamenterder, Erdungsleiter, Potentialausgleichsleitungen und Ableitungen aus verzinktem Stahl dürfen mit der Bewehrung von Stahlbeton verbunden werden, wenn an den Verbindungstellen keine höheren Temperaturen als etwa 40°C zu erwarten sind.

Zu 5.3.6 [Einzelerder]
Ein Oberflächenerder von 20 m Länge und ein Tiefenerder von 9 m Länge haben in gleichem Erdreich ungefähr gleich hohe Erdungswiderstände. Bei einem spezifischen Erdwiderstand von 100 Ohm × m sind das etwa

---
*) Zulassung nichtrostender Stähle im Bauwesen, Zulassungs-Nr. Z 30.1–44 vom 1.2.79 Institut für Bautechnik Berlin. Bezug: Informationsstelle Edelstahl rostfrei, Kasernenstraße 36, 4000 Düsseldorf 1, Postfach 2807.

12 Ohm. Der Tiefenerder hat gegenüber dem Oberflächenerder den Vorteil, daß sein Erdungswiderstand jahreszeitlich nur wenig schwankt. Tiefenerder werden z. B. dann eingesetzt, wenn Oberflächenerder aus Geländegründen nicht mehr verlegt werden können, z. B. in bebautem Stadtgebiet.
Ein Stahlbetonfundament mit 5 m³ Rauminhalt entspricht einem Halbkugelerder von 2,7 m Durchmesser und hat ebenfalls wie die oben genannten Einzelerder einen Erdungswiderstand von etwa 12 Ohm bei $\rho = 100$ Ohm × m.
Wird für eine Erdungsanlage ein bestimmter Erdungswiderstand verlangt, dann muß die Erdungsanlage aus wirtschaftlichen Gründen vorausberechnet werden. Als Voraussetzung dazu muß auf dem zur Verfügung stehenden Gelände der spezifische Erdwiderstand bis zu Tiefen von z. B. 30 m an mehreren Stellen gemessen werden. Anhang C enthält einige Unterlagen über die Vorausberechnung von Erdern.
Die Bewertung von Metallteilen im Erdboden, wie Pfahlgründungen, Stahlträger, Spundwände, Brunnenrohre, hinsichtlich ihrer Gleichwertigkeit mit den vorgeschriebenen Oberflächenerdern oder Tiefenerdern kann meßtechnisch und rechnerisch vorgenommen werden. Zu vergleichen sind dabei die Erdungswiderstände, die Oberflächenerder und Tiefenerder in dem Erdreich haben würden, in dem sich die Metallteile befinden, mit den Erdungswiderständen der Metallteile.
Haben Stahlbetonfundamente oder Metallteile im Erdboden einzeln nicht die notwendigen Erdungswiderstände entsprechend einem Oberflächenerder von 20 m Länge oder einem Tiefenerder von 9 m Länge, so dürfen kleinere Teile parallel gerechnet werden, wenn ihre Abstände geringer sind als etwa 20 m, dem normalen Abstand der Ableitungen. Hat z. B. ein Stahlskelettbau einen Stützenabstand von 6 m, dürfen je Ableitung 3 Stützenfundamente angerechnet werden. Jedes der 3 Fundamente braucht dann nicht mehr einen Rauminhalt von 5 m³ haben, sondern es genügen 0,2 m³ (das entspricht einem Durchmesser einer Halbkugel von 0,9 m und einem Erdungswiderstand von 36 Ohm). Ähnlich genügen 2 Betonfundamente von 0,6 m³ (das entspricht einem Durchmesser einer Halbkugel von 1,3 m und einem Erdungswiderstand von 24 Ohm). Man kann demnach auch mit kleineren Stahlbetonfundamenten eine ausreichende Erdungsanlage erreichen, wenn viele solcher Fundamente zur Verfügung stehen. **Bild 139** zeigt einige übliche Fundamentkonstruktionen zur Aufnahme von Stahlstützen. **Bild 140** zeigt ein Beispiel einer praktischen Ausführung.

Zu 5.3.7 [Ableitungen innerhalb ausgedehnter Gebäude]
Für die Verbindungen der inneren Ableitungen mit den Erdern der äußeren Ableitungen kann in Sonderfällen auch nichtrostender Bandstahl verwen-

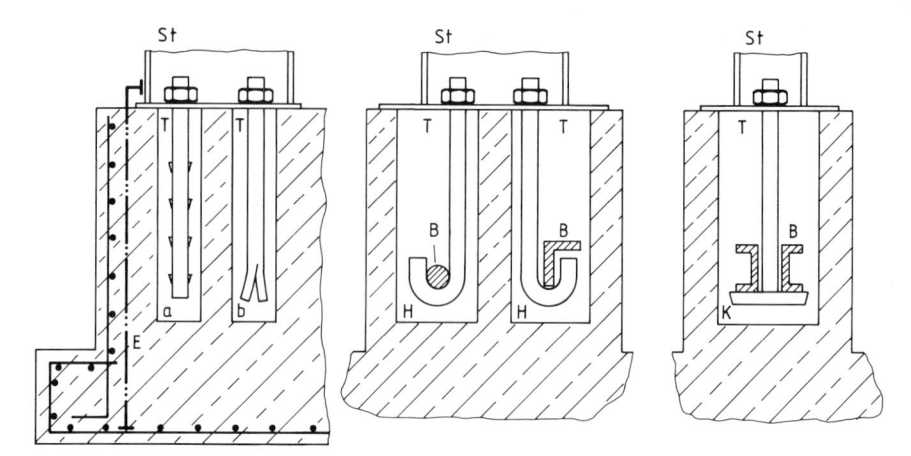

Bild 139. Beispiele der **Fundamente von Stahlstützen.**
St Stahlstütze
T   Tasche im Fundament, später mit Beton vergossen
a, b Ankerschrauben
B   Ankerbarren
H   Hakenschrauben
K   Hammerkopfschrauben
E   Anschluß an Bewehrung stets erforderlich

det werden. Das ist besonders dann zweckmäßig, wenn die Verbindungen in einem Fußboden angebracht werden müssen, der aus Kies oder Schlacke besteht und mittels Rüttlern stark verdichtet wird. Die aus Korrosionsschutzgründen auch möglichen Leitungen mit Bleimantel eignen sich nicht, weil beim Rütteln des Bodens der Bleimantel beschädigt werden kann. Die bei Blitzeinschlag zu erwartenden Spannungsfälle und Erwärmungen der Leitungen aus nichtrostendem Stahl wurden rechnungsmäßig mit den entsprechenden Werten von verzinktem Bandstahl verglichen. Der nichtrostende Bandstahl verhält sich nicht ungünstiger als der verzinkte Bandstahl.

Zu 5.3.9 [Schutz gegen Berührungsspannungen und Schrittspannungen bei Blitzeinschlag]
Die Bemessung und Ausführung von Schutzmaßnahmen gegen Berührungsspannungen bei besonders blitzgefährdeten baulichen Anlagen setzt voraus, daß die zulässigen Stoßströme durch den menschlichen Körper bekannt sind. Außerdem müssen Annahmen getroffen werden mit welchen Blitzstrom-Kennwerten zu rechnen ist (Anhang E). Zur Lösung dieser Fragen waren umfangreiche Untersuchungen erforderlich. Anhang F enthält Unterlagen zur Berechnung von Schutzmaßnahmen.

Bild 140. Stahlbetonfundament einer Stahlstütze als Einzelerder.
a. Bandstahl an Bewehrung auf der Fundamentsohle angeschlossen und nach oben ausgeführt.

b. Anschluß des Bandstahls an die Stahlstütze.

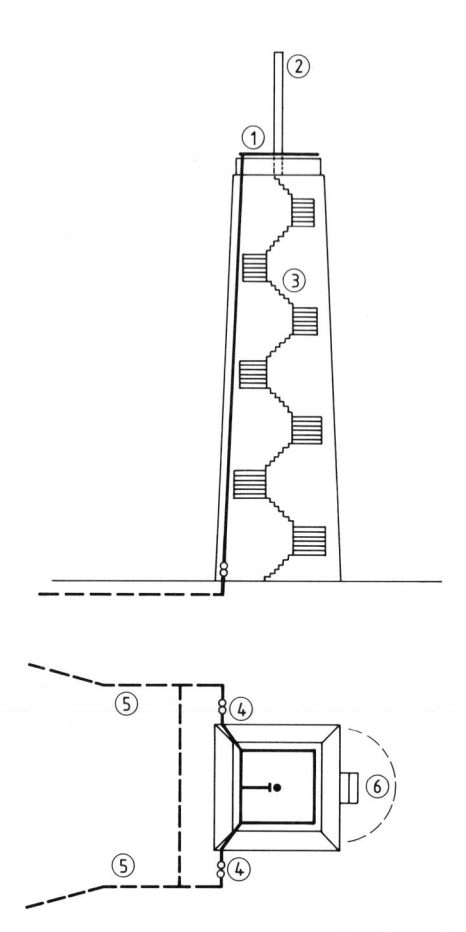

Bild 141. Blitzschutzanlage für einen **Aussichtsturm**
1 Fangleitung an der Brüstung
2 Fahnenstange aus Metall anschließen
  Fahnenstange aus Holz mit Ableitung versehen
3 Metallene Bauteile im Turm wie Treppengeländer oben und unten anschließen; etwaige Unterbrechungen überbrücken
  Schutz gegen Berührungs- und Schrittspannungen nach Teil 1, Abschnitt 5.3.9 z. B. wie folgt:
4 zwei Ableitungen von der Eingangsseite abgewandt verlegen
5 zwei Oberflächenerder mit je 40 m Länge von der Eingangsseite abgewandt verlegen
6 isolierenden Bodenbelag in mindestens 3 m Umkreis um den Eingang aufbringen (siehe Anhang F).

In manchen Fällen, z. B. bei Aussichtstürmen im Gebirge, lassen sich aufwendige Potentialsteuerungen nicht verwirklichen. Für solche Fälle wird eine vereinfachte Schutzanordnung nach **Bild 141** vorgeschlagen.

Zu 6 Ausführung des inneren Blitzschutzes

Zu 6.1 [Blitzschutz-Potentialausgleich]

Der Blitzschutz-Potentialausgleich ist im wesentlichen das gleiche wie in den bisherigen Allgemeinen Blitzschutzbestimmungen „Das Beseitigen von Fremdnäherungen", jedoch erweitert auf den Überspannungsschutz elektrischer Anlagen. Da ein Potentialausgleich einfacherer Art bereits in mehreren VDE-Bestimmungen gefordert wird, wurde für DIN 57185/VDE 0185 zur Unterscheidung der Begriff „Blitzschutz-Potentialausgleich" gewählt.

Tabelle 101 zeigt einen Vergleich des Blitzschutz-Potentialausgleichs mit dem Potentialausgleich nach anderen VDE-Bestimmungen.
Trennfunkenstrecken sind für den Blitzschutz-Potentialausgleich in vielen Fällen unentbehrlich. Es muß daher zunächst auf die Eigenschaften von Trennfunkenstrecken eingegangen werden.

Aufbau und Einsatz von Trennfunkenstrecken und anderen Funkenstrecken

Eine Trennfunkenstrecke nach der Begriffsbestimmung in Abschnitt 2.5.4 wirkt wie ein automatischer Schalter, der normal verschiedene Anlageteile galvanisch trennt und sie nur bei Blitzeinwirkung vorübergehend verbindet. Trennfunkenstrecken und auch andere Funkenstrecken mit gleicher Wirkung werden außer in den Fällen nach 6.1.2.1 b) noch an mehreren anderen Stellen in DIN 57185/VDE 0185 erwähnt und außerdem in der Praxis noch weitergehend eingesetzt:
DIN 57185/VDE 0185 Teil 1
4.3.2.2: Schutz von Erdern im Erdreich vor einer Korrosion durch das edlere Potential von Stahlbetonfundamenten,
6.1.1.4: Vorbeilaufende Rohrleitungen oder Gleise sollen, falls erforderlich, über Trennfunkenstrecken mit der Blitzschutzanlage verbunden werden,
6.2.1.3: Überbrückung von Näherungen
6.2.2.1.3: Dachständer für Starkstromfreileitungen sollen bei Abständen unter 0,5 m mit der Blitzschutzanlage über eine gekapselte Schutzfunkenstrecke verbunden werden,
6.2.2.1.5: Gehäuse von Starkstromanlagen auf dem Dach sollen vorzugsweise über Funkenstrecken mit der Blitzschutzanlage verbunden werden, soweit nicht ein Schutz mittels Fangstangen oder Käfigen usw. nach 5.1.1.16 notwendig ist.

Tabelle 101

Blitzschutz-Potentialausgleich nach DIN 57185/VDE 0185 (Bl-PA)	Potentialausgleich nach anderen VDE-Bestimmungen (VDE-PA)
Bl-PA ist das Verbinden der Blitzschutzanlage mit Rohrleitungen und anderen metallenen Installationen, mit Erdungsanlagen und geerdeten Teilen von Starkstrom- und Fernmeldeanlagen.	VDE-PA ist das Verbinden des Schutzleiters der Starkstromanlage mit Rohrleitungen und anderen metallenen Installationen, soweit vorhanden auch mit Fernmeldeanlagen direkt oder über Überspannungsschutzgeräte, soweit vorhanden, mit der Blitzschutzanlage.
Bei Gefährdung der Verbraucheranlagen auch Anschluß der aktiven Leiter mittels Überspannungsschutzgeräten.	Ein Überspannungsschutz der Starkstromanlagen gehört nicht zum VDE-PA.
Zweck ist die Beseitigung von Potentialunterschieden, insbesondere von Überschlägen und Durchschlägen bei Blitzeinwirkungen, daher Verbindungen auch über Trennfunkenstrecken möglich.	Zweck ist das Verhindern gefährlicher Berührungsspannungen bei Fehlern im Starkstromnetz, Trennfunkenstrecken nicht geeignet, da Berührungsspannungen nicht verhindert würden.
Bei Fernmeldeanlagen, insbesondere mit elektronischen Bauteilen, wird die Potentialausgleichschiene ersetzt durch eine maschenförmige Potentialfläche innerhalb der Gebäude. Im Gelände wird der Potentialausgleich mit Nachbargebäuden erweitert zu einer Flächenerdung.	Bei Fernmeldeanlagen tritt nach DIN 57800/VDE 0800 Teil 2 an die Stelle der Potentialausgleichschiene der Erdungssammelleiter innerhalb der Gebäude. Dieser kann bestehen aus Erdungsringleiter Erdungssammelschiene oder Erdungsklemme.
Der Bl-PA wird bei Hochhäusern über 30 m Höhe in Abständen von 20 m Höhe wiederholt außer bei Stahlbeton und Stahlskelettbauten (Abschnitt 6.1).	Der VDE-PA braucht nur im Kellergeschoß ausgeführt zu werden. Ausnahme bei Fernmeldetürmen und ähnlichen hohen baulichen Anlagen mit umfangreichen elektrischen und elektronischen Einrichtungen.
In medizinisch genutzten Räumen darf der Blitzschutz-Potentialausgleich nicht durchgeführt werden.	In medizinisch genutzten Räumen muß nach DIN 57107/VDE 0107 ein besonderer Potentialausgleich durchgeführt werden.

DIN 57185/VDE 0185 Teil 2
4.9.8: Notwendige Verbindungen von Kabeln und Rohrleitungen auf Brücken nur über Trennfunkenstrecken herstellen.
6.2.3.1.7: An Füllstationen die Rohrleitungen mit Stahlkonstruktionen und Gleisen soweit erforderlich über Trennfunkenstrecken verbinden,
6.2.3.2.1 und
6.2.3.2.2: In explosionsgefährdeten Bereichen müssen Isolierstücke in Rohrleitungen durch explosionsgeschützte Trennfunkenstrecken überbrückt werden.

VDE 0800 Teil 2/4.73
§ 17d: Vermeidung von Beeinflussungen und Gefährdungen von Informationsverarbeitungsanlagen, z. B. von Flugsicherungsanlagen und Verkehrssteuerungen, durch Trennung des Bezugsleiters von der Blitzschutzerde über Luftfunkstrecken.

Weitere praktische Anwendungen:
Der Korrosionsschutz von Stahlteilen in der Erde erfordert auch dann, wenn kein kathodischer Schutz oder Streustromschutz vorhanden ist, eine Trennung von anderen geerdeten Teilen, z. B. von Fundamenterdern, mittels Funkenstrecken. Dazu gehören z. B. das Schutzrohr unterhalb des Fundamentes von hydraulischen Aufzügen (**Bild 142**) und unterirdische Tanks, wobei die Rohrleitungen Isolierstücke erhalten müssen (**Bild 143**).
Tabelle 102 enthält eine Übersicht, welche Korrosionsströme bei fehlender Trennung mittels Funkenstrecken oder Isolierstücken fließen würden. Ohne Trennfunkenstrecke oder Isolierstück würden in diesen Fällen die Erder mit negativer Polarität elektrolytisch zerstört werden. Der Umfang der Zerstörung beträgt bei Stahl etwa 9 kg und bei Zink etwa 11 kg für einen Korrosionsstrom von 1 A in einem Jahr. Die Notwendigkeit des Einbaues von Trennfunkenstrecken zum Korrosionsschutz ist aus diesen Beispielen ersichtlich. Wenn in besonderen Fällen auf den Einbau von Trennfunkenstrecken verzichtet und direkt verbunden werden soll, muß vorher durch Messungen nachgewiesen werden, daß keine Korrosionsgefahr vorliegt.

Nach Abschnitt 4.1.3 müssen **Trennfunkenstrecken** dem Anwendungszweck angepaßt sein. Für Trennfunkenstrecken, die in DIN 57185/ VDE 0185 gefordert werden, ist eine Norm DIN 48810 in Vorbereitung. Danach werden die Trennfunkenstrecken in 2 Gruppen eingeteilt mit Ansprechspannungen von 1 bis 2 kV_{eff} bei 50 Hz und mit höheren Ansprechspannungen. Die Trennfunkenstrecken werden in Normalausführung mit der Schutzart IP 66 gebaut und außerdem in explosionsgeschützter Ausfüh-

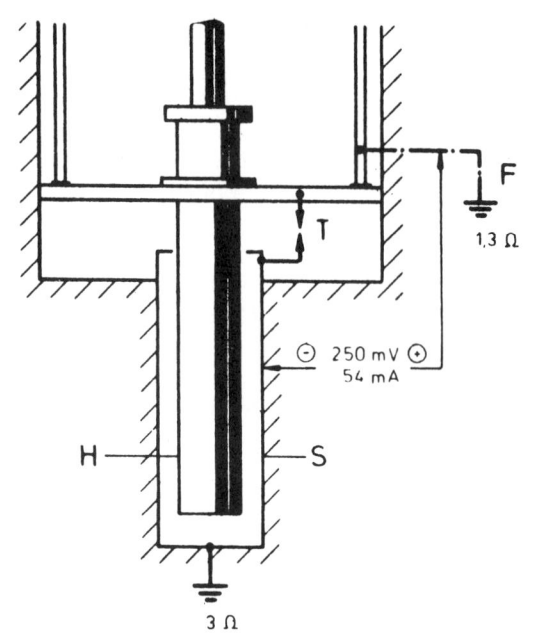

Bild 142. Aufzug mit hydraulischem Antrieb
H Hydraulikzylinder
S Schutzrohr in der Erde
T Funkenstrecke
F Anschluß an Fundamenterder
Bei direkter Verbindung zwischen Fundamenterder und Schutzrohr wäre das Rohr auf Korrosion stark gefährdet.

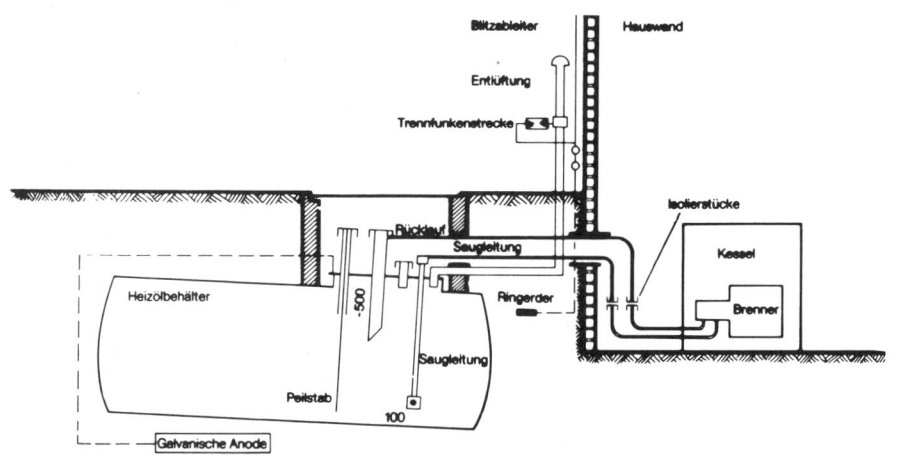

Bild 143. Unterirdischer Heizöltank mit kathodischem Schutz
Blitzschutz-Potentialausgleich muß über Funkenstrecke vorgenommen werden. Bei direkter Verbindung würde der kathodische Schutz unwirksam.

Tabelle 102
Korrosionsspannungen und Korrosionsströme zwischen verschiedenen Erdern

Anlagen	Leerlauf-spannung (mV)	Kurzschluß-strom (mA)
Fundamenterder (+) und Meßerde (−)	300	100
Fundamenterder (+) und Fernsprecherder (−)	320	200
Fundamenterder (+) und Schutzrohr eines hydraulischen Aufzuges (−)	250	54
Bewehrung eines Brückenwiderlagers aus Stahlbeton (−) und Blitzschutzerder aus blankem Kupfer (+)	150	300
Fundamenterder eines Hochhauses (+) und Gasleitung vor Isolierstück (−)	bis 1500	bis 1000
Banderder aus verzinktem Bandstahl(−) und Bewehrung benachbarter Stahlbetonfundamente (+)	150	140

rung. Bei zu erwartender häufiger Beanspruchung durch Stoßströme, z. B. beim Einbau an Isolierstücken in Pipelines in gewitterreicher Gegend, stehen Trennfunkenstrecken mit verschleißsicheren Elektroden zur Verfügung. **Bild 144** zeigt eine Trennfunkenstrecke nach DIN 48810 (Entwurf). Die in Abschnitt 6.2.2.1.3 genannten **gekapselten Schutzfunkenstrecken (Bild 145)** fallen nicht unter DIN 48810. Es handelt sich hier um die seit Jahren verwendete sogenannte Dachständerfunkenstrecke. Sie besteht aus zwei Elektroden in einem Porzellangehäuse mit Ansprechspannungen je nach Elektrodenabstand von z. B. 2 bis 20 kV. Prüfbestimmungen gibt es für diese Schutzfunkenstrecke bisher nicht. Ihre Strombelastbarkeit dürfte einige 10 kA bei Stoßströmen betragen. Bei Blitzeinschlägen ist sie manchmal explosionsartig zerstört worden, ohne jedoch weitere Schäden an Gebäuden oder der Umgebung zu verursachen.
Die in DIN 57 800/VDE 0800 Teil 2 genannten Luftfunkenstrecken entsprechen in ihrer Aufgabe den Trennfunkenstrecken nach DIN 48810 und können auch durch diese ersetzt werden.
Die Auswahl der richtigen Funkenstrecke für eine gegebene Einbaustelle ist für die Blitzschutzfirma nicht immer leicht. Hier sollte eine Beratung durch die Hersteller der Funkenstrecken eingeholt werden.

In manchen Fällen ist eine möglichst niedrige Ansprechspannung erforderlich; das gilt z. B. für Funkenstrecken, die parallel zu Isolierstücken eingebaut werden. Nach AfK-Empfehlung Nr. 5**) (DIN 57185/VDE 0185 Teil 2, Abschnitt 6.2.3.2.1) soll die Ansprechstoßspannung (1,2/50) unter 50% der Überschlagspannung in V_{eff} des Isolierstücks liegen. Isolierflansche haben z. B. eine Überschlagswechselspannung von 5,5 kV_{eff} bei 5 mm dicker Isolierscheibe und von 13,5 kV_{eff} bei 20 mm dicker Scheibe. Isolier-

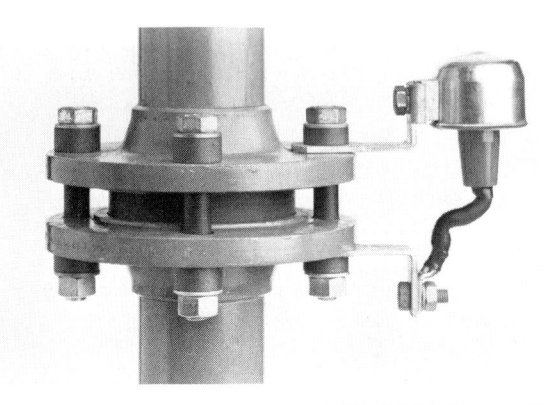

Bild 144. Trennfunkenstrecke nach DIN 48810 (Entwurf), Ansprechwechselspannung (50 Hz) 1 kV_{eff}, Nennableitstoßstrom (8/20) 100 kA. Explosionsschutz Zündgruppe G4. (Bild: Dehn+Söhne)

Bild 145. Gekapselte Schutzfunkenstrecke, sogenannte Dachständer-Funkenstrecke. Das Schnittbild zeigt die Elektroden; Ansprechwechselspannung (50 Hz) etwa 20 kV_{eff}, Ableitstoßstrom (8/20) etwa 20 kA.

**) Wird z. Zt. überarbeitet; darin sind auch Angaben über die maximal zulässigen Anschlußseillängen enthalten.

muffen für Rohrdurchmesser von z. B. 100 mm und mehr sind oft vollständig vergossen mit Isoliermasse und haben keine eingebaute Überschlagstrecke. Diese Muffen können wegen der guten Isolation des Mantels nicht außen überschlagen werden. Bei Prüfungen schlugen sie innen durch bei 15 bis 20 kV_{eff} und bei 26 kV Stoßspannung.
Für Isoliermuffen dieser Ausführung ist die Angabe in Afk-Empfehlung Nr. 5, daß im Erdreich eingebettete Isolierstücke nicht mit Funkenstrecken überbrückt zu werden brauchen, nicht anzuwenden. Denn wenn eine Gasleitung zu einem Hochhaus eine Isoliermuffe ohne Funkenstrecke enthält, muß mit häufigen inneren Durchschlägen der Isoliermuffe gerechnet werden. Günstigstenfalls wird dadurch die Isolierwirkung aufgehoben, ungünstigstenfalls wird die Muffe undicht.
In anderen Fällen ist eine besonders niedrige Ansprechspannung der Funkenstrecken nicht erforderlich, im Gegenteil sogar nachteilig.
Das gilt im allgemeinen für den Anschluß der Starkstromanlagen auf dem Dach wie Dachständer nach Abschnitt 6.2.2.1.3 und kleinere Geräte wie Lüfter nach Abschnitt 6.2.2.1.5. Die Vorteile des Anschlusses über Funkenstrecken sind bereits in Abschnitt 5.1.1.16 erläutert. Als Ansprechspannung dieser Funkenstrecken werden mindestens 20 kV_{eff} bei 50 Hz empfohlen. Zum Vergleich sei angeführt, daß in den Österreichischen Blitzschutznormen für Dachständeranschlüsse eine Reihenschaltung von 2 Funkenstrecken mit je 20 kV Ansprechspannung vorgeschrieben ist.

Zu 6.1.1 Blitzschutz-Potentialausgleich mit metallenen Installationen
Zu 6.1.1.1 [Arten der metallenen Installationen]
Die metallenen Installationen, die in den Blitzschutz-Potentialausgleich einbezogen werden sollen, sind in den Abschnitten 2.6.1 und 6.1.1.1 von DIN 57185/VDE 0185 Teil 1 sowie in den Abschnitten 4 bis 6 von DIN 57185/VDE 0185 Teil 2 aufgeführt. Das sind ungefähr alle in baulichen Anlagen vorkommenden metallenen Installationen.
Der Potentialausgleich nach anderen VDE-Bestimmungen gilt in ähnlicher Weise ebenfalls für alle in baulichen Anlagen vorkommenden metallenen Installationen. Eine ausführliche Darstellung des Potentialausgleichs nach anderen VDE-Bestimmungen enthält Band 35 der VDE-Schriftenreihe „Potentialausgleich und Fundamenterder – VDE 0100/VDE 0190" [18].
Der Blitzschutz-Potentialausgleich geht in einigen Fällen über die Forderungen in anderen VDE-Bestimmungen hinaus. Dazu gehören z. B.
– bei Sportanlagen sollen auch Geländer, Gitter (Wellenbrecher) angeschlossen werden,
– Brückenlager sollen überbrückt und geerdet werden,
– in explosivstoffgefährdeten Bereichen sollen Metallbeläge von Tischen,

Blechschränke für Zünder, Zäune und metallene Kanalabdeckungen oberhalb von Rohrleitungen mit explosiven Stoffen angeschlossen werden.
Umgekehrt darf der Blitzschutz-Potentialausgleich nicht auf medizinisch genutzte Räume ausgedehnt werden Nach DIN 57107/VDE 0107 ist in medizinisch genutzten Räumen ein besonderer Potentialausgleich im Behandlungsbereich der Patienten vorgeschrieben. (Siehe dazu die Erläuterungen zu Teil 2, Abschnitt 4.6.)
Der Entwurf DIN 57100/VDE 0100 Teil 705 A1 enthält Angaben zum Potentialausgleich bei Anlagen, die in DIN 57185/VDE 0185 noch nicht berücksichtigt werden konnten:

Zu § 45 D a) 7 Am Rand von Schwimmbecken in Hallen und im Freien ist auf 2 m Breite eine Potentialsteuerung einzubauen. Außerdem sind alle leitfähigen Teile in den Potentialausgleich einzubeziehen.

Zu § 56 b) 4 Isoliermuffen in Rohrleitungen zu Viehställen haben sich nur bei kleineren landwirtschaftlichen Betrieben und einzelstehenden Gebäuden bewährt; bei enger Bebauung kann jedoch durch Isoliermuffen eine gefährliche Spannungsverschleppung in den Viehstall nicht verhindert werden. Deshalb wird für Neuanlagen eine Potentialsteuerung und ein umfassender Potentialausgleich gefordert, der mit der Blitzschutzerde direkt zu verbinden ist.

Isolierstücke in Gas-Hausanschlußleitungen nach DIN 3389 brauchen nicht mit einer Funkenstrecke überbrückt zu werden, weil die Isolierstücke eine eingebaute Überschlagstrecke enthalten **(Bild 146)**. Diese Überschlagstrecke wird nur auf Abstand und Prüfspannung bemessen. Eine bestimmte Stromtragfähigkeit ist nicht vorgeschrieben.

Zu 6.1.1.2 [Querschnitte der Blitzschutz-Potentialausgleichsleitungen]
Ob für diese Leitungen nach VDE 0190 größere Querschnitte erforderlich sind als die hier angegebenen 10 mm^2 Kupfer, läßt sich aus VDE 0190 selbst nicht entnehmen. Die richtige Anweisung dazu enthält der Band 35 der VDE-Schriftenreihe [18] auszugsweise wie folgt:
Hauptleitung im Sinne von VDE 0190 ist die stärkste vom Hausanschlußkasten in die Anlage führende Leitung. Erleichterungen sind:
Wenn ein Hauptverteiler vorhanden ist, gilt als Hauptleitung die stärkste von dort in die Anlage führende Leitung.
Bei zentraler Anordnung der Zählerstationen hinter dem Hausanschluß gelten die von den Zählern zu den einzelnen Wohnungen führenden Leitungen als Hauptleitungen.

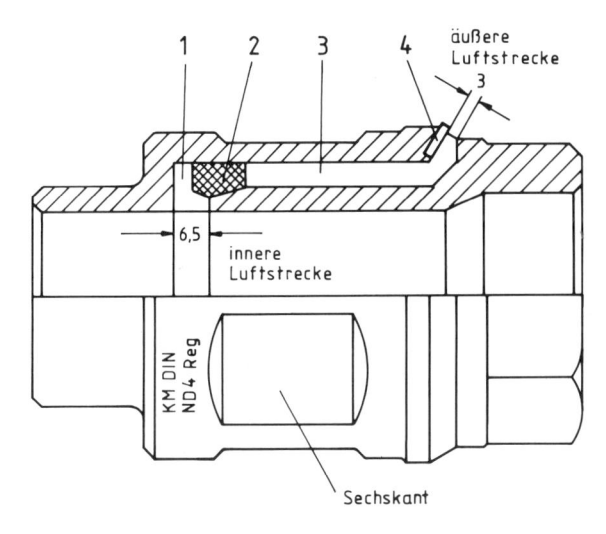

Bild 146. Beispiel eines **Isolierstückes nach DIN 3389**
zum Einbau in Hausanschlußleitungen für Gas (nicht zum Einbau in Ex-Bereichen)
1 Distanzscheibe
2 Dichtring
3 Isolierstoff
4 Metallstift als Funkenstrecke zum Gehäuse
Potentialausgleichsleitung in Strömungsrichtung hinter dem Isolierstück anschließen.
(Bild: Koch & Müller, Bottrop)

Die hier genannten Hauptleitungen sind die Außenleiter der genannten Stromkreise. Die zugehörigen Querschnitte der Potentialausgleichsleitungen sind in **Tabelle 103** angegeben.
Potentialausgleichsleitungen aus Aluminium werden im Querschnitt um

Tabelle 103
Zuordnung der Potentialausgleichsleitungen zu den Außenleitern

Außenleiter (Kupfer)	Potentialausgleichsleitung	
mm^2	Kupfer mm^2	Aluminium mm^2
bis 16	10	16
25	16	25
35	16	25
50	25	35
70	35	50
95	50	50
über 95	50	50

eine Stufe höher gewählt, jedoch auch nicht stärker als 50 mm^2. Leitungen aus Stahl erhalten immer einen Querschnitt von 50 mm^2.

Zu 6.1.1.3 DVGW-Arbeitsblatt GW 306
Dieses Arbeitsblatt wurde vom DVGW den Richtlinien DIN 57185/ VDE 0185 angepaßt. Anhang H enthält den neuen Wortlaut.
Nach Abschnitt 4.1 des Arbeitsblattes GW 306 sind Potentialausgleichsleitungen bei vorhandenen Isolierstücken in Strömungsrichtung hinter dem Isolierstück anzuschließen. Isolierstücke werden im allgemeinen von den Versorgungsunternehmen vorgeschrieben aus Korrosionsschutzgründen für die Versorgungsleitungen. Nach Auskunft des DVGW wird jedoch ein Einbau weiterer Isolierstücke, z. B. in die zum Garten führende Wasserleitung, nicht gefordert. Ein solcher Einbau ist gegebenenfalls Sache des Eigentümers des Grundstückes, wozu in solchen Fällen keine Genehmigung des Versorgungsunternehmens erforderlich ist.
Auf Veranlassung des DVGW wird besonders auf die Einhaltung der Forderungen im Abschnitt 4.2 des Arbeitsblattes GW 306 hingewiesen. Der Text lautet:
„**Hausanschluß-, Anschluß- und Versorgungsleitungen.**
Die in der Nähe eines Blitzschutzerders verlaufenden erdverlegten Hausanschluß- bzw. Anschlußleitungen und Versorgungsleitungen sollen nicht mit der Blitzschutzanlage verbunden werden. Im Ausnahmefall geplante Verbindungen dürfen nur über Trennfunkenstrecken nach vorheriger Genehmigung durch das zuständige Versorgungsunternehmen hergestellt werden. Trennfunkenstrecken müssen der Besichtigung zugänglich sein. Trennfunkenstrecken sind erforderlich, um eine Korrosionsgefahr durch Streuströme oder Elementbildung mit Metallen mit edleren Potentialen zu verhindern bzw. den kathodischen Korrosionsschutz von Rohrleitungen aufrecht zu erhalten."
Hausanschlußleitung ist die Bezeichnung für den Gasanschluß, Anschlußleitung ist die Bezeichnung für den Wasseranschluß zwischen den Versorgungsleitungen und den Hauptabsperreinrichtungen im Gebäude.
Anmerkung: Zu der Forderung auf die Einholung einer Genehmigung von Verbindungen zwischen Blitzschutzerder und diesen Leitungen außerhalb der Gebäude berichteten die Technischen Werke Stuttgart: Seit 30 Jahren ging in deren Versorgungsbereich keine einzige Anmeldung seitens einer Blitzschutzfirma ein. In den kathodisch geschützten Gasverteilungsnetzen wurden und werden immer noch unzulässige Verbindungen ohne Funkenstrecken zwischen Blitzschutzanlagen und dem geschweißten Stahlrohrnetz der Niederdruckgasversorgung gefunden, zum Teil mit Korrosionsschäden an den Rohrleitungen.

Zu 6.1.1.4 [Fremde Rohrleitungen]
Der Verzicht auf den Anschluß fremder nur vorbeilaufender Rohrleitungen an die Blitzschutzanlage hat drei Gründe:
— einmal sind keine wesentlichen Nachteile bekannt geworden;
— ferner würde ein solcher Anschluß wenig aussichtsreiche Verhandlungen mit dem Eigentümer erfordern;
— für die Blitzschutzanlage wäre der Anschluß ohne wesentliche Bedeutung.

Zu 6.1.2 und 6.1.2.1 *Blitzschutz-Potentialausgleich mit elektrischen Anlagen:*
Einige Bedingungen unter a) und b) können von der ausführenden Firma, sowohl für den Blitzschutz als auch für die elektrischen Anlagen, nicht zuverlässig beurteilt werden. Das gilt insbesondere für folgende Fragen: Können bei Erdungsanlagen von Starkstromanlagen über 1 kV nach DIN 57141/VDE 0141 unzulässig hohe Erdungsspannungen (bei Fehlern im Starkstromnetz) verschleppt werden oder nicht?
Diese Frage muß vom zuständigen Betreiber z. B. vom EVU, klar gestellt werden (siehe dazu auch Erläuterungen zu Abschnitt 5.3.1).
Stehen bei Wechselstrombahnen Bestimmungen in DIN 57115/VDE 0115 oder signaltechnische Gesichtspunkte einem direkten Anschluß bahngeerdeter Teile entgegen oder nicht?
Im Zweifelsfall wird ein Anschluß über Trennfunkenstrecken empfohlen, da die Belange des Blitzschutz-Potentialausgleichs dadurch ebensogut berücksichtigt werden wie bei einem direkten Anschluß.
In jedem Fall muß der Betreiber (z. B. das Bundesbahnzentralamt) die Entscheidung fällen.
Die im Abschnitt a) angegebene Verbindung mit Erdungen in Fernmeldeanlagen nach DIN 57800/VDE 0800 Teil 2 betrifft z. B. nicht Gebäude mit Postkabelanschluß ohne örtliche Erdung. Solche Postkabel sollten jedoch in den Blitzschutz-Potentialausgleich einbezogen werden zum Schutz der Benutzer der Fernmeldeeinrichtungen vor hohen Näherungsspannungen zu anderen elektrischen Einrichtungen, Heizkörpern usw. Unfälle dieser Art sind mehrfach bekannt geworden. Bei Postkabeln mit Metallmantel wird dieser mit dem Potentialausgleich verbunden. Bei Postkabeln ohne Metallmäntel werden die Adern über Überspannungsableiter geerdet. Diese Arbeiten führt gegebenenfalls die Post aus (Fernmeldebauordnung FBO 8, § 13).

Zu 6.1.2.2 [Einbau von Überspannungsableitern in Starkstromnetzen]
Wie bereits in den Erläuterungen zum Abschnitt 4.1.4 ausgeführt wurde,

stehen zur Zeit neben dem Ventilableiter nach VDE 0675 zwei weitere Überspannungsableiter mit verbesserten Eigenschaften zum Einbau in Starkstromnetzen mit Spannungen bis 1000 V zur Verfügung. Eine Übersicht über die Eigenschaften dieser Ableiter enthält **Tabelle 104**, bezogen auf 220 V Netzspannung:

Tabelle 104

Bezeichnung	Aufbau	Nennableit-stoßstrom 8/20	100-%-Ansprech-blitzstoßspannung 1,2/50	Restspannung bei Nennab-leitstoßstrom
Ventilableiter nach VDE 0675	Funkenstrecke und spannungsabhängiger Widerstand	5 kA	< 2 kV	< 2 kV
Überspannungsableiter mit Zinkoxid-Varistor	ohne Funkenstrecke, sehr geringer Leckstrom	bis 15 kA	U/J Kennlinie	< 1,5 kV
folgestromlöschende Funkenstrecke	ohne Widerstand	ab 100 kA	< 5 kV	einige 10 V (Lichtbogenbrennspannung)

Überspannungsableiter sollen eingebaut werden, wenn Starkstrom-Verbraucheranlagen durch Blitzeinwirkung gefährdet sind. In DIN 57185/ VDE 0185 Teil 2 sind folgende Beispiele angegeben:
— Abschnitt 4.1.3.1   Freistehende Schornsteine,
— Abschnitt 4.2.5   Kirchen,
— Abschnitt 4.7.5   Sportanlagen,
— Abschnitt 4.8   Tragluftbauten
— Abschnitt 4.9.7   Brücken,
— Abschnitt 5.1.6   Turmdrehkrane auf Baustellen,
— Abschnitt 6.3.6.2   Explosivstoffgefährdete Bereiche.
Für Personenseilbahnen ist in der BO-Seil der Einbau von Überspannungsschutz vorgesehen.
Auch in sonstigen Starkstromanlagen ist der Einbau von Überspannungsableitern in der Regel zweckmäßig:
— Für einzeln stehende Gebäude mit Anschluß über Stichleitungen von Freileitungen,

- für einzeln stehende Gebäude in exponierter Lage (Hanglage, Hügellage) auch bei Anschluß an Kabel,
- Stromversorgung für MSR-Anlagen in Meßwarten und für EDV-Anlagen,
- Hochhäuser mit umfangreicher Gebäude-Leittechnik, Einbau an Haupt- und Unterverteilungen,
- Wohnungen mit elektronischen Haushaltsgeräten,
- in Gebäuden mit Fernsehantennen auf dem Dach, wenn im Starkstromnetz die FI- oder die FU-Schutzschaltung angewendet wird,
- Dachrinnenheizungen, Solaranlagen, Fußbodenheizungen.

Zu 6.2 Näherungen

Zu 6.2.1 Näherungen zu metallenen Installationen
Zu 6.2.1.1 [Arten der metallenen Installationen oberhalb des Potentialausgleichs]
Als metallene Installationen gelten auch hier die bereits im Zusammenhang mit dem Blitzschutz-Potentialausgleich in den Erläuterungen zu Abschnitt 6.1.1.1 genannten Teile.

Zu 6.2.1.2 [Näherungen in Aufzug-Maschinenräumen, Klimakammern auf dem Dach]
Näherungen sollen bei diesen Anlagen wenn möglich, durch ausreichende Abstände vermieden werden. Eine Begründung dazu enthalten die Erläuterungen zu Abschnitt 5.1.1.15.

Zu 6.2.1.3 [Überbrückung von Näherungen mittels Trennfunkenstrecken]
Eigenschaften und Einsatz von Trennfunkenstrecken sind im Anschluß an die Erläuterungen zu Abschnitt 6.1 ausführlich behandelt.

Zu 6.2.1.5 bis 6.2.1.7 [Berechnung der notwendigen Abstände zur Beseitigung von Näherungen]
Die Mindestabstände zur Beseitigung von Näherungen oberhalb der Potentialausgleichsebenen sind gegenüber dem Buch Blitzschutz, 8. Auflage wesentlich geändert worden und betragen jetzt:
$D \geq L/5$ bei einer Ableitung   (früher $L/10$)
$D \geq L/(7 \cdot n)$ bei n Ableitungen   (früher $L/20$)
Beispiele zu diesen Näherungsbestimmungen enthält **Bild 147**. Die Begründung der neuen Formeln enthält Anhang G.
Die Formeln gelten für Ableitungen mit 8 mm Durchmesser und bei mehreren Ableitungen für Abstände von 10 m bis 20 m. Wenn die Ableitungen

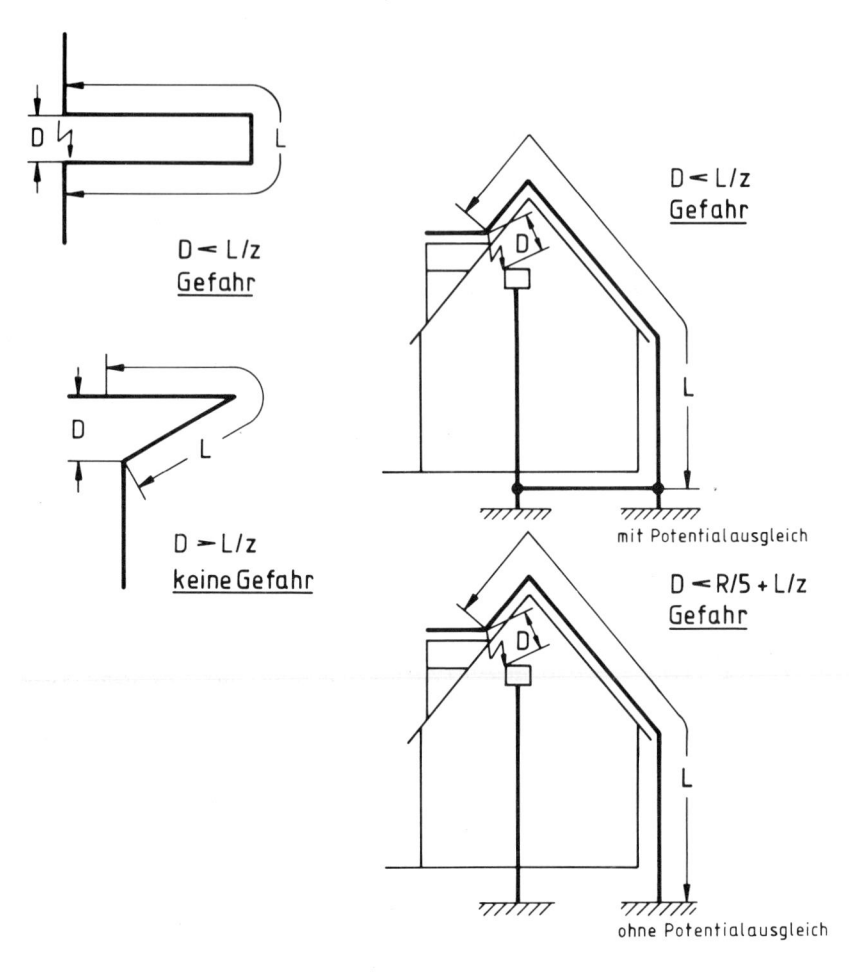

Bild 147. Beispiele zu den Näherungsbestimmungen
$z=7$ bei einer Ableitung
$z=7 \cdot n_w$ bei n_w Ableitungen
L bis zur nächsten Potentialausgleichsebene messen, nicht bis zur nächsten Potentialausgleichsschiene

wesentlich geringere Abstände aufweisen oder wesentlich größere Durchmesser, z. B. als Stahl- oder Stahlbetonstützen, gilt für den Abstand eine günstigere Formel:

$D \geq L/(p \cdot n)$ wobei p größer ist als der Mittelwert 7.

Tabelle 105 zeigt dazu Beispiele aus Anhang G:

Tabelle 105
Werte von p zur Berechnung der Mindestabstände bei Näherungen

Abstände der Ableitungen Q		20 m	10 m	5 m
Wirksamer Durchmesser der Ableitungen d	0,8 cm 10 cm 25 cm	$p=$ 6,6 $=10$ $=13$	$p=$ 7,2 $=12$ $=16$	$p=$ 8 $=15$ $=21$

Die Mindestabstände bei Näherungen werden demnach mit abnehmendem Abstand der Ableitungen merklich kleiner und wesentlich kleiner mit zunehmendem Durchmesser der Ableitungen. Dies ist auch der Grund, warum nach Abschnitt 6.2.1.4 Näherungen bei Stahlbetonbauten, deren Bewehrungen als Ableitungen verwendet werden, und bei Stahlskelettbauten nicht berücksichtigt zu werden brauchen.
Es ist offensichtlich, daß bei Gebäuden mit großer Grundfläche und entsprechend vielen Ableitungen, z. B. bei einer Montagehalle von 100 m × 200 m, bei einem Blitzeinschlag an einer Gebäudeecke der Blitzstrom im steilen Anstieg sich nicht gleichmäßig auf alle Ableitungen verteilt. Für die Berechnung der tatsächlichen Blitzstromverteilung gibt es in der Literatur schon einige Ansätze, die aber meistens schwierig anzuwenden sind. Ein einfaches Verfahren hat Lampe [13] ausgearbeitet. Danach hängt die wirksame Anzahl der Ableitungen n_w ab von der Gebäudehöhe H und dem Abstand der Ableitungen Q:

$$n_w = 1 + 2\ H/Q$$

Tabelle 106 zeigt eine Auswertung dieser Formel für zwei verschieden hohe Gebäude und für verschiedene Abstände der Ableitungen.

Tabelle 106
Wirksame Anzahl der Ableitungen nach Lampe

Gebäudehöhe H	Abstand der Ableitungen Q	maximal wirksame Ableitungen
20 m	20 m 10 m 5 m	$n_w=$ 3 $=$ 5 $=$ 9
50 m	20 m 10 m 5 m	$=$ 6 $=11$ $=21$

- Die Formel von Lampe gilt unter der Annahme einer Blitzstromsteilheit von 30 kA/µs, während in DIN 57185/VDE 0185 mit 120 kA/µs gerechnet wird; n_w muß demnach kleiner sein, als oben berechnet.
- Andererseits ist die Formel abgeleitet für einen konstanten Wellenwiderstand der Ableitungen von $Z=500$ Ohm entsprechend einer Induktivität von 1,67 µH/m;
  in Wirklichkeit ist die Induktivität je Ableitung wegen der gegenseitigen Beeinflussung wesentlich kleiner, besonders bei Ableitungen mit großem Durchmesser wie Stahl- und Stahlbetonstützen; daher wird n_w erheblich größer als in der angegebenen Formel.
- Bei der Ableitung der Formel wurden keine vermaschten Leitungen auf dem Dach angenommen sondern nur Fangleitungen am Dachrand; n_w wird bei maschenförmigen Fangleitungen auf dem Dach größer, weil sich der Blitzstrom dann auch über das Dach verteilen kann.

Es ist schwer abzuschätzen, ob sich diese gegenläufigen Einflüsse in etwa aufheben. Wahrscheinlich ist jedoch die wirksame Anzahl der Ableitungen erheblich größer als die Tabelle 106 angibt. Nach Erfahrungen in der Praxis sind Näherungen bereits vermieden, wenn der Abstand bei $H=20$ m etwa 0,5 m beträgt. Das entspricht einer wirksamen Anzahl der Ableitungen von $n_w=6$. Der Mindestabstand von 0,5 m ist z.B. angegeben in VDE 0100/5.73 §18a) 2. Es ist daher offensichtlich zulässig, bis zu sechs Ableitungen die wahre Anzahl zur Berechnung des notwendigen Abstandes anzunehmen. Das bedeutet dann folgende Berechnung des Abstandes:

Bis zu sechs Ableitungen $\quad D \geq L/(p \cdot n)$

bei mehr als sechs Ableitungen
$D \geq L/(p \cdot n_w)$
$n_w = 1 + 2\,H/Q$ mit $H=$ Gebäudehöhe
$\qquad Q=$ Abstand der Ableitungen in m
$p=7\quad$ für Ableitungen von 8 mm Durchmesser und
$\qquad$ 10 bis 20 m Abstand
$p>7\quad$ bei Ableitungen mit größerem Durchmesser
$\qquad$ und verschiedenen Abständen abschätzen
$\qquad$ nach Tabelle 105.

Beispiel

Für ein Gebäude seien folgende Abmessungen gegeben:
Gebäudehöhe $\qquad\qquad\qquad H=30$ m
Anzahl der Ableitungen $\qquad n=18$
Abstand der Ableitungen $\qquad Q=10$ m
Durchmesser der Ableitungen $d=10$ cm
(Stahlstützen)

Aus Tabelle 105 ergibt sich für den Einfluß von Q und d:
$$p = 12$$
Aus der Formel von Lampe ergibt sich für $n_w = 1 + 2H/Q = 1 + 60/10$:
$$n_w = 7$$
Damit beträgt der Mindestabstand $D = 30/(12 \cdot 7)$:
$$D = 0{,}36 \text{ m}$$

Ohne Berücksichtigung von n_w würde sich ergeben ein Wert
$$D' = 0{,}14 \text{ m}$$
Der Einfluß von n_w ist somit ganz erheblich.

Der Abstand zu fremden nicht mit dem Blitzschutz-Potentialausgleich verbundenen Leitungen muß betragen
$D \geq R/5$ (siehe auch Erläuterungen zu Abschnitt 5.3.2)
wenn die Näherung in der Ebene des Potentialausgleichs liegt. Liegt die Näherung oberhalb des Potentialausgleichs, wird der Abstand größer:
$D \geq R/5 + L/5$ bei einer Ableitung.
$D \geq R/5 + L/(p \cdot n)$ oder $R/5 + L/(p \cdot n_w)$ bei n oder n_w Ableitungen.

Zu 6.2.2 Näherungen zu elektrischen Anlagen
Zu 6.2.2.1.1 [Abstände zu Starkstromanlagen]
Um Übergänge von Blitzteilströmen auf Starkstromanlagen mit möglichen Schäden zu vermeiden, sollen Näherungen soweit wie möglich durch eine Vergrößerung der Abstände beseitigt werden. Die Mindestabstände werden nach den Angaben in den Erläuterungen zu den Abschnitten 6.2.1.5 bis 6.2.1.7 berechnet.

Zu 6.2.2.1.3 [Näherungen zu Dachständern für Starkstromfreileitungen]
Die Bestimmungen sind gegenüber der 8. Auflage Blitzschutz wesentlich vereinfacht worden im Einvernehmen mit den Elektrizitäts-Versorgungsunternehmen. Zur Schutzfunkenstrecke siehe Erläuterungen im Anschluß an 6.1

Zu 6.2.2.1.5 [Starkstromanlagen auf dem Dach]
Beispiele des Anschlusses kleinerer Starkstromanlagen auf dem Dach zeigen die Bilder 113, 128 und 129. Die Begründung des Einbaues von Funkenstrecken bei nicht vermeidbaren Verbindungen ist in den Erläuterungen zu 5.1.1.16 enthalten. Bei Großanlagen auf dem Dach, z. B. bei Rückkühlern mit Rohrleitungsanschlüssen, kommt nur die direkte Verbindung infrage, weil solche Anlagen bevorzugte Einschlagstellen sind.

Zu 6.1 und 6.2 [Installationsarbeiten beim Blitzschutz-Potentialausgleich und bei Näherungen durch Elektrofirma oder Blitzschutzfirma]

Ein großer Teil des Blitzschutz-Potentialausgleichs ist praktisch gleich dem Potentialausgleich nach anderen VDE-Bestimmungen. Die Installationsarbeiten für den Potentialausgleich beider Arten können daher sowohl von einer Blitzschutzfirma als auch von einer Elektrofirma ausgeführt werden. Auch bezüglich der Beseitigung von Näherungen müssen beide Firmen zusammenarbeiten, z. B. zum Einhalten bestimmter Abstände zwischen Blitzschutzanlage und Elektroinstallation. Bei der Planung und späteren Vergabe der Blitzschutzarbeiten und der Elektroarbeiten muß klar herausgestellt werden, welche Firma welchen Teil der Arbeiten am Potentialausgleich und bei Näherungen ausführen soll. Arbeiten an den Starkstromanlagen selbst, z. B. der Anschluß von Überspannungsableitern, darf nur eine Firma mit der Zulassung durch das zuständige Stromversorgungsunternehmen ausführen. (Siehe auch die Erläuterungen zu Abschnitt 3.3)

Zu 6.3 Überspannungsschutz für Fernmeldeanlagen und elektronische MSR-Anlagen im Zusammenhang mit Blitzschutzanlagen

Erfahrungen aus der Praxis in den 70er Jahren haben gezeigt, daß die z. Zt. geltenden Bestimmungen VDE 0800 und DIN 57845/VDE 0845 keine ausreichenden Angaben zum Schutz von MSR-Anlagen mit elektronischen Bauteilen vor Blitzeinwirkungen enthalten. Die Untersuchungen umfangreicher Blitzschäden an solchen Anlagen führten zu Vorschlägen für die Verbesserung des Überspannungsschutzes, die sich inzwischen in der Praxis bewährt haben. Unterlagen dazu sind zur Zeit nur in Veröffentlichungen zu finden [4, 9, 11, 15, 20]. DIN 57845/VDE 0845 wird zur Zeit erst überarbeitet. Grundsätzlich sind Maßnahmen an der Gebäudeblitzschutzanlage und an den elektronischen Anlagen notwendig. Beispiele enthält Abschnitt 6.3.2 in DIN 57185/VDE 0185, Teil 1. Bei der Planung von Blitzschutzanlagen muß mit dem Planer der elektronischen Anlagen vereinbart werden, welche zusätzlichen Maßnahmen an der Blitzschutzanlage notwendig sind. (Siehe auch die Erläuterungen zu Abschnitt 3.3)

Zu 6.3.3 [Meßgeräte auf dem Dach oder an Außenwänden]
Bild 131 zeigt ein Beispiel für die Abschirmung eines Windmessers am Fernsehturm im Münchner Olympiastadion. Die Abschirmung hat sich

bisher bewährt, obwohl unerwartet auch neben den kurzen Fangspitzen Blitze in die Schirmringe einschlugen. Das im Innern des Fernsehturmes verlegte Meßkabel ist durch die Abschirmwirkung des Stahlbetonschaftes gegen induzierte Überspannungen geschützt.
Die Abschirmung mit nur einer Fangstange genügt nur bis zu Gebäudehöhen von 30 m, wie bereits in den Erläuterungen zu Abschnitt 5.1.1.16 angegeben ist. Bei höheren Gebäuden müssen 3 oder 4 Fangstangen oder besser eine Abschirmung durch ein Fangnetz (Bild 130) oder durch einen Käfig (Bild 131) gewählt werden.

Zu 6.3.4   [Blitzschutz für Antennen]
Für den Blitzschutz von Antennenanlagen gelten die Bestimmungen für Antennenanlagen VDE 0855 Teil 1/1.71. Für den Anschluß eines Antennenträgers an eine Blitzschutzanlage sind zugelassen Leitungen mit 10 mm^2 Cu oder 16 mm^2 Al sowie Stahl von 50 mm^2. Im Entwurf DIN 57855/VDE 0855 Teil 1 A 1 (vom November 1981) sind die Querschnitte zum Teil erhöht und zwar auf 16 mm^2 Cu und 25 mm^2 Al. Es ist zu empfehlen, auch vor Gültigkeit des Nachtrages die erhöhten Querschnitte anzuwenden, da in Einzelfällen die bisherigen Querschnitte nicht ausreichend sicher waren.
Im Entwurf vom November 1981 ist auch auf den Potentialausgleich bei der Antenneninstallation hingewiesen: Außenleiter oder Armierung von Antennenkabeln, die von anderen Gebäuden her eingeführt sind, sind mit dem Potentialausgleich im Gebäude zu verbinden.
Der Überspannungsschutz von Antennenanlagen, insbesondere der Verstärker und der angeschlossenen Geräte, ist zur Zeit noch unvollkommen oder fehlt ganz. Daraus resultieren die häufigen Schäden durch Blitzeinwirkungen. Vorschläge für Verbesserungen liegen z. B. von Wessel vor [20].

Zu 7   Prüfungen

Die Richtlinie DIN 57185/VDE 0185 enthält im Gegensatz zum § 11 im Buch Blitzschutz, 8. Auflage, in Abschnitt 7.1 nur noch Angaben zur Prüfung nach Fertigstellung und in Abschnitt 7.2 Angaben zur Prüfung bestehender Anlagen.
Anforderungen an die Prüfer und Fristen für Wiederholungsprüfungen sind in DIN 57185/VDE 0185 nicht mehr enthalten, weil solche Angaben in VDE-Bestimmungen und VDE-Richtlinien für die Errichtung von Anlagen im allgemeinen nicht üblich sind.

Zu 7.1 Prüfung nach Fertigstellung

Durch diese Prüfung soll nachgewiesen werden, ob die Blitzschutzanlage in allen Teilen „fertiggestellt" ist und der VDE-Richtlinie und etwaigen weiteren Anforderungen in den Auftragsunterlagen entspricht. Meist genügt eine Prüfung durch Besichtigen und Messen nach der Fertigstellung. Bei umfangreichen Blitzschutzanlagen, insbesondere unter Mitbenutzung von Teilen der baulichen Anlage wie Stahlstützen oder Bewehrungsstählen in Stahlbeton, muß bereits während des Rohbaues durch stichprobenweise oder dauernde Bauüberwachung festgestellt werden, ob alle notwendigen nach Fertigstellung nicht mehr zugänglichen Verbindungen und Anschlüsse tatsächlich und fachgerecht ausgeführt wurden. Nachweise über solche Prüfungen während der Errichtung einer Blitzschutzanlage müssen in die Abnahmebescheinigung aufgenommen werden.
Blitzschutzanlagen, die nach VOB ausgeführt werden, muß der Auftragnehmer, also der Errichter selbst, prüfen. Er kann auch die Prüfung durch einen Sachverständigen ausführen lassen (siehe DIN 18384, Abschnitt 3.5). Diese Prüfungen nach VOB entsprechen der Übergabe der fertigen Anlage an den Auftraggeber wie es bei sonstigen Bauleistungen üblich ist.
Blitzschutzanlagen, für die eine Abnahmeprüfung durch einen amtlich anerkannten Sachverständigen vorgeschrieben ist (Tabelle 107), werden bei Ausführung nach VOB unter Umständen zweimal geprüft, einmal vom Errichter als Übergabe an den Auftraggeber und dann von einem Sachverständigen zwecks Vorlage einer Abnahmebescheinigung bei der Behörde. Als Unterlagen für die Prüfbescheinigung sind DIN 48830 „Beschreibung einer Blitzschutzanlage" und DIN 48831 „Bericht über die Prüfung einer Blitzschutzanlage" zur Zeit in Vorbereitung.

Zu 7.2 Prüfung bestehender Anlagen

Wiederholungsprüfungen sollen sicherstellen, daß eine Blitzschutzanlage ihre Wirksamkeit dauernd beibehält. Der Prüfer muß daher insbesondere darauf achten, ob nicht Teile der Blitzschutzanlage durch Bauarbeiten, z.B. am Dach, verloren gegangen oder unterbrochen sind, ob Umwelteinflüsse zu Korrosionen oder zu Beschädigungen bei Sturm geführt haben, ob Ableitungen und Erdeinführungen durch Anfahren mit Fahrzeugen oder Stapeln von Gütern beschädigt sind, ob Erdarbeiten, z.B. für Kabel und Rohrleitungen, zur Zerstörung von Erdern führten usw.
Bei der Prüfung sollen auch die Unterlagen wie Beschreibung und Zeichnungen durchgesehen und soweit nötig, Änderungen und Ergänzungen veranlaßt werden.

Wiederholungsprüfungen müssen auch den inneren Blitzschutz berücksichtigen. Dazu gehört z. B. die Prüfung von Überspannungsableitern und Funkenstrecken sowie von Anschlüssen der Potentialausgleichsleitungen an Rohren und Stahlkonstruktionen. Bei Reparaturarbeiten an Rohrleitungen, insbesondere an Heizungsleitungen, werden Anschlüsse für den Potentialausgleich erfahrungsgemäß nicht immer wieder hergestellt.
Die Prüfung der Überspannungsableiter für Starkstrom kann z. B. durch Besichtigen vorgenommen werden, ob die Abtrennvorrichtung angesprochen hat. Funkenstrecken lassen sich mit einem Isolationsmesser prüfen, ob sie kurzgeschlossen sind oder keine ausreichende Isolation mehr haben. Überspannungsschutzeinrichtungen für Fernmeldeanlagen, insbesondere für MSR-Anlagen, lassen sich mit speziellen Prüfgeräten der Hersteller überwachen.

Anforderungen an Prüfer
Auf diese Frage muß ausführlich eingegangen werden, weil sie in DIN 57185/VDE 0185 nicht behandelt ist.
Die Ausführungen im § 11.1 des Buches Blitzschutz, 8. Auflage sind keinesfalls überholt und sind deshalb auch für die Prüfungen nach DIN 57185/VDE 0185 noch als gültig anzunehmen:
„Die Prüfungen müssen durch Sachverständige (Ingenieure oder Techniker einer einschlägigen Fachrichtung oder Meister eines einschlägigen Handwerks) vorgenommen werden. Die Sachverständigen (Prüfer) müssen mit allen Bestimmungen und Regeln der Technik, die für Blitzschutzanlagen von Bedeutung sind (insbesondere VDE, DIN, VOB), vertraut sein und müssen Erfahrungen und Kenntnisse über Bau, Prüfung und Instandsetzung von Blitzschutzanlagen haben."
Die Überleitung der bisherigen Allgemeinen Blitzschutzbestimmungen, herausgegeben vom ABB, in die Richtlinie DIN 57185/VDE 0185 zeigt, daß die Bedeutung der elektrischen Anlagen bezüglich einer sicheren Blitzschutzanlage stark zugenommen hat. Von Gewerken, die Blitzschutzanlagen errichten, wird deshalb vorausgesetzt, daß sie mit den speziellen Fragen des Blitzschutzes im Zusammenhang mit elektrischen Anlagen vertraut sind. Gewerke, die nur gelegentlich Blitzschutzanlagen errichten, können nur dann als sachverständig im Sinne des oben genannten § 11.1 gelten, wenn sie entsprechend elektrotechnisch vorgebildete Kräfte beschäftigen; das muß in der Regel mindestens ein Elektromeister sein.
Bezüglich des Begriffes Fachkraft wird auf DIN 57105/VDE 0105 Teil 1 „VDE-Bestimmung für den Betrieb von Starkstromanlagen; Allgemeine Bestimmungen", Abschnitt 3.2.1, hingewiesen, die den Begriff der „Fachkraft" festlegt:

Tabelle 107
Prüfer von Blitzschutzanlagen (Beispielsammlung, nicht vollständig)

Prüfer	Zuständigkeit
1. Amtlich anerkannte Sachverständige (dazu gehören TÜV und TÜÄ) in Bayern auch die Elektro-Beratung Bayern (EBB) und die Landesgewerbeanstalt Bayern (BLG)	Anerkennung nach § 24c, Abs. 1 der Gewerbeordnung für überwachungsbedürftige Anlagen. Anerkennung von den Oberbergämtern für Anlagen im Bergbau. Anerkennung vom Bundesminister der Verteidigung für Anlagen in den Liegenschaften der Bundeswehr [3]
2. Sachverständige, von anderen Stellen anerkannt anerkannte Technische Prüforganisationen	Anerkennung durch IHK = Industrie- und Handelskammer, HWK = Handwerkskammer, VDS = Verband der Sachversicherer Senat für Bau- und Wohnungswesen in Berlin, Minister für Finanzen und Wiederaufbau in Rheinland-Pfalz für Behördenbedienstete
3. Werksachverständige mit behördlicher Anerkennung	Sachkundige Inhaber oder Beschäftigte eines Unternehmens, denen vom Aufsichtsorgan die Befugnis zur Prüfung übertragen wurde, Sachkundige Behördenbedienstete für behördeneigene Gebäude
4. Werksangehörige ohne behördliche Anerkennung	Inhaber, Betreiber, Betriebsleitung, Sachkundige Beschäftigte.
5. Fachkräfte (Sachkundige)	Sachkundige oder erfahrene Fachkräfte nach den Landesbauordnungen bzw. anderen Verordnungen/Bestimmungen, „Fachmann nach ABB" in den Dampfkesselrichtlinien, Fachmann nach VDB (Verband der Blitzableiterfirmen), Prüfer, denen eine Fachfirma für Blitzschutzanlagen die Sachkunde bescheinigt hat.
6. Errichter von Blitzschutzanlagen (Hersteller, Auftragnehmer)	für Abnahmeprüfungen nach Din 18384 VOB Teil C, für landeseigene Gebäude in NRW, für Niederdruckgasbehälter nach Arbeitsblatt G 430 des DVGW.

„Als Fachkraft (Fachmann) im Sinne dieser als VDE-Bestimmung gekennzeichneten Norm gilt, wer auf Grund seiner fachlichen Ausbildung, Kenntnisse und Erfahrungen sowie Kenntnis der einschlägigen Bestimmungen die ihm übertragenen Arbeiten beurteilen und mögliche Gefahren erkennen kann.

Anmerkung: Zur Beurteilung der fachlichen Ausbildung kann auch eine mehrjährige Tätigkeit auf dem betreffenden Arbeitsgebiet herangezogen werden."

Eine Fachkraft, manchmal auch Sachkundiger genannt, braucht also nicht die Voraussetzungen für einen Sachverständigen zu erfüllen. Es handelt sich vielmehr um einen angelernten Beruf nach mehrjähriger Tätigkeit, z. B. bei einer Blitzschutzfirma. Sachkundige können nicht als Prüfer eingesetzt werden, wenn Sachverständige in einschlägigen Bestimmungen ausdrücklich gefordert werden.

Tabelle 107 enthält eine Übersicht über die Prüfer von Blitzschutzanlagen. Die einzelnen Gruppen unterscheiden sich im wesentlichen durch die Bereiche, für die sie zuständig sind.

Angeordnete Prüffristen

Tabelle 108 enthält eine Zusammenstellung der Blitzschutzanlagen, für die in Bauordnungen, anderen Verordnungen, Bestimmungen und Richtlinien Wiederholungsprüfungen vorgeschrieben sind und zusätzlich die jeweils zugelassenen Prüfer sowie die Prüffristen.

Die Bauordnungen der Länder sind leider in ihren Bestimmungen nicht einheitlich, sowohl hinsichtlich der Anforderungen an die Prüfer als auch hinsichtlich der Prüffristen. Manche Bauordnungen enthalten überhaupt keine entsprechenden Angaben. Unterlagen zur Tabelle 108 enthält ein Heft der TÜV-Informationen „Blitzschutz — Wo und Wie?" [16].

Die angeordneten Prüffristen gelten grundsätzlich nur für die Prüfung von Blitzschutzanlagen auf blitzschutzbedürftigen Anlagen. Sie gelten nicht für freiwillig errichtete Blitzschutzanlagen, z. B. auf kleinen Wohnhäusern.

Freiwillige Prüfungen von Blitzschutzanlagen

Soweit nicht in Verordnungen, Bestimmungen, Richtlinien und dergleichen bestimmte Prüffristen vorgeschrieben sind, muß den Aufsichtsbehörden, Verwaltungen, Eigentümern und Betreibern eine Empfehlung gegeben werden, ob und in welchen Fristen die Blitzschutzanlagen zweckmäßig geprüft werden sollten.

Die einfachste Lösung wäre die Übernahme der Fristen aus § 11.6 des Buches Blitzschutz, 8. Auflage. In der Praxis hat es sich indes als nachteilig erwiesen, daß hier keine festen Fristen sondern Bereiche wie zwei- bis

Tabelle 108
Angeordnete Wiederholungsprüfungen und Prüffristen sowie die dafür zugelassenen Prüfer
(Beispiele nur für einige Länder und einige Verordnungen)

Zugelassene Prüfer	1	2[1]	3	4	5	6
Bestimmungen, Verordnungen und Richtlinien mit Angaben über blitzschutzbedürftige Anlagen, über zugelassene Prüfer und über die Fristen von Widerholungsprüfungen	Prüffristen in Jahren	amtlich anerkannte Sachverständige	anderweitig anerkannte Sachverständige	anerkannte Werks-Sachverständige	Werksangehörige Sachkundige	Hersteller
Blitzschutzbedürftige Anlagen aller Art						
Bauordnung Bremen	–				x	
Hamburg: Sprengstoffanlagen	1				x	
Vers.-Stätten, hohe Bauten, Ex-Anl.	3				x	
Feuergef. Anlg., Kulturgüter	5				x	
Hessen Feuergef. Anlg. Expl. g. Anl.	1					
NRW landeseigene Gebäude	1				x	x
Rheinland-Pfalz Fristen nach ABB		x	x			
Bergbau Tagesanlagen	2–3	x				
Bohr- und Fördergerüste	1	x				
Brennbare Flüssigkeiten VbF	3	x			x	
RRF	3	x			x	
Brennbare Gase Acetylen AcetV	2	x			x	
Niederdruckgasbehälter G 430	1		x		x	x
Hochdruckgasbehälter G 433	1				x	
Liegenschaften der Bundeswehr [3]						
Explosivstoffe u. Munition	1	x				
Explosionsgef. Bereiche,	3	x				
Sportanlagen, Schulen, Krankenh.	3	x	x		x	
bei bes. Korrosionsgefährdung	3	x	x		x	x
Wohn-, Wirtschafts-, Verwaltungsgebäude	5	x	x		x	x

r = regelmäßig

[1]) Prüfungen nach baurechtlichen Verordnungen für Geschäftshäuser, Krankenhäuser, Versammlungsstätten, Schulen und ähnliche bauliche Anlagen besonderer Art und Nutzung dürfen in den meisten Ländern nur von anerkannten Sachverständigen nach 1) oder Angehörigen anerkannter Technischer Prüforganisationen ausgeführt werden.

Fortsetzung Tabelle 108			1	2	3	4	5	6
Bunker für Holzspäne und Holzstaub für Dampfkesselfeuerungen		r					x	
Sprengstofflager nach Sprengstoffgesetz		1	x					
Sprengstoff-Fabriken VBG 55a gefährliche Gebäude und gefährliche Plätze [17]		1	x	x				
Geschäftshäuser	NRW	1	x	x	x	x	x	x
	Bayern	2	x	x	x	x	x	x
	Hessen	1	x	x	x	x	x	x
	Rheinland-Pfalz	1	x	x	x	x	x	x
	Saarland	3	x	x	x	x	x	x
Krankenhäuser	NRW	5	x	x	x	x	x	x
Radrennbahnen	NRW	3	x	x				
Schulen	NRW	1	x	x	x	x	x	x
	Hessen	3	x	x				
	Niedersachsen	1	x					
Versammlungsstätten	NRW	1	x					
	Hessen	3	x					
	Berlin	1	x	x				
	Baden-Württemberg	1	x	x				
	Bayern	1	x	x	x	x	x	x

dreijährlich usw. genannt sind. Behörden und Verwaltungen, die für die Instandhaltung baulicher Anlagen verantwortlich sind, z. B. für städtische Gebäude, für Kirchen, für konzerngehörige Anlagen usw. brauchen verbindliche Fristangaben. Immerhin liegen die Prüfkosten bei der zweijährlichen Frist um 50% höher als bei der dreijährlichen. Das Komitee 251 von DIN 57185/VDE 0185 entschied sich deshalb dafür, grundsätzlich nur noch feste Prüffristen anzugeben.
Hinsichtlich der zu empfehlenden Prüffristen ergaben sich im K 251 verschiedene, nicht überbrückbare gegensätzliche Auffassungen. Aus diesem Grunde wurde in DIN 57185/VDE 0185 auf die Angabe von Prüffristen verzichtet. Um jedoch dem Benutzer des Kommentars ein Hilfsmittel an die Hand zu geben, werden nachfolgend die beiden gegensätzlichen Standpunkte dargestellt.
a) Ein Teil der Vertreter der Blitzableitersetzer und der hauptberuflichen Prüfer im K 251 halten in etwa an den im § 11.6 des Buches Blitzschutz, 8. Auflage, genannten Prüffristen fest, jedoch nicht, wie schon erwähnt, an den dortigen unbestimmten Fristen. **Tabelle 109** bringt dazu eine Beispielsammlung.

Tabelle 109
Empfohlene Fristen für Wiederholungsprüfungen
(Vorschlag der Blitzableitersetzer und der Prüforganisationen)

Prüfungsfristen	Blitzschutzanlagen der baulichen Anlagen oder Bereiche
einjährlich	explosivstoffgefährdete Bereiche, Personenseilbahnen
dreijährlich	explosionsgefährdete Bereiche feuergefährdete Bereiche größere Menschenansammlungen: Theater, Lichtspieltheater, Sportanlagen, ortsfeste Zirkusse, Mehrzweckhallen, Krankenhäuser, Gefängnisse, Schulen, Geschäftshäuser Kulturgüter: Schlösser, Burgen, Museen, Archive, Bibliotheken
fünfjährlich	hohe Bauten: freistehende Schornsteine, Kirchen, Fernmeldetürme und ähnliches, Aussichtstürme, Burgruinen (zugängliche), Windmühlen, Hochhäuser Anlagen von Industrie und Gewerbe Verwaltungsgebäude große Lagerhäuser Flughäfen, Schiffahrtsabfertigung Landwirtschaftsbetriebe Gebäude mit Weichdach Wohnhäuser, soweit nicht Hochhäuser

b) Andere Mitglieder des K 251, insbesondere die Gebäudeeigentümer, Berufsgenossenschaften und Sachversicherer sind mit diesen Prüffristen nicht einverstanden. Sie weisen darauf hin, daß heutige Blitzschutzanlagen mit wesentlich verbesserten Bauteilen errichtet werden und damit fast wartungsfrei sind. Sie schlagen daher Prüffristen nach **Tabelle 110** vor.

Anwendung der Tabellen 109 und 110

Grundsätzlich gelten die Tabellen 109 und 110 nur für solche Anlagen, für die in Verordnungen, Richtlinien usw. keine festen Prüffristen vorgeschrieben sind.
Soweit jedoch eine der beiden Tabellen in Frage kommt, steht der Eigentümer, Betreiber, Verwalter usw. vor der Frage: welche Tabelle ist die richtige für meine Blitzschutzanlage?

Tabelle 110
Empfohlene Fristen für Wiederholungsprüfungen
(Vorschlag der Gebäudeeigentümer, der Berufsgenossenschaften und der Sachversicherer)

Prüfristen	Blitzschutzanlagen der baulichen Anlagen oder Bereiche
zwanzigjährlich	Wohnhäuser, Bürogebäude, kleinere Lagerhallen und dergleichen.
zehnjährlich	(bauliche Anlagen besonderer Art und Nutzung) Warenhäuser, Hochhäuser, größere Lagerhallen, Verwaltungsgebäude, Schulen, Kirchen, Theater, Mehrzweckhallen, Krankenanstalten, landwirtschaftliche Betriebsstätten, Gebäude mit Weichdach, Schornsteine bis 50 m Höhe, Museen, Archive, Schlösser, Burgen, Bibliotheken und dergleichen.
fünfjährlich	(besonders beanspruchte Anlagen, gefährdete Bereiche) Explosivstoff- und explosionsgefährdete Betriebsstätten, chem. Industrie, Rechenzentren, Schornsteine über 50 m Höhe und dergleichen.

Als Entscheidungshilfe wird folgendes Verfahren vorgeschlagen:
Die Tabellen geben Prüffristen an, zu denen eine vollständige fachgerechte Prüfung der Blitzschutzanlage durchzuführen ist. Als Prüfer kommen je nach Anlage die in der Tabelle 107 aufgeführten Sachverständigen und Fachkräfte in Frage. In den langen Zwischenzeiten zwischen zwei Prüfungen sollte die Blitzschutzanlage jedoch nicht vollständig unbeachtet gelassen werden. Es mag in der Regel zutreffen, daß die äußere Blitzschutzanlage allen Wetter- und Korrosionseinflüssen gut standhält. Aber andere Vorgänge, wie Unwetter, Dachreparaturen, Anbauten, Umbauten, Betriebsumstellungen, Erdarbeiten usw. können die Blitzschutzanlage nachteilig verändern. Es kommt hinzu, daß der Eigentümer oder Betreiber eine Verantwortung trägt zum Schutz der Mieter, der Beschäftigten, der Öffentlichkeit, der Betriebssicherheit wichtiger Anlagen wie EDV, MSR, ZLT usw. In den Zeiten zwischen den Prüffristen nach den Tabellen 109 und 110 sollte deshalb z. B. alle ein oder zwei Jahre eine einfache Zwischenbesichtigung vorgenommen werden. Bei einfachen niedrigen Anlagen, z. B. Wohnhaus, Lagerhaus, kann der Eigentümer oder Betreiber selbst die Blitzschutzanlage von Zeit zu Zeit besichtigen. In größeren Betrieben können dazu geeignete Handwerker herangezogen werden, z. B. der Hauselektriker, ein Betriebsschlosser. Für Anlagen, bei denen auch der innere Blitzschutz von wesentlicher

sicherheitlicher Bedeutung ist, kann z. B. der Revisionsdienst der elektronischen Anlagen oder eine Fachkraft nach Tabelle 107 zugezogen werden.

Je nach dem Ausfall solcher Zwischenbesichtigungen kann eine Entscheidung für die Tabelle 109 oder die Tabelle 110 getroffen werden:

Tabelle 109: wenn bei Zwischenbesichtigungen wesentliche Mängel festgestellt wurden oder wenn auf Zwischenbesichtigungen verzichtet wurde,

Tabelle 110: wenn Zwischenbesichtigungen ausgeführt wurden und keine wesentlichen Mängel gefunden wurden.

Zum Vorschlag der Zwischenbesichtigungen sei vergleichsweise bemerkt, daß ein derartiges Verfahren im Bergbau mit bestem Erfolg üblich ist.

Die Bergbehörde fordert zwischen den Untersuchungen der elektrischen Anlagen durch anerkannte Sachverständige Überprüfungen und Prüfungen durch Grubenpersonal. Das sind im wesentlichen Besichtigungen auf offensichtliche Mängel.

Erläuterungen
zu DIN 57185 Teil 2/VDE 0185 Teil 2
Errichten besonderer Anlagen

Zu 4 Bauliche Anlagen besonderer Art

Zu 4.1 Freistehende Schornsteine

Zu 4.1.2.1 [Fangeinrichtungen an nichtmetallenen Schornsteinen]
Ein Spannring bis zu 20 cm unterhalb der Schornsteinkante nach dem Buch

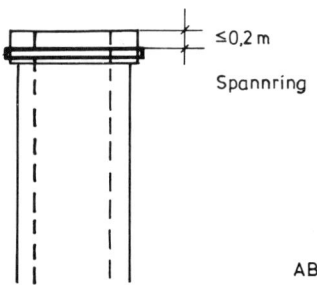

≤ 0,2 m
Spannring

ABB 8. Auflage

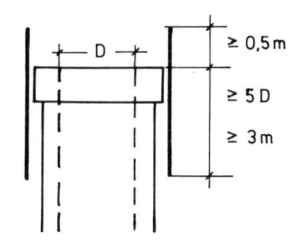

D
≥ 0,5 m
≥ 5 D
≥ 3 m

VDE 0185

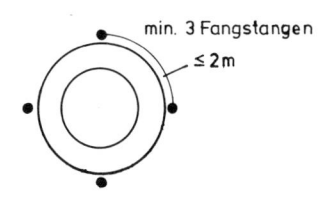

min. 3 Fangstangen
≤ 2 m

Bild 201. Freistehende Schornsteine
Metallene Kopfplatten oder Spannringe sind nicht mehr als Fangeinrichtungen zugelassen. Grundsätzlich sind Fangstangen erforderlich.
Weitere Unterlagen zum Blitzschutz enthält DIN 48803 (zur Zeit Entwurf) im Beispiel 6.

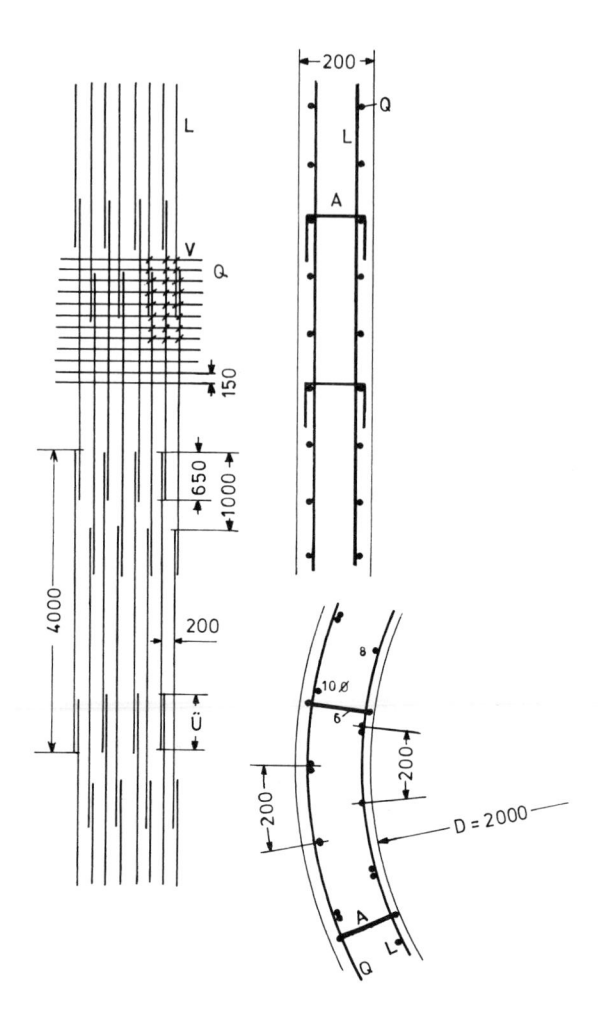

Bild 202. Freistehender Schornstein aus Stahlbeton
Ausschnitt aus dem Bewehrungsplan
L = Längsbewehrung
Q = Querbewehrung
A = Abstandshalter (4 Stück je m²)
Ü = Überdeckung
V = Verrödelung (mindestens 50% der Kreuzungsstellen)

Blitzschutz, 8. Auflage, genügt nicht mehr als Fangeinrichtung. Grundsätzlich sind mindestens drei Fangstangen anzubringen mit 0,5 m Höhe über der Schornsteinmündung und mit Abständen von höchstens 2 m. **Bild 201** zeigt ein Beispiel. Freistehende Schornsteine bis zu 20 m Höhe, die nach Abschnitt 4.1.2.4 nur eine Ableitung benötigen, dürfen auch mit weniger als drei Fangstangen ausgerüstet werden; bis zu 0,6 m oberem Durchmesser genügt eine Fangstange, bis zu 1,2 m Durchmesser genügen zwei Fangstangen.

Zu 4.1.2.4 [Isolierte Befestigung der Ableitungen an Schornsteinen]
Zwei Ableitungen, die isoliert gegeneinander verlegt sind, ermöglichen durch eine einfache Widerstandsmessung oberhalb der offenen Trennstellen eine Kontrolle auf etwaige Unterbrechungen. Eine Besichtigung der Ableitungen mittels Fernglas ist bei sehr hohen Schornsteinen kein zuverlässiges Verfahren, Unterbrechungen zu erkennen.
Bei Stahlbetonschornsteinen genügt eine abwechselnde Befestigung der beiden Ableitungen z. B. an verschiedenen Rückenbügeln nicht mit Sicherheit für eine zuverlässige Isolation, da die Bügel Berührungen mit der Bewehrung haben können. Hier müßten schon zusätzlich besondere Isolierteile verwendet werden.

Zu 4.1.2.7 [Schornsteine aus Stahlbeton]
Schornsteine aus Stahlbeton werden in der Regel in Gleitschalung errichtet. Die Bewehrung wird stufenweise Stab für Stab sorgfältig eingebracht und mit reichlicher Überdeckung und mit sehr dicht liegenden Querstäben an mindestens der Hälfte aller Verbindungs- und Kreuzungspunkte verrödelt. Dadurch entsteht eine elektrisch sehr gute Längsverbindung über die gesamte Schornsteinhöhe. Aus diesem Grund darf auf besondere Ableitungen verzichtet werden. **Bild 202** zeigt einen Ausschnitt aus einem Bewehrungsplan für einen Stahlbetonschornstein. Bei Schornsteinen aus Stahlbeton-Fertigteilen können die Bewehrungen nur dann als Ableitungen benutzt werden, wenn diese an den Stößen zuverlässig metallisch verbunden werden.

Zu 4.1.3.1 [Einbau von Ventilableitern]
Der im Buch Blitzschutz, 8. Auflage und auch früher empfohlene Einbau von Überspannungsableitern nur am Fuß des Schornsteins hat keinen Schutz der elektrischen Einrichtungen oben am Schornstein, z. B. der Hindernisbefeuerung gebracht. Versuchsweise wurden zum Schutz der elektrischen Einrichtungen Kabel mit Abschirmung verlegt, die bei richtiger Bemessung der Schirme zuverlässig schützen. Der Aufwand für solche

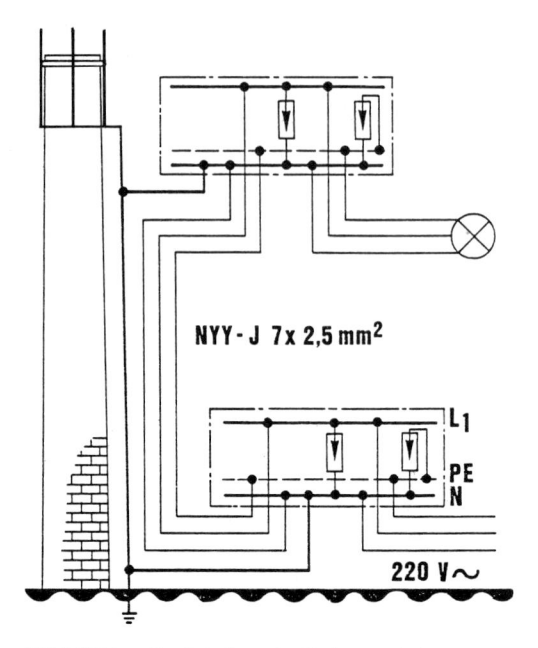

Bild 203. Freistehende Schornsteine
Überspannungsschutz der Luftfahrt-Hindernisbefeuerung durch Ventilableiter. Grundsätzlicher Schaltplan; zweite Ableitung nicht gezeichnet.

Kabel ist indes kostenmäßig und montagemäßig erheblich. Eine einfachere Schutzmaßnahme ist der Einbau von Überspannungsableitern nicht nur unten sondern an allen Befeuerungsebenen und an allen dort aufgelegten Adern der Beleuchtungskabel. **Bild 203** zeigt die Schaltung und **Bild 204** zeigt eine Einbaustelle auf der obersten Bühne eines Kraftwerkschornsteins. Die Überspannungsableiter übertragen bei einem Blitzeinschlag in den Schornstein einen Teil des Blitzstromes auf die Adern. Eine Berechnung der Aderbelastung hat ergeben, daß die Kupferleiter dabei nicht unzulässig erwärmt werden, und zwar deshalb nicht, weil die Beleuchtungskabel praktisch immer vieladrig mit Querschnitten von mindestens 2,5 mm² sind und nur kleinere Blitzteilströme führen [15].

Fernmeldeanlagen an Schornsteinen sind wegen der empfindlichen meist elektronischen Meßeinrichtungen und wegen der geringen Aderquerschnitte der Kabel gegen Blitzeinwirkungen wesentlich empfindlicher als die Starkstromanlagen der Beleuchtung. Solche Meßeinrichtungen erfassen z. B. Rauchgastemperatur, SO_2-Gehalt, Radioaktivität, Windrichtung und Windgeschwindigkeit.

Für diese Anlagen ist die beste Schutzmaßnahme die Verlegung abgeschirmter Kabel, soweit möglich im Innern des Schornsteins, sowie der Einsatz von Überspannungsfeinschutzgeräten. Durch Fangeinrichtungen, z. B. in Käfigform, muß ein direkter Blitzstromübergang auf Fühler und Gehäuse der Geräte verhindert werden. Beispiele zeigen die Bilder 130 und 131.

Bild 204. Hindernisleuchte an einem Schornstein
Unterhalb der Leuchte sind 2 Ventilableiter eingebaut.

Zu 4.2 Kirchtürme und Kirchen

In **Kirchtürmen** werden Uhrenanlagen und Läutewerkssteuerungen selbst in bisheriger Relaistechnik häufig durch Blitzeinwirkungen zerstört, wenn Glockenstuhl, Gehäuse oder Schutzleiter der elektrischen Einrichtungen mit den Ableitungen des Kirchturmes direkt verbunden sind.
In München wurde versuchsweise die früher geforderte und vorhandene direkte Verbindung aufgehoben. Der Erfolg war überraschend gut. Es traten keine Schäden mehr auf.
Auf Grund solcher Erfahrungen dürfen nunmehr keine Ableitungen im Innern der Kirchtürme verlegt werden. Auch darf keine Verbindung zwischen den äußeren Ableitungen und den mechanischen und elektrischen Einrichtungen der Läutewerke und Uhren hergestellt werden. **Bild 205** zeigt die jetzt gültige Anordnung des Blitzschutzes für eine Kirche.

Zu 4.3 Fernmeldetürme aus Stahlbeton

Wie sich aus Abschnitt 4.3.2 ergibt, genügt bei Fernmeldetürmen die Bewehrung allein nicht als Blitzableitung. Es sind vielmehr zusätzlich vier Ableitungen auf der äußeren Stahlbewehrung zu verlegen. Der Querschnitt ist nicht angegeben; doch dürfte Bandstahl 20 mm × 2,5 mm oder Rundstahl 8 mm Durchmesser genügen. Wesentlich ist außerdem die zusätzliche Verlegung von Ringen in Höhenabständen von je 10 m. Der Zweck dieser zusätzlichen Längs- und Ringleitungen ist die Sicherstellung des Blitzschutz-Potentialausgleichs an allen notwendigen Stellen im Turminnern und nach außen mittels Anschlußfahnen an den Ringen, ohne daß in jedem Einzelfall Anschlüsse an der Bewehrung hergestellt und geprüft werden müßten.
Wichtige Angaben zum Blitzschutz und Überspannungsschutz bei Fernmeldetürmen enthält DIN 57845/VDE 0845/4.76 in folgenden Abschnitten:

3.10.1 Kabel, die zu Fernmeldetürmen führen, sind mit besonderem Blitzschutzaufbau zu versehen oder mit Schirmseilen oder Überspannungsableitern zu schützen oder sie sind in Stahlrohre einzuziehen.

3.10.2 Kabel und Leitungen im Innern von Fernmeldetürmen: Blitzschutz-Potentialausgleich der metallenen Mäntel mit Metallinstallationen und Blitzableitungen, in besonderen Fällen zusätzliche Abschirmungen wie bei Abschnitt 3.10.1.

3.12 Bei Fernmeldetürmen die Erdungsanlagen aus Rohr- und Banderdern berechnen abhängig vom spezifischen Erdwiderstand und von der Frequenz bis 10 kHz [7, 19].

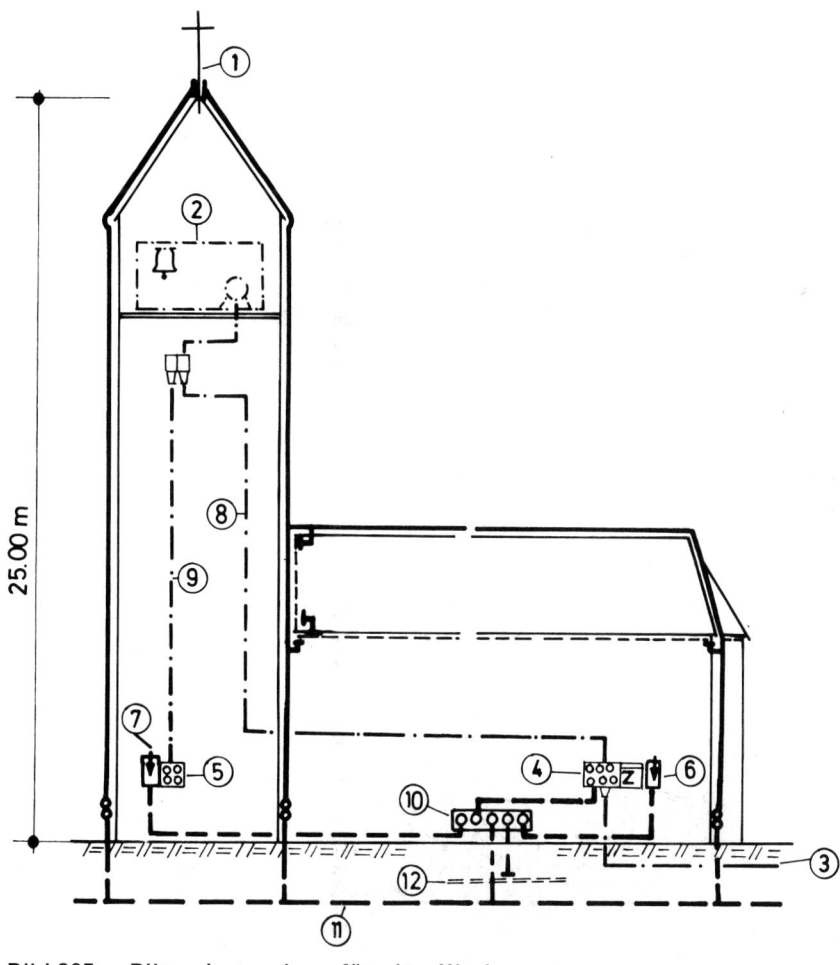

Bild 205. Blitzschutzanlage für eine Kirche
1 Metallenes Kreuz mit Anschluß an beide Ableitungen
2 Glockenstuhl in Stahlkonstruktion; keine Verbindung mit den Ableitungen. Mindestabstand zwischen den Ableitungen und allen metallenen und elektrischen Einrichtungen im Turm nach Teil 1, Abschnitt 6.2.1.6
3 Netzanschluß über Kabel
4 Hauptverteilung
5 Steuertafel für Läutewerk
6 Überspannungsableiter für Starkstrom
7 Überspannungsschutz für Steuereinrichtung
8 Starkstromleitung zum Turm
9 Steuerleitung für Läutewerk; gegebenenfalls auch für Uhrenanlage
10 Potentialausgleichschiene
11 Fundamenterder oder Ringerder
12 Wasserleitung

Bild 206 zeigt den Anschluß der Mäntel von Fernmeldekabeln an eine Erdungsringleitung unten in einem Fernmeldeturm.

Ein weiteres Problem kann entstehen beim Schutz der Antennen auf hohen Fernsehtürmen, wenn die Antennen durch Spitzenwirkung für den Blitz besonders anziehend wirken und durch Blitzeinschlag zerstört werden. Eine Fernsehantenne in einem Kunststoff-Schutzzylinder von 3,8 m Durchmesser hatte ursprünglich als Fangeinrichtung vier senkrechte Halbrunddrähte aus Aluminium. Trotzdem wurden die Antennen häufig bei Blitzeinschlag zerstört. Abhilfe brachten zusätzliche Fangspitzen von 10 cm Länge in den neutralen Zonen (**Bild 207**).

Ein bestimmter Erdungswiderstand für Fernmeldetürme wie im Buch Blitzschutz, 8. Auflage § 10.2.4.3 mit 2 Ohm wird nicht mehr verlangt.

Drehrestaurants auf Fernsehtürmen laufen auf Kunststofflagern und sind dadurch von der Blitzschutzanlage isoliert. Als Schutzmaßnahme genügen einige am Umfang verteilte Funkenstrecken in Form von Bolzen parallel zu den Lagern.

Zu 4.4 Seilbahnen

Personenseilbahnen dürfen bei Gewitter nicht betrieben werden. Der Blitzschutz bezweckt daher im wesentlichen einen Schutz der Anlagen vor Blitzeinwirkungen. Dazu gehört der Einbau von Überspannungsableitern in der Starkstromanlage und ein Überspannungsschutz aller Fernmeldeeinrichtungen.

Bild 206. Potentialausgleich mit elektrischen Anlagen
Anschluß metallener Kabelmäntel an eine Potentialausgleichschiene und von dort an eine Erdungsringleitung an der Einführung in einen Fernmeldeturm.

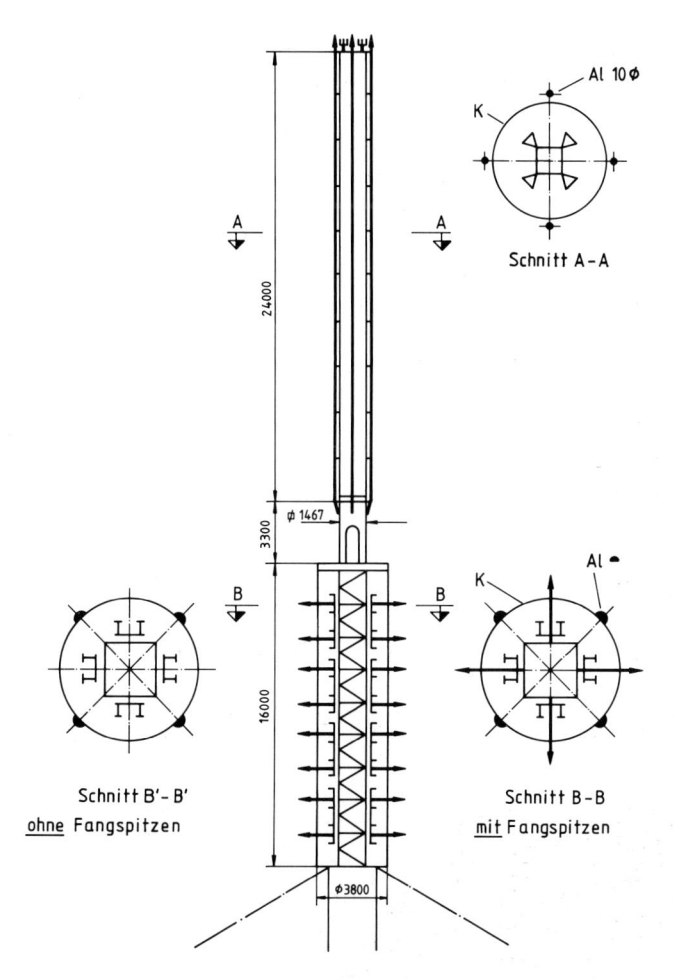

Bild 207. Kopf des Antennenmastes des Senders Torfhaus
Ursprünglicher Blitzschutz aus vier Halbrund-Aluminiumdrähten auf dem Kunststoffzylinder verhinderte nicht häufige Zerstörungen der Antennen (Schnitt B'–B'). Zusätzlicher Einbau von Fangspitzen in den neutralen Zonen (Schnitt B–B) verhinderte weitere Blitzschäden. (Bild: NDR)

Ein Schutz der Trag- und Zugseile vor Blitzeinschlägen ist praktisch nicht möglich. Die bei Gewittern gelegentlich auftretenden Seilbeschädigungen können erheblich sein und den Weiterbetrieb der Seilbahn gefährden. **Bild 208** zeigt die Schmelzspuren an einem Zugseil. Solche Schäden werden durch die vor jeder Inbetriebnahme vorgeschriebenen Seil-Prüfungen rechtzeitig erkannt.

Zu 4.5 Elektrosirenen

Dieser Abschnitt wurde zusammen mit dem Bundesamt für Zivilschutz (BZS) erarbeitet und ist in erster Linie für die Luftschutz-Sirenen bestimmt. Ein Einbau von Überspannungsableitern auf der Starkstromseite und von Überspannungsschutz für die Ansteuerung über Postkabel wird vom BZS nicht für erforderlich gehalten, da an den mehreren Zehntausend vorhandenen Sirenen bisher keine nennenswerten Blitzschäden aufgetreten sind. Die Blitzschutzmaßnahmen für die Luftschutz-Sirenen genügen auch für sonstige Sirenen, z. B. für Pausenzeichen und Feueralarm in Industriebetrieben.

Zu 4.6 Krankenhäuser und Kliniken

Bisher waren Angaben zum Blitzschutz dieser baulichen Anlagen in DIN 57107/VDE 0107 und in den Grundsätzen für die Arbeitssicherheit in Operationseinrichtungen (herausgegeben von der Berufsgenossenschaft für Gesundheitsdienst und Wohlfahrtspflege) enthalten oder im Entwurf

Bild 208. Durch Blitzeinschlag beschädigtes Seil von 23 mm $\emptyset$ einer Personenseilbahn.

vorgesehen. Mit Rücksicht auf die zunehmende Verwendung elektromedizinischer Einrichtungen beantragte das für DIN 57107/VDE 0107 zuständige Unter-Komitee 221.4 bei der ABB eine Aufnahme geeigneter Blitzschutzmaßnahmen in DIN 57185/VDE 0185, die eine möglichst geringe Beeinflussung dieser Einrichtungen gewährleisten. Die vorliegenden Angaben im Abschnitt 4.6 wurden in Zusammenarbeit mit dem UK 221.4 erarbeitet. In der jetzt gültigen Ausgabe DIN 57107 / VDE 0107/6.81 sind keine direkten Angaben zum Blitzschutz enthalten sondern nur Hinweise auf DIN 57185 Teil 2/VDE 0185 Teil 2. Auch in den Grundsätzen für die Arbeitssicherheit in Operationseinrichtungen sind keine Angaben bezüglich Blitzschutz mehr enthalten.

Als medizinisch genutzte Räume (Human-, Dental- und Veterinär-Medizin) gelten Räume, die bestimmungsgemäß bei der Untersuchung oder Behandlung von Menschen oder Tieren benutzt werden. Die medizinisch genutzten Räume werden in die drei Anwendungsgruppen 1, 1 E und 2 E eingeteilt. Die Tabelle 1 in DIN 57107/VDE 0107 enthält eine sehr weitgehende Unterteilung dieser Räume insbesondere hinsichtlich der möglichen operativen Behandlungen.

Beispiele:
Anwendungsgruppe 1: kleine ambulante Chirurgie, ohne Eingriffe in innere Organe,
Anwendung elektromedizinischer Geräte am oder im Körper über natürliche Körperöffnungen,
Anwendungsgruppe 1 E: kleine Chirurgie auch mit Eingriffen in innere Organe, Katheter außer Herzkatheter,
Anwendungsgruppe 2 E: große Chirurgie, Eingriffe im oder am Herzen, Herzkatheter, Intensiv-Behandlungsstationen.

Für alle drei Anwendungsgruppen sind Schutzmaßnahmen gegen Berührungsspannungen so auszulegen, daß keine Berührungsspannung über 24 V bestehen bleiben kann. Darüber hinaus ist in allen drei Gruppen der besondere Potentialausgleich durchzuführen. Dieser soll Potentialunterschiede zwischen leitfähigen Gehäusen elektrischer Betriebsmittel und den vom Patienten berührbaren fest eingebauten leitfähigen Teilen nichtelektrischer Betriebsmittel und Gebäudeteile auch im Fehlerfall verhindern.

In den besonderen Potentialausgleich sind z. B. immer einzubeziehen:
alle metallenen Rohrleitungen,
Abschirmungen von Räumen und Ableitnetze im Fußboden,
Tragschienen für elektrische Betriebsmittel und Kanalsysteme,
berührbare zugängliche leitfähige Teile fest eingebauter elektrischer Betriebsmittel mit Schutzisolierung oder Schutzkleinspannung.
OP-Tische, Gasentnahmesäulen usw.

Grundsätzlich sind alle leitfähigen Teile einzubeziehen, deren Widerstand gegenüber dem Schutzleiter kleiner ist als 7 kΩ; das entspricht einem größten Körperstrom von 3,5 mA bei 24 V Fehlerspannung. In Räumen der Anwendungsgruppe 2E ist außerdem innerhalb eines Bereiches von 2,5 m um die zu erwartenden Positionen des Patienten jedes Teil einzubeziehen, dessen Widerstand gegen den Schutzleiter kleiner ist als 2,4 MΩ; das entspricht einem größten Körperstrom von 10 µA, der Gefährdungsgrenze für das Herz.

Die besonderen Bestimmungen im Abschnitt 4.6 von DIN 57185 Teil 2/ VDE 0185 Teil 2 sind so abgestimmt, daß in den medizinisch genutzten Räumen soweit wie möglich keine Blitzeinwirkungen auftreten können. Dazu dient einerseits das verdichtete Fangnetz und Ableitungsnetz der Blitzschutzanlage, so daß der Blitzstrom möglichst weit aufgeteilt wird. Dazu ist zu bemerken, daß nach Versuchen und Berechnungen die Aufteilung des Blitzstromes auf die Ableitungen um so gleichmäßiger wird, je mehr die Ableitungen vermascht sind und je tiefer im Gebäude das betrachtete Stockwerk liegt [8]. Es ist daher nicht sinnvoll, medizinisch genutzte Räume insbesondere der Anwendungsgruppe 2E in die oberen Stockwerke von Krankenhäusern zulegen.

Andererseits müssen bei der Errichtung der Blitzschutzanlage alle Maßnahmen vermieden werden, die den besonderen Potentialausgleich nach DIN 57107/VDE 0107 nachteilig beeinflussen könnten, z. B. dadurch, daß über Verbindungen mit dem Blitzschutz-Potentialausgleich gefährlich hohe Fehlerströme aus benachbarten elektrischen Anlagen auf den besonderen Potentialausgleich übertragen werden könnten.

Eine Blitzschutzfirma sollte auf keinen Fall selbständig über Maßnahmen im Zusammenhang mit medizinisch genutzten Räumen entscheiden. In jedem Fall ist eine Zusammenarbeit mit Planer und Errichter der elektrischen Anlagen erforderlich.

Medizinisch genutzte Räume fallen nicht unter die Sonderbestimmungen von DIN 57107/VDE 0107 und entsprechend auch nicht unter DIN 57185/VDE 0185 Teil 2, Abschnitt 4.6, wenn nach Art der medizinischen Nutzung keine über VDE 0100 hinausgehenden Forderungen notwendig sind. Ärztliche Praxen fallen vielfach unter diese Ausnahmeregelung. Die Entscheidung über etwaige Ausnahmen von DIN 57107/ VDE 0107 obliegt in der Regel dem Betreiber der medizinisch genutzten Räume.

Der Begriff „Krankenhäuser" umfaßt nach den Länderverordnungen über den Bau und Betrieb von Krankenhäusern auch Universitätskliniken, Fachkrankenhäuser, Sonderkrankenhäuser, Polikliniken, Entbindungsheime und Altenkrankenheime.

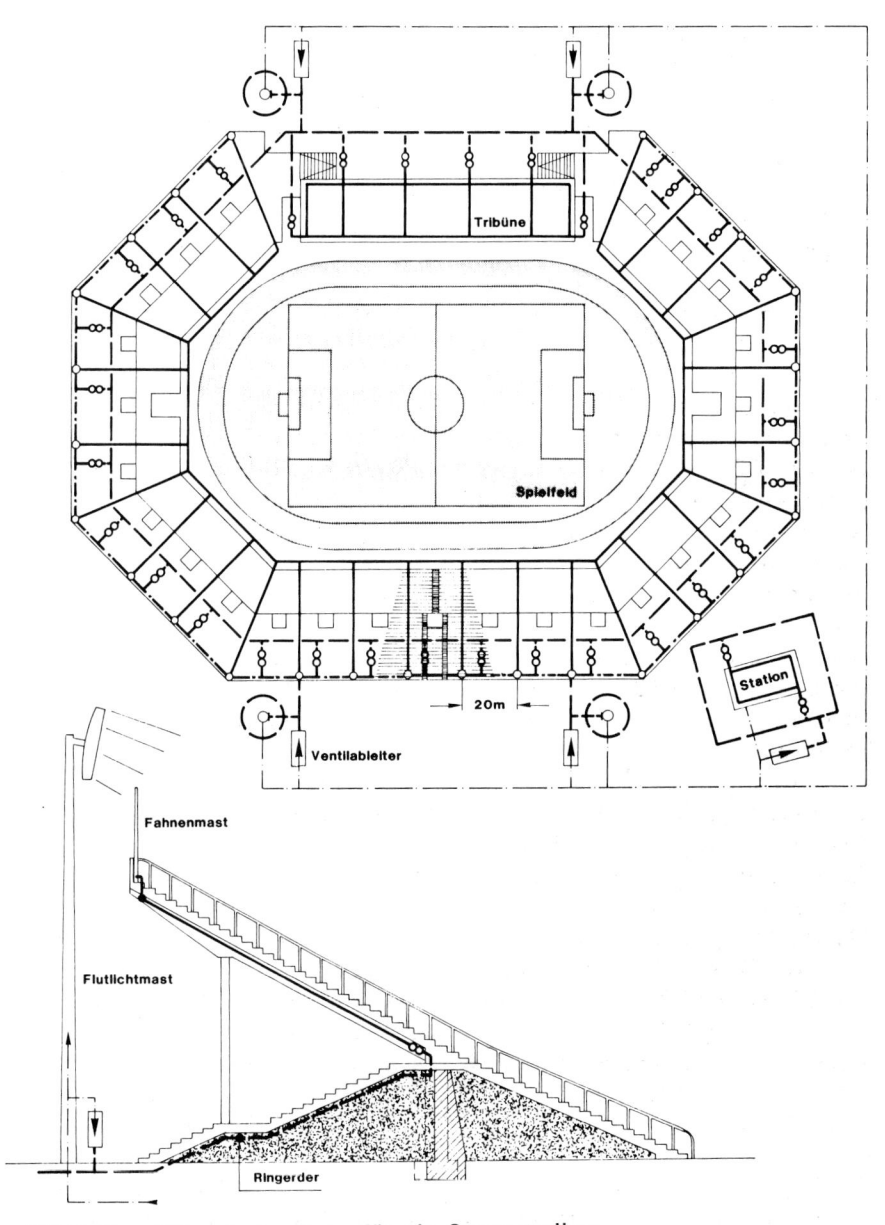

Bild 209. Blitzschutzanlage für ein Sportstadion
(Bild: Dehn + Söhne)

Zu 4.7 Sportanlagen

Der Abschnitt 4.7 entspricht in wesentlichen Teilen dem Merkblatt B im Buch Blitzschutz 8. Auflage. Als Erleichterung für Sportplätze mit geringer Zuschauerzahl, z. B. für die Übungsplätze von Schulen und Vereinen, wird auf einen Blitzschutz-Potentialausgleich bei Flutlichtmasten bis zu 20 m Höhe verzichtet. Andererseits sind metallene Geländer auf Zuschauerplätzen, die sogenannten Wellenbrecher, an die Erdungsanlage anzuschließen. Die **Bilder 209 bis 215** zeigen Beispiele für Blitzschutzmaßnahmen bei Sportanlagen. Für die Ausführung etwa notwendiger Schutzmaßnahmen gegen Berührungs- und Schrittspannungen bei Blitzeinschlag enthält der Anhang F Unterlagen.

Bild 210. Flutlichtmast steht außerhalb des Zuschauerbereiches. Maßnahmen gegen Berührungsspannungen und Schrittspannungen bei Blitzeinschlag sind entbehrlich.

Bild 211. Unterirdische Schaltstation für einen Flutlichtmast. Oberhalb der Schaltanlage sind Ventilableiter eingebaut.

Bild 212. Die Lampen der Scheinwerfer im Olympiastadion in München wurden durch Blitzeinwirkung häufig zerstört, auch in ausgeschaltetem Zustand. Fangnetze oberhalb der Scheinwerfer verhinderten weitere Blitzschäden (Bild: Aßfalg, München).

Zu 4.8 Tragluftbauten

Auf Veranlassung des Arbeitskreises „Tragluftbauten" der Fachkommission Bauaufsicht der ARGEBAU wurden diese Richtlinien für den Blitzschutz von Tragluftbauten aufgenommen, die als Versammlungsstätten, z. B. als Kirchen, verwendet werden. Äußere Fangleitungen können praktisch nur vom Hersteller der Tragluftbauten angebracht werden z. B. als Drahtseile

Bild 213. Als Blitzschutz für den Bereich der Stehplätze in einem Fußballstadion wurde ein Fangseil zwischen den Ecken der Tribünendächer aus architektonischen Gründen abgelehnt. Der Blitzschutz wurde daraufhin durch die Erdung eines hohen Gerüstes für Anzeigetafeln und mehrerer hoher Fahnenmasten ausgeführt.

Bild 214. Erdungsanschlüsse an einem Treppengeländer in einem Fußballstadion.

mit PVC-Isolierung mit Befestigung mittels Schlaufen an der Hülle. Die Seile werden dabei so verlegt, daß sie die Bewegungen und Volumenänderungen der Hülle durch schwankenden Innendruck und durch Wind nicht behindern und die Hülle durch Scheuerwirkungen nicht beschädigen.
Ein Blitzschutz ist auch möglich in Form einer isolierten Anlage mittels Fangstangen, notfalls zusätzlich mit Fangleitungen nach DIN 57185/ VDE 0185 Teil 1, Abschnitt 5.1.2.

Bild 215. Erdungsanschluß an einem „Wellenbrecher" in einem Fußballstadion.

Bild 216. Traglufthalle als Notkirche; als Versammlungsstätte wurde Blitzschutz vorgeschrieben.

Als Besonderheit ist bei Tragluftbauten eine Art „Unterdachanlage" möglich. Sie besteht aus Fangstangen, Fangseilen, metallenen Beleuchtungsmasten und anderen etwa vorhandenen Metallkonstruktionen wie Stützkonstruktionen der Fluchtwege im Innern der Halle, die so angeordnet werden müssen, daß sie die Personen in der Halle vor direkten Blitzeinschlägen schützen. Die Berechtigung zu dieser Ausführung einer Blitzschutzanlage ergibt sich aus zahlreichen Beobachtungen an Tragluftkuppeln von Erde-Funkstationen und astronomischen Beobachtungsstellen. Bei Blitzeinschlägen in diese Anlagen entstanden an den Hüllen aus schwer entflammbaren Stoffen nur kleine unbedeutende Löcher. Schäden im Innern dieser Anlagen traten wegen der guten Erdung der Einrichtungen nicht auf.

Die Unterdachanlage dieser vorgeschlagenen Art erfordert innerhalb der Halle zusätzlich Maßnahmen gegen Berührungsspannungen und Schritt-

Bild 217. Stahlrohr am unteren Rand der Traglufthalle wird von Ankern gehalten und wirkt daher als Erdungsleitung mit Erdern.

Bild 218. Ankerformen für den Stahlrohrrahmen. Im Betonfundament (rechtes Teilbild) muß eine Leitung als Fundamenterder eingelegt werden. (Bild: Kleyer, Minden)

spannungen, vorzugsweise in Form eines isolierenden Fußbodens. Alle Metallteile der Tragluftbauten, z. B. Schleusen, Gebläse, Schaltanlagen usw. müssen in den Blitzschutz-Potentialausgleich einbezogen werden. Die **Bilder 216 bis 220** zeigen einige Einzelheiten von Tragluftbauten.

Zu 4.9 Brücken

Diese Bestimmungen wurden in Abstimmung mit der Brückenbauabteilung des Landschaftsverbandes Rheinland aufgestellt. Solche Blitzschutzmaßnahmen werden praktisch nur an Straßen- und Autobahnbrücken über große Flüsse und tiefe Täler ausgeführt. Der Zweck der Blitzschutzmaßnahmen ist z. B.:

Bild 219. Gebläse mit Netzanschluß und Notstrommaschine einer Tragluforthalle an Blitzschutz-Potentialausgleich anschließen. Ventilableiter einbauen.

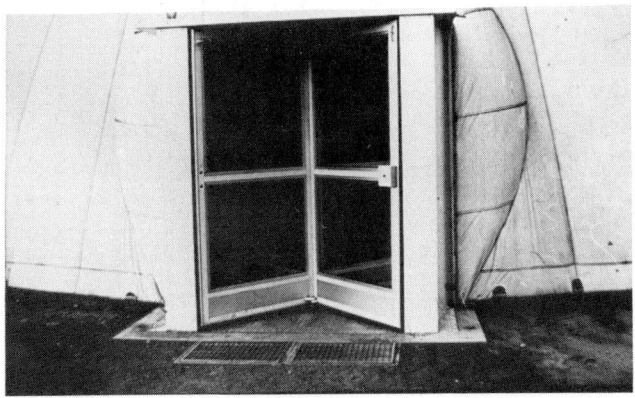

Bild 220. Schleuse mit Drehtür einer Tragluforthalle zum Potentialausgleich mit Stahlrohrrahmen verbinden, falls nicht bereits konstruktionsmäßig gegeben.

Bild 221. Für eine Talbrücke über die Ruhr wurde ein Blitzschutz erst nach Fertigstellung gefordert. Durch Messungen und Berechnungen wurde nachgewiesen, daß die Bewehrungen der Pfeiler und Fundamente als Ableitungen und Erder wirksam sind. Für spätere Kontrollen wurden unten an den Pfeilerbewehrungen Meßbolzen nach Bild 137 angeschweißt. (Alle Stemm- und Schweißarbeiten am Stahlbeton nur mit Genehmigung der Bauleitung.)

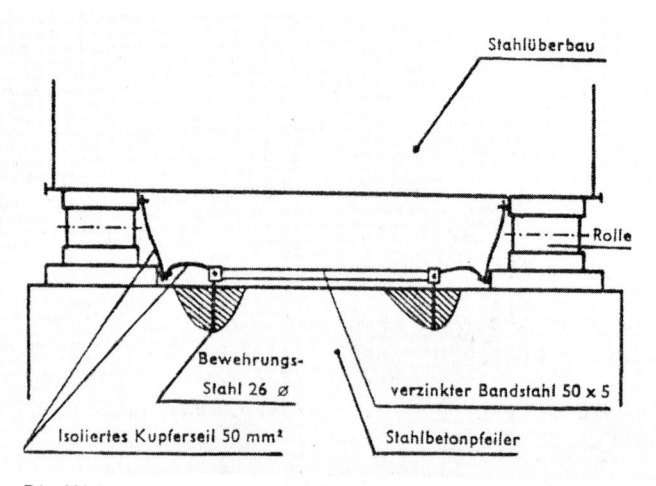

Bild 222. Die Walzenlager auf den Pfeilern der Brücke nach Bild 221 sind mit Steindollen ohne metallische Verbindung mit der Bewehrung befestigt. Die Lager wurden überbrückt mit Anschluß an die Pfeilerbewehrung und den Stahlüberbau.

D = Deckel
G = Gummiplatte
T = Topf
B = Betonverguß
St = Stahlbeton
C = Chrom-Nickel-Gleitflächen geschliffen
E = Einsatz aus Blech
Di = Dichtung
Gl = Gleitblech CrNiMo auf PTFE-Platte 6mm
Gp = Gleitplatte
⚡ Blitzstromübergänge
Ü --- Überbrückungsleitung
A ---- Anschlußleitung

a) Pylonlager
12000 Mp

→ Anschluß an Lager
→ Anschluß an Bewehrung

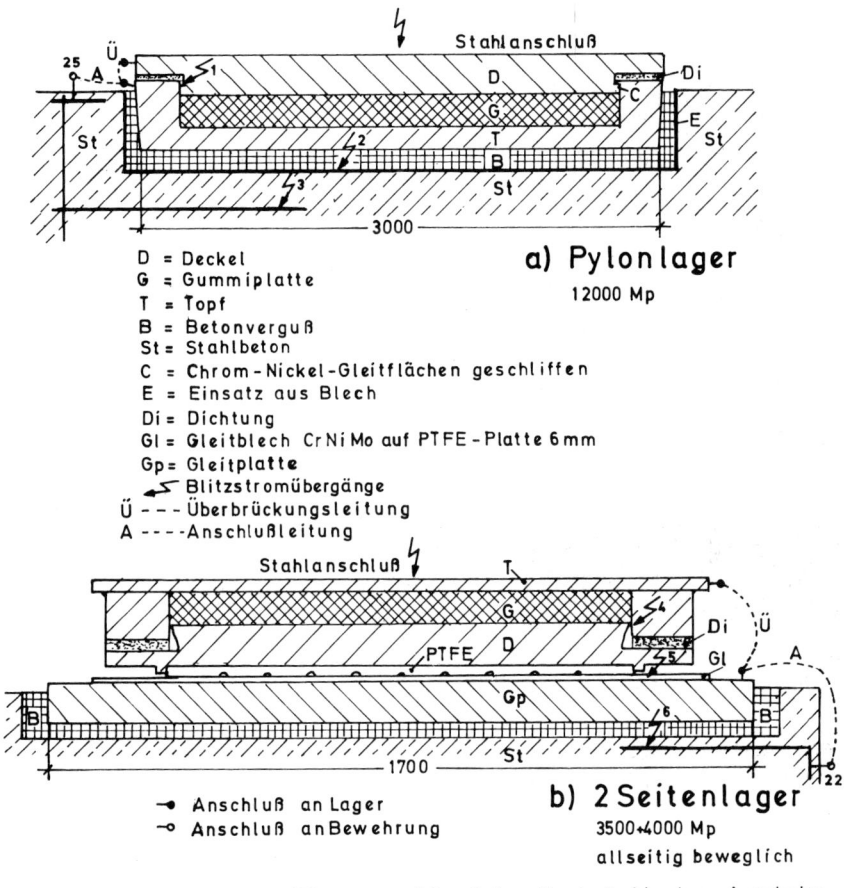

b) 2 Seitenlager
3500+4000 Mp
allseitig beweglich

Bild 223. Elastomerlager (Elastomer = künstlicher Kautschuk) einer Autobahnbrücke.
a) Pylonlager wirkt als Pendellager ohne seitliche Verschieblichkeit.
b) Seitenlager wirken als Gleitlager mit allseitiger Verschieblichkeit.
An den mit Blitzpfeilen gekennzeichneten Stellen 1 bis 6 sind bei Blitzeinschlägen Schäden möglich an polierten Gleitflächen (Aufrauhung) und am Beton. Als Schutzmaßnahmen wurden Anschlußleitungen A an der Bewehrung und Überbrückungsleitungen Ü an den Lagern eingebaut.

Schutz der Brückenlager vor Beschädigungen durch Blitzströme,
Schutz der elektrischen Einrichtungen in und an den Brücken,
Schutz fremder Rohrleitungen, z. B. für Gas,
Schutz fremder Kabel für Hochspannung, Niederspannung und Fernmeldeanlagen,
Personenschutz an den Zugängen zu Brücken (s. Anhang F).
Die **Bilder 221 bis 227** zeigen einige Beispiele zum Blitzschutz an Brücken.

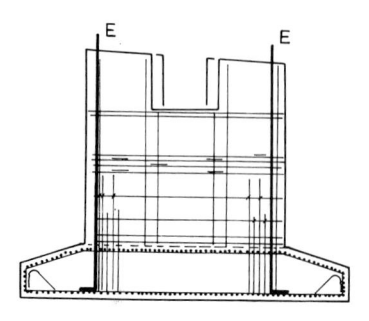

Bild 224. Auszug aus dem Bewehrungsplan eines Pfeilers einer Autobahnbrücke über eine Landstraße. An der unteren Bewehrungslage wurden zwei Leitungen E aus Bewehrungsstahl angeschweißt, besonders gekennzeichnet und bis auf den Pfeilerkopf hochgeführt zur Erdung der Lager.

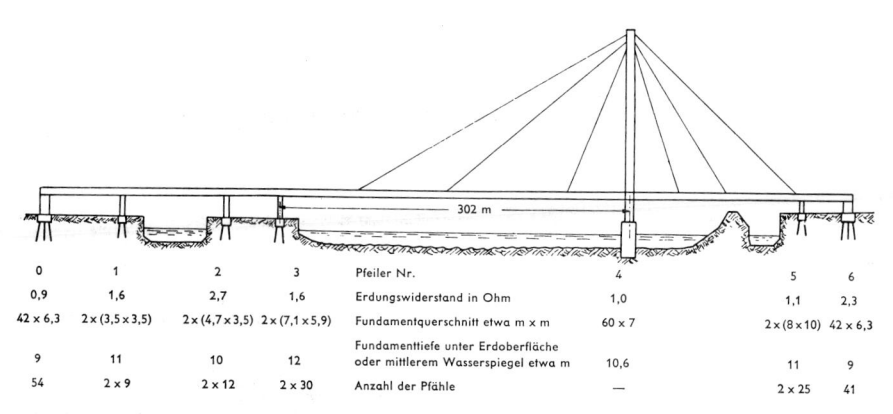

Pfeiler Nr.	0	1	2	3	4	5	6
Erdungswiderstand in Ohm	0,9	1,6	2,7	1,6	1,0	1,1	2,3
Fundamentquerschnitt etwa m x m	42 x 6,3	2 x (3,5 x 3,5)	2 x (4,7 x 3,5)	2 x (7,1 x 5,9)	60 x 7	2 x (8 x 10)	42 x 6,3
Fundamenttiefe unter Erdoberfläche oder mittlerem Wasserspiegel etwa m	9	11	10	12	10,6	11	9
Anzahl der Pfähle	54	2 x 9	2 x 12	2 x 30	—	2 x 25	41

Bild 225. Erdungsanlage der Severinsbrücke in Köln. Die Bewehrungen der Pfahlgründungen wurden miteinander verbunden. An die Bewehrungen wurden Erdungsleitungen aus Bewehrungsstählen angeschweißt und bis auf die Pfeilerköpfe hochgeführt.

Zu 5   Nichtstationäre Anlagen und Einrichtungen

Zu 5.1   Turmdrehkrane auf Baustellen

Einige Unfälle durch Blitzeinschläge in Turmdrehkrane auf Baustellen haben auf Veranlassung großer Baufirmen zur Aufstellung dieser Richtlinien durch den TÜV Rheinland geführt. Der Blitzschutz besteht im wesentlichen aus einer Erdung der Fahrschienen und einem Potentialausgleich mit vorhandenen Fundamenterdern oder Bewehrungen von Stahlbetonfundamenten sowie mit Apparaten, Maschinen und Rohrleitungen im Umkreis bis zu 20 m um die Fahrschienen. **Bild 228** zeigt dazu ein Beispiel.

Bild 226. Erdungsanschlüsse an das Geländer einer Autobahnbrücke und an das Geländer einer Fußgängertreppe neben der Autobahn. Geländer an Autobahnbrücken enthalten im oberen Holm in der Regel ein Stahlseil zum Abfangen ausbrechender Fahrzeuge. In diesen Fällen genügt der Anschluß der Geländer an die Erdungsanlage. Eine Überbrückung der Geländerstöße ist dabei nicht erforderlich.

Bild 227. Fußgängertreppe zu einer hochliegenden Rheinbrücke. Am Fuß der Treppe ist ein isolierender Bodenbelag aufgebracht als Schutz gegen Berührungs- und Schrittspannungen bei Blitzeinschlag in die Brücke.

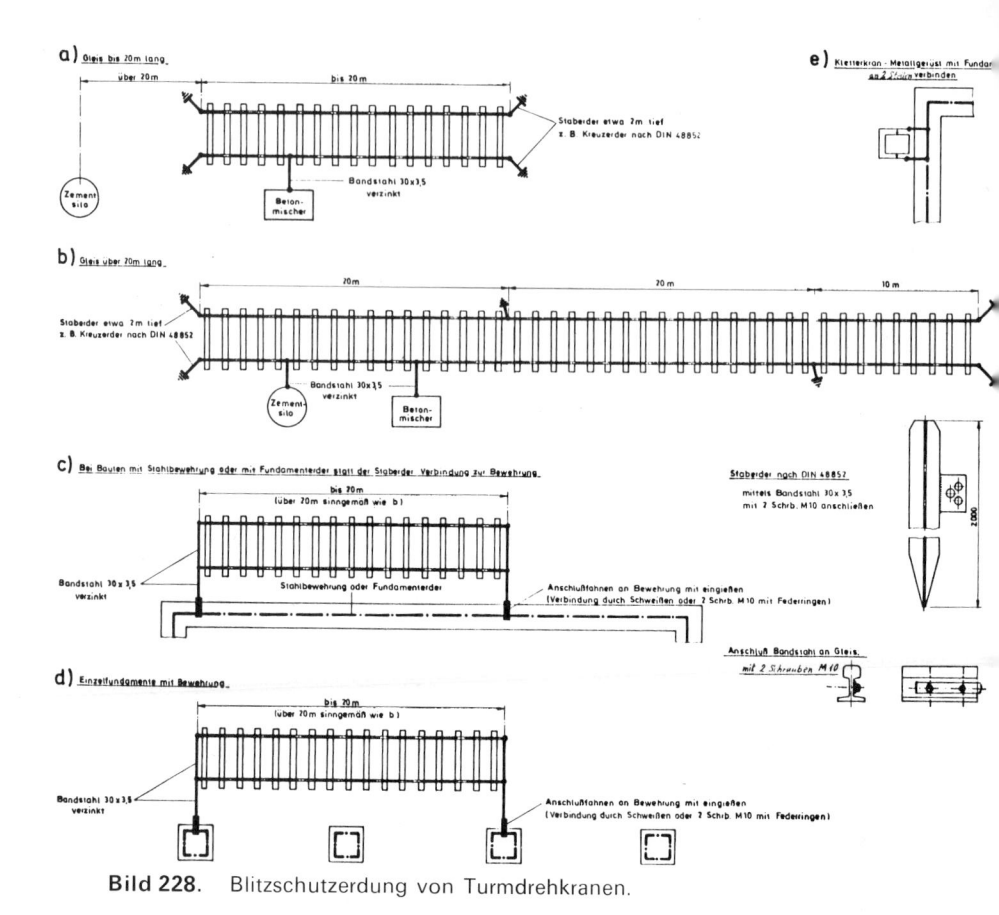

Bild 228. Blitzschutzerdung von Turmdrehkranen.

Zu 5.2 Automobilkrane auf Baustellen

Blitzschutzmaßnahmen werden nur vorgeschlagen bei einer Aufstellungsdauer von mehreren Tagen an der gleichen Stelle in der Gewitterperiode. Der Kran soll an einem vorhandenen natürlichen Erder (Bewehrung eines Stahlbetonfundamentes) oder an 2 Staberdern geerdet werden.

Der Fachausschuß Bau der Berufsgenossenschaften hat zu der Frage der Blitzschutzbedürftigkeit von Turmdrehkranen und Automobilkranen auf Baustellen entschieden, daß Blitzschutzmaßnahmen aus Gründen der Arbeitssicherheit nicht erforderlich sind. Diese Entscheidung beruht offensichtlich darauf, daß bei nahen Gewittern die Arbeiten auf Baustellen eingestellt werden müssen.

Freibäder
Ein Blitzschutz für Freibäder ist in DIN 57185/VDE 0185 nicht vorgesehen. Wenn ein Blitzschutz für notwendig erachtet wird, sollte dafür gesorgt werden, daß für die Benutzer der Freibäder genügend Räume oder Unterstelldächer mit Blitzschutzanlagen zur Verfügung stehen. Angaben zum Potentialausgleich siehe Erläuterungen zu Teil 1, Abschnitt 6.1.1.

Fliegende Bauten
Nach einer ausführlichen Diskussion auf der 11. Internationalen Blitzschutzkonferenz in München 1971 unter Teilnahme von Vertretern der Aufsichtsbehörden wurde festgestellt, daß ein Blitzschutz für fliegende Bauten wie Fahrgeschäfte, Zelte für Kirmesfeiern, Oktoberfest usw. nach allen bisherigen Erfahrungen nicht erforderlich ist.

Dauer-Zeltlager
Wenn für Zeltlager, die über längere Zeit, z. B. vom Frühjahr bis zum Herbst stehen bleiben, ein Blitzschutz gefordert wird, ist die isolierte Blitzschutzanlage in Form von Fangstangen wohl die einfachste Lösung. Sofern bei einem Zeltlager ein großes Versammlungszelt vorgesehen ist, sollte dieses eine Blitzschutzanlage mit Fangleitungen und Ableitungen erhalten. Gegen gefährliche Berührungs- und Schrittspannungen sind Maßnahmen nach Anhang F zu treffen.
Für die Benutzer von Camping- und Zeltplätzen ist das Merkblatt der ABB zur Verhütung von Blitzunfällen sehr lehrreich (Bezug siehe Anhang M).

Zu 6 Anlagen mit besonders gefährdeten Bereichen

Zu 6.1 Feuergefährdete Bereiche

Die auch schon in den früheren Allgemeinen Blitzschutzbestimmungen enthaltene Forderung, daß bei Blitzeinschlägen keine Einwirkung von Funken auf feuergefährdete Bereiche möglich sein darf, ist erheblich verschärft worden. So müssen bei Wellasbestdächern bauliche Maßnahmen, z. B. feuerhemmende Zwischendecken, getroffen werden. Lassen sich Näherungen zu Heuaufzügen, Gebläserohren usw. zu einer üblichen Fangeinrichtung auf dem Dach nicht vermeiden, so sollen Fangeinrichtungen auf isolierenden Stützen wie bei Weichdächern verlegt werden. Die **Bilder 229 und 230** zeigen Beispiele aus der Landwirtschaft.
Nach Abschnitt 6.1.1.2 müssen Stahlkonstruktionen wie Stahlbinder und Stahlstützen als Ableitungen verwendet werden. Nach neueren Untersu-

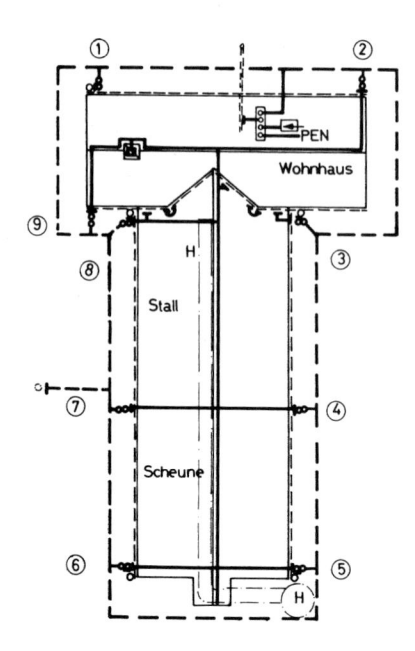

Bild 229. Blitzschutzanlage für ein hartgedecktes landwirtschaftliches Anwesen mit feuergefährdeten Bereichen. Ein etwa vorhandenes Heugebläse H muß von der Firstleitung einen Abstand von mindestens 1 m haben. Erforderlichenfalls muß die Firstleitung auf isolierenden Stützen wie bei einem Weichdach verlegt werden.

chungen [5] sind jedoch die Verbindungen der Stahlkonstruktionen nicht unbedingt funkenfrei beim Durchgang von Blitzströmen. Das gilt insbesondere für Schraubenverbindungen von Stahlbauteilen, die vor dem Zusammenbau mit Rostschutzfarben mehrfach beschichtet wurden.
Ausführliche Erläuterungen zu dieser Frage enthält Abschnitt 6.2.2.2.3.
Eine wesentliche Bedingung, die allerdings nicht ausdrücklich angegeben ist, für funkenfreien Durchgang von Blitzströmen über Verbindungen und Anschlüsse aller Art, ist die Sicherung von Schrauben oder Muttern gegen Lockern, z. B. durch Zahnscheiben in nichtrostender Ausführung.

Zu 6.1.2 Gebäude mit weicher Bedachung
Grundsätzlich entsprechen die Bestimmungen dem Text im Buch Blitzschutz, 8. Auflage. Neu aufgenommen ist die Möglichkeit einer isolierten Blitzschutzanlage z. B. mittels Fangstangen, wenn das Weichdach metallene Drahtnetze oder andere Metallteile trägt. Bisher war für solche Fälle ein Blitzschutz als nicht möglich angegeben.

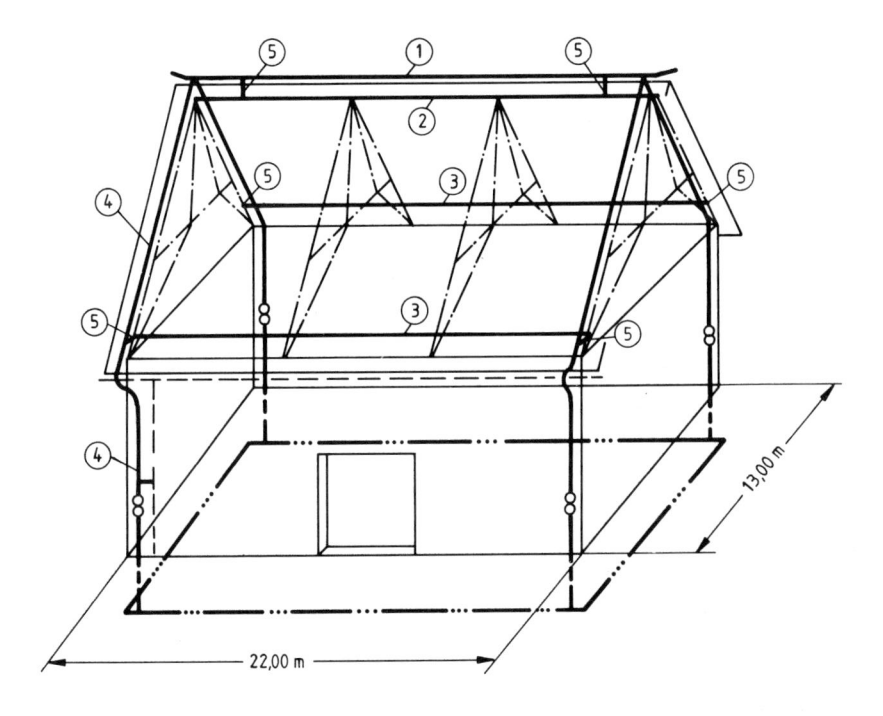

Bild 230. Blitzschutzanlage auf einem Gebäude mit feuergefährdeten Bereichen im Dachraum, mit Hartdach auf Stahlbindern auf Mauerwerk.
1 Firstleitung
2 Innere Verbindungsleitung am First
3 Innere Verbindungsleitung am Fußpunkt der Stahlbinder
4 Ableitung
5 Verbindungen zwischen Firstleitung 1 und innerer Verbindungsleitung 2 sowie zwischen den Ableitungen 4 und inneren Verbindungsleitungen 3 an den Enden und mindestens alle 20 m.

Die inneren Verbindungsleitungen nach 2 und 3 entfallen, soweit die Stahlbinder bereits über Stahlträger miteinander verbunden sind. Die Verbindungsleitungen 5 sind auch in diesem Falle erforderlich.

Bisher mußten Antennen unter dem Dach von der inneren Dachhaut einen Abstand von mindestens 1 m haben. Nunmehr sollen Antennen und elektrische Anlagen von der Blitzschutzanlage einen Mindestabstand nach DIN 57185/VDE 0185 Teil 1, Abschnitt 5.3.2, also nach der Abstandsregel $D \geq R/5$ einhalten. Richtig ist jedoch die Einhaltung eines Abstandes nach allen Abstandsregeln in Teil 1, Abschnitte 6.2.1.5 bis 6.2.1.7.
Grundsätzlich ist außerdem der Einbau von Überspannungsableitern in der Starkstromanlage zu empfehlen.

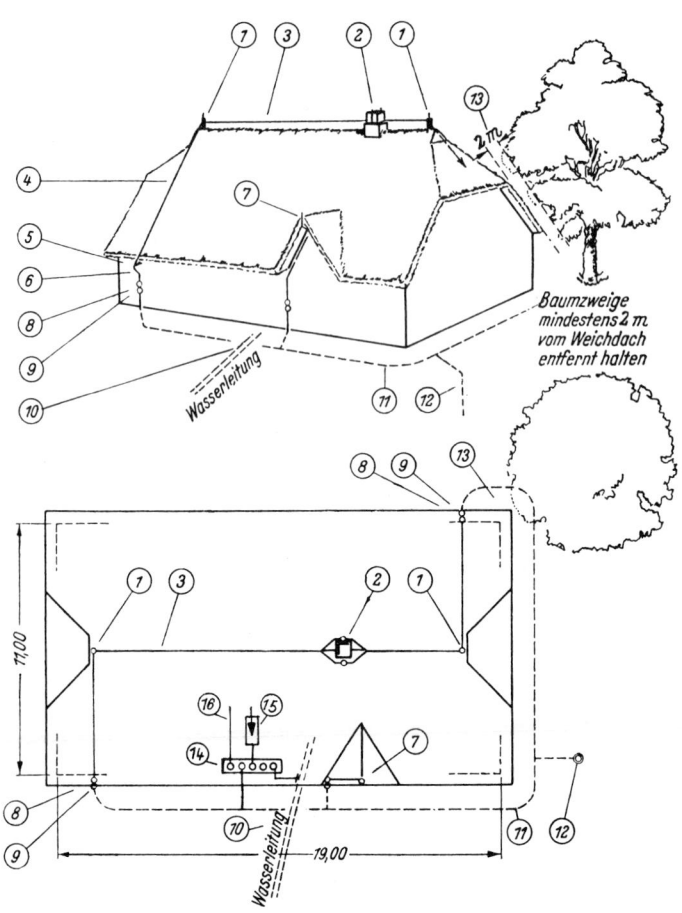

Bild 231. Blitzschutzanlage für ein Gebäude mit weicher Bedachung
1 Fangstangen auf Holzpfählen
2 Schornsteinumführung mit Schornsteinstangen, Stahlrahmen oder Rundstahl
3 Firstleitung 0,6 m über First (bei neuer Firsteindeckung) verlegen. Zahl der Holzstützen möglichst klein halten
4 Abstand der Leitung von der Dachfläche 0,4 m
5 Traufenstütze; Mindestabstand vom Weichdach 0,15 m (Einbau siehe Teilskizze auf Bild 232)
6 Spannkloben (siehe Teilskizze auf Bild 232)
7 Giebelstange (Einbau siehe Teilskizze auf Bild 232)
8 Trennstelle
9 Übergang von Rundstahl auf Bandstahl
10 Anschluß der Wasserleitungs- oder Pumpenrohre an Potentialausgleichschiene. Bei Korrosionsgefahr Einbau einer Trennfunkenstrecke
11 Ringerder oder Fundamenterder
12 Stab- oder Banderder, soweit erforderlich
13 Baumzweige müssen mindestens 2 m vom Weichdach entfernt gehalten werden
14 Potentialausgleichschiene
15 Überspannungsableiter bei Freileitungsanschluß
16 Schutzleiter des Starkstromnetzes.

Einbau des Holzpfahles für Auffangstange

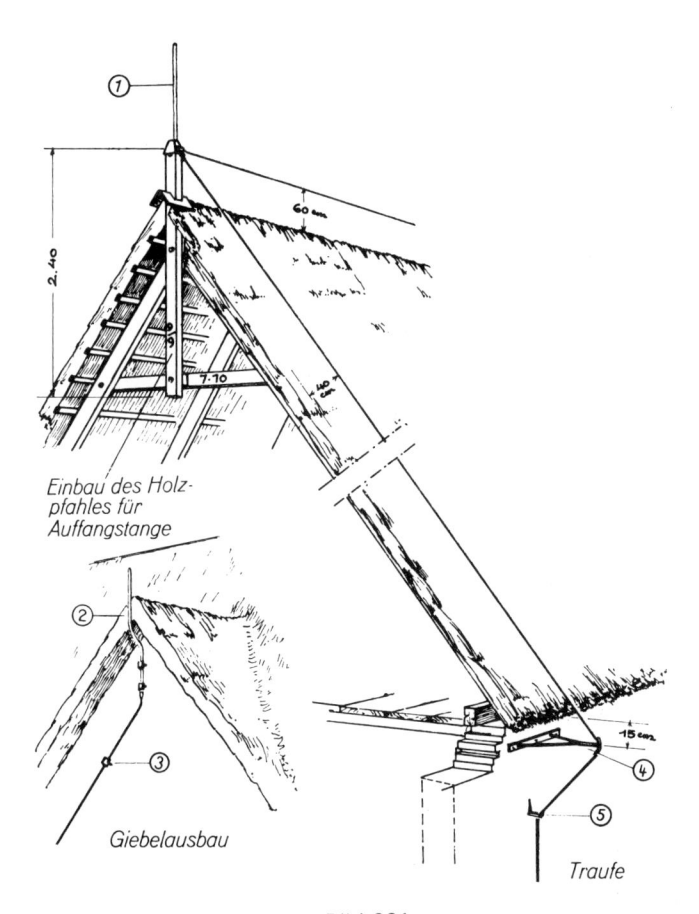

Giebelausbau

Traufe

Bild 232.   Einzelheiten zu Bild 231
1 Fangstange auf Holzpfahl
2 Giebelstange. Abstand vom Weichdach mindestens 0,4 m und Höhe über First mindestens 0,6 m
3 Leitungsstütze
4 Traufenstütze; Entfernung vom Weichdach mindestens 0,15 m
5 Spannkloben.

Die **Bilder 231 und 232** zeigen einige Beispiele zum Blitzschutz von Gebäuden mit weicher Bedachung.

Zu 6.1.4 Windmühlen
Die Blitzschutzmaßnahmen für in Betrieb befindliche Windmühlen wurden nicht geändert. Bei außer Betrieb genommenen Windmühlen z. B. in einem Museumsdorf, dürfen alle Verbindungen fest hergestellt werden, vorausgesetzt, daß alle beweglichen Teile, insbesondere die Flügel zuverlässig blockiert sind. Ein Feststellen der Bremse allein genügt nicht.

Zu 6.2 Explosionsgefährdete Bereiche

Die Bestimmungen über den Blitzschutz sind sachlich nur wenig geändert, jedoch neu unterteilt nach der inzwischen geltenden Einteilung in Zonen (Abschnitt 2.3). Grundsätzlich ist nach den Explosionsschutz-Richtlinien [6], herausgegeben von der Berufsgenossenschaft der Chemischen Industrie, für die Zonen 0, 1, 10 und 11 Blitzschutz vorgeschrieben. Die Zonen 0 und 1 gelten für brennbare Gase und Dämpfe, die Zonen 10 und 11 für brennbare Stäube.

Für die Planung einer Blitzschutzanlage muß der Auftraggeber Zeichnungen der zu schützenden Bereiche mit Eintragung der Zonen zur Verfügung stellen. Ist der explosionsgefährdete Bereich Teil einer größeren baulichen Anlage mit Betriebsteilen ohne Explosionsgefahr, so sind die vorliegenden Bestimmungen im wesentlichen auf den explosionsgefährdeten Bereich anzuwenden. Im Grenzfall kann das bedeuten, daß eine große bauliche Anlage nur auf einem Teil mit Blitzschutz zu versehen ist. Im Einzelfall muß jedoch geprüft werden, ob und inwieweit ein Blitzeinschlag in den nicht geschützten Teil der baulichen Anlage gefährliche Rückwirkungen auf den blitzgeschützten explosionsgefährdeten Bereich haben würde. Das kann z. B. über zusammenhängende elektrische Anlagen oder Rohrleitungen für Dampf, Wasser möglich sein. Im Zweifel sollte daher der nichtexplosionsgefährdete Bereich mindestens eine normale Blitzschutzanlage erhalten. Änderungen und Ergänzungen enthalten insbesondere folgende Abschnitte:

Zu 6.2.1.2 [Fernmelde- und MSR-Anlagen]
Es wird auf den notwendigen Blitzschutz der empfindlichen MSR-Anlagen hingewiesen entsprechend Abschnitt 6.3 von DIN 57185/VDE 0185 Teil 1.

Zu 6.2.1.4 [Blitzschutz-Potentialausgleich]
In explosionsgefährdeten Bereichen der Zonen 0 und 1 muß nach DIN 57165/VDE 0165/6.80 der „Berührungsschutz-Potentialausgleich" durchgeführt werden. Hierzu sind die der Berührung zugänglichen leitfähi-

gen Konstruktionsteile wie Stützen, Behälter, Rohrleitungen miteinander und mit dem Schutzleiter, z. B. an Verteilungsanlagen, zu verbinden. Dazu kommt der Blitzschutz-Potentialausgleich. Dessen Ausführung ist bereits in den Erläuterungen zu DIN 57185/VDE 0185 Teil 1, Abschnitt 6.1 ausführlich behandelt. Zu berücksichtigen sind jedoch zusätzlich die Belange des Explosionsschutzes hinsichtlich funkensicherer Anschlüsse und Verbindungen.

Zu 6.2.1.6 [Anschlüsse an Rohrleitungen]
Zu 6.2.1.7 [Anschlüsse an Behälter und Tanks]
Anschlüsse an Rohrleitungen mittels Schellen sind nur zulässig, wenn für die Schellen die Zündsicherheit bei Blitzströmen nachgewiesen ist. Entsprechende Prüfbestimmungen sind in Vorbereitung, so daß Schellen in explosionsgefährdeten Bereichen zur Zeit noch nicht verwendet werden dürfen.
Auch für Schweiß- und Bohrarbeiten an Rohrleitungen, Flanschen und Armaturen sowie Behältern und Tanks müssen bestimmte Bedingungen eingehalten werden. Darauf weist die Fußnote 2 bereits hin. Diese Fußnote sollte jedoch in erweitertem Sinne von den Auftragnehmern in folgender Form beachtet werden:
> Anschlüsse mit angeschweißten Fahnen oder Bolzen sowie Gewindebohrungen sind bei Anlageteilen aus hochfesten Stählen und bei geprüften Bauteilen nicht ohne Genehmigung zulässig. In jedem Fall ist mit dem Auftraggeber oder mit der die Bauaufsicht führenden Stelle zu klären, in welcher Weise Anschlüsse hergestellt werden dürfen.

Die **Bilder 233 und 234** zeigen Anschlußfahnen an Gasleitungen, die mit Einverständnis des TÜV-Abnahme-Sachverständigen von geprüften Schweißern angebracht wurden. Die **Bilder 235 und 236** zeigen einige andere Beispiele aus Ex-Anlagen.

Zu 6.2.2.2 [Gebäude mit Bereichen der Zonen 1 und 11]
Es gibt in der Praxis Gebäude mit Bereichen der Zone 1, deren Abmessungen so klein sind, daß ein direkter Blitzeinschlag sehr unwahrscheinlich ist. Dazu können Gasdruckregelanlagen nach dem DVGW Regelwerk G 491 gehören.
Zwischen dem DVGW und der Berufsgenossenschaft der Gas- und Wasserwerke ist eine Vereinbarung in Vorbereitung etwa in folgendem Rahmen:
> Bei Gasdruckregelanlagen in bebautem Gelände kann unabhängig von der Grundfläche der Reglerstationen auf einen äußeren Blitzschutz verzichtet werden. Bei Stationen im freien Gelände ist ein äußerer Blitzschutz ab etwa 100 m² Grundfläche erforderlich.

Maßnahmen des inneren Blitzschutzes sind in jedem Fall notwendig, weil über die angeschlossenen Rohrleitungen Überspannungen auch bei fernen Blitzeinschlägen im Bereich der Rohrleitungen in die Stationen einlaufen können. Zum inneren Blitzschutz gehören der Potentialausgleich nach DIN 57165/VDE 0165 und der Blitzschutz-Potentialausgleich nach DIN 57185/VDE 0185.

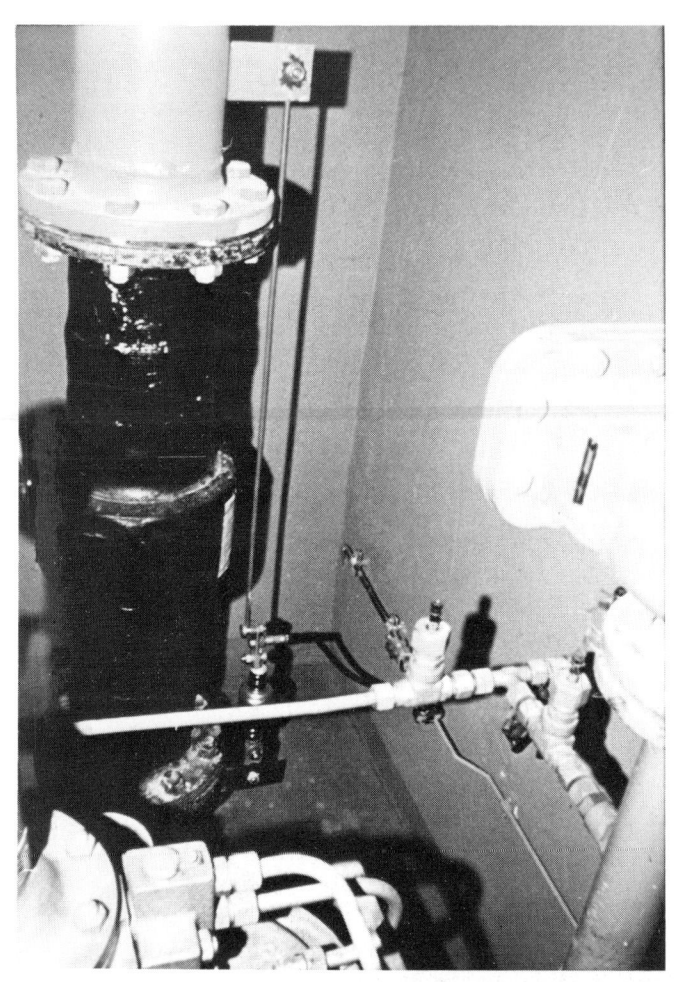

Bild 233. Überbrückung der Isoliermuffe in der Hausanschlußleitung innerhalb eines Gasdruckregelraumes mittels Funkenstrecke. Die Anschlußfahnen an den Gasleitungen wurden mit Genehmigung des Sachverständigen angeschweißt.

Die Begründung für die Beschränkung des äußeren Blitzschutzes auf Anlagen im freien Gelände ab 100 m² Grundfläche ist aus den Blitzgefährdungskennzahlen abgeleitet (siehe Anhang A). Für diese Anlagen beträgt die Gefährdungskennzahl gerade 60, die als Grenzzahl für die Blitzschutzbedürftigkeit gilt. Die Einschlagwahrscheinlichkeit beträgt für diese Anlagen etwa 1 Blitzeinschlag innerhalb von 1000 Jahren.

Zu 6.2.2.2.1 Fangeinrichtungen am Gebäude
Die Fangeinrichtungen dürfen außer aus dem bisher üblichen Maschennetz jetzt auch aus Fangstangen oder Fangleitungen unter Ausnutzung eines Schutzwinkels bestehen. Dabei ist der Schutzwinkel gegenüber Teil 1, Abschnitt 5.1.1.2.2 und Abschnitt 5.1.2.4 im Höhenbereich zwischen 10 m und 20 m auf 30° verkleinert.

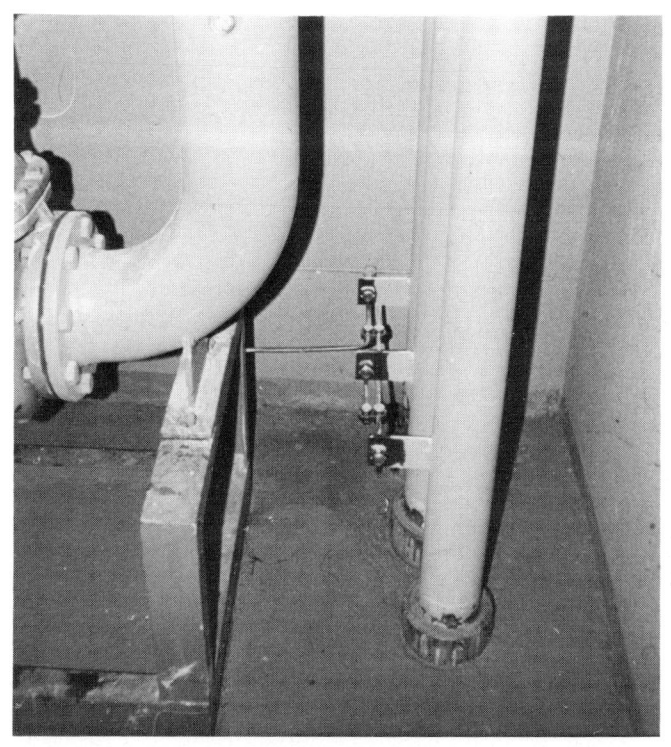

Bild 234. Angeschweißte Anschlußfahnen an den abgehenden Gasleitungen mit Anschlußleitungen zum Blitzschutz-Potentialausgleich.

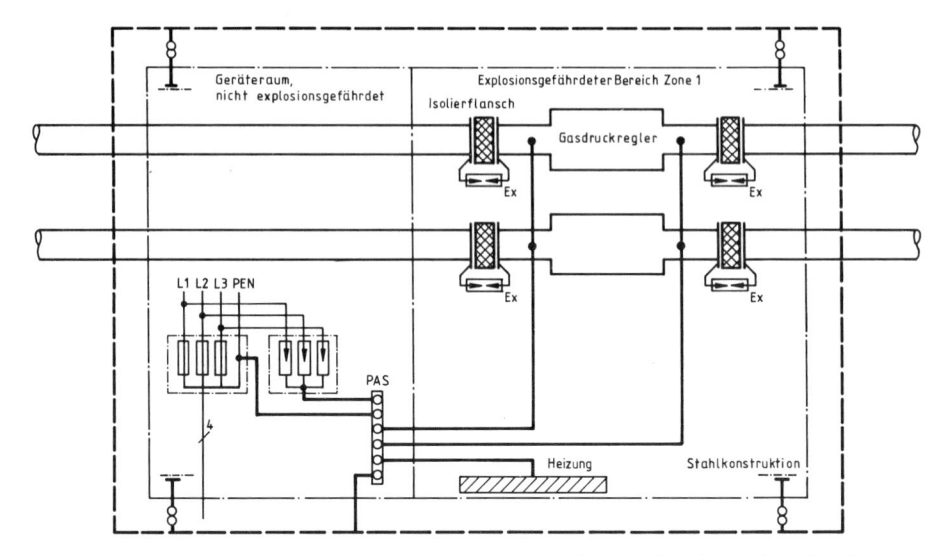

Bild 235. Blitzschutz-Potentialausgleich in einer Gasdruckreglerstation. Die Isolierflanschen sind durch explosionsgeschützte Trennfunkenstrecken überbrückt. (Bild: Ruhrgas AG)

Bild 236. Potentialausgleichschiene an der Außenwand der Meßwarte einer Rohöl-Übergabestation. Solche Potentialausgleichschienen im Freien sind in der chemischen Industrie vielfach üblich, und zwar in schwererer Ausführung als nach DIN 48799 (Entwurf) und ohne Schutzhauben.

Zu 6.2.2.2.2 Isolierte Fangeinrichtungen
Wie bei Anlagen nach Teil 1 dürfen Fangstangen, Fangleitungen oder Fangnetze verwendet werden, jedoch mit Verschärfungen hinsichtlich der Schutzwinkel und Abstände. Ein wesentlicher Unterschied gegenüber explosivstoffgefährdeten Bereichen besteht darin, daß bei isolierter Blitzschutzanlage kein Blitzschutz am Gebäude selbst gefordert wird.

Zu 6.2.2.2.3 [Stahlbauteile als Ableitungen]
Anmerkung: In der dritten Zeile des ersten Absatzes von Abschnitt 6.2.2.2.3 in DIN 57185/VDE 0185 Teil 2 muß es Stahlskelettbauten statt Stahlbetonbauten heißen.
Wie bereits im Abschnitt zu 6.1 bezüglich der Verwendung von Stahlbauteilen als Ableitungen bei feuergefährdeten Bereichen ausgeführt wurde, sind Schraubenverbindungen im Stahlbau nicht grundsätzlich zündfunkensicher beim Durchgang von Blitzströmen [5].
Eine Umfrage bei drei Großbetrieben der Chemischen Industrie hat ergeben, daß bisher keine Brände oder Explosionen in den feuer- und explosionsgefährdeten Bereichen bekannt geworden sind, die auf Blitzeinschläge in Stahlkonstruktionen zurückgeführt werden mußten.
Eine Ursache für diese günstige Erfahrung liegt darin, daß ein Blitzeinschlag in eine bestimmte Anlage ein seltenes Ereignis ist, etwa ein Einschlag innerhalb von mehreren Jahren. Auch das Auftreten explosionsfähiger Atmosphäre ist ein Ereignis, das nur gelegentlich auftritt. Ein Zusammentreffen beider Ereignisse ist daher sehr unwahrscheinlich. Das gilt für die explosionsgefährdeten Bereiche der Zonen 1 und 2. Die Zone 0, in der gefährliche explosionsfähige Atmosphäre ständig oder langzeitig vorhanden ist, liegt baulich nicht im Zuge der Stahlkonstruktionen und braucht daher nicht berücksichtigt zu werden.
Offensichtlich aus diesen Gründen wurde bisher in den Blitzschutzbestimmungen keine Rücksicht auf selten mögliche Funkenbildung bei Blitzeinschlägen in Stahlkonstruktionen genommen. In der Industrie ist man der Meinung, daß ein hoher Aufwand zur Vermeidung dieser seltenen Funkenbildung wirtschaftlich nicht gerechtfertigt ist im Vergleich zu den Maßnahmen, die für andere häufigere Gefahrenquellen notwendig sind wie undichte Flansche, heißgelaufene Lager.
Wenn in besonderen Fällen, z.B. bei Stahlbauten in Gegenden mit sehr hoher Gewitterhäufigkeit, Maßnahmen zur Vermeidung von Funkenbildung bei Blitzschlag getroffen werden sollen, so kommt in erster Linie die Verzinkung der Stahlbauteile in Frage. Eine Verzinkung ist nicht wesentlich teurer als die übliche vierfache Beschichtung mit Rostschutz- und Deckfarben. Außerdem hat die Verzinkung eine wesentlich höhere Lebensdauer.

Zu 6.2.3.1.4 [Erdung von Tanks im Freien]
Einzelstehende Tanks brauchen nur noch bis zu zweimal, früher bis zu dreimal geerdet zu werden. Für Tanks in Tankfarmen genügt in jedem Fall eine einzige örtliche Erdung, wozu jedoch Verbindungen der Tanks untereinander kommen.

Zu 6.2.3.1.7, 6.2.3.2.1 und 6.2.3.2.2 [Einbau von Trennfunkenstrecken]
An vielen Stellen ist der Einbau von Trennfunkenstrecken vorgesehen. Die Eigenschaften der Trennfunkenstrecken und ihre Anwendung sind bereits in den Erläuterungen zu Teil 1, Abschnitt 6.1 ausführlich behandelt.

Hier muß noch ein Sonderfall behandelt werden, nämlich der Einbau von Trennfunkenstrecken an Isolierstücken in dicht nebeneinander liegenden Rohrleitungen. Solche Anordnungen kommen vor z. B. in Chemischen Fabriken und Druckereien, wo brennbare Flüssigkeiten aus vielen unterirdischen Tanks zu Mischanlagen gefördert werden. **Bild 237** zeigt ein Modell solcher Isolierstücke. Es kommen Anlagen mit 25 und mehr parallelen Rohrleitungen vor. Es ist offensichtlich, daß der Einbau einer Trennfunkenstrecke parallel zu jedem einzelnen Isolierstück ein übertriebener Aufwand wäre. Es bietet sich an, die Rohre oberhalb und unterhalb der Isolierstücke zu verbinden und nur einige Trennfunkenstrecken einzubauen. Man kann dabei mindestens 50% der Trennfunkenstrecken einsparen. In die AFK-

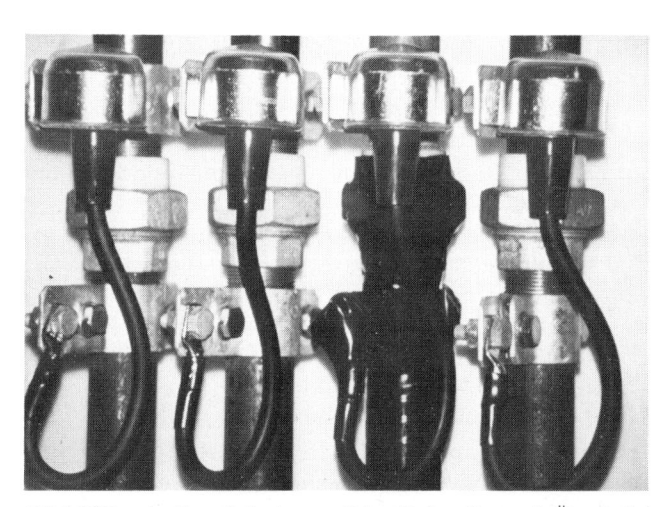

Bild 237. Isolierstücke in parallelen Rohrreihen mit Überbrückung jedes einzelnen Isolierstückes durch eine explosionsgeschützte Trennfunkenstrecke (Modell, nicht zur Ausführung geeignet). Regeln für eine Ausführung mit weniger Funkenstrecken werden z. Zt. in der AfK 5 erarbeitet. Außerdem fehlen noch Prüfbestimmungen für Schellen zur Verwendung in explosionsgefährdeten Bereichen.

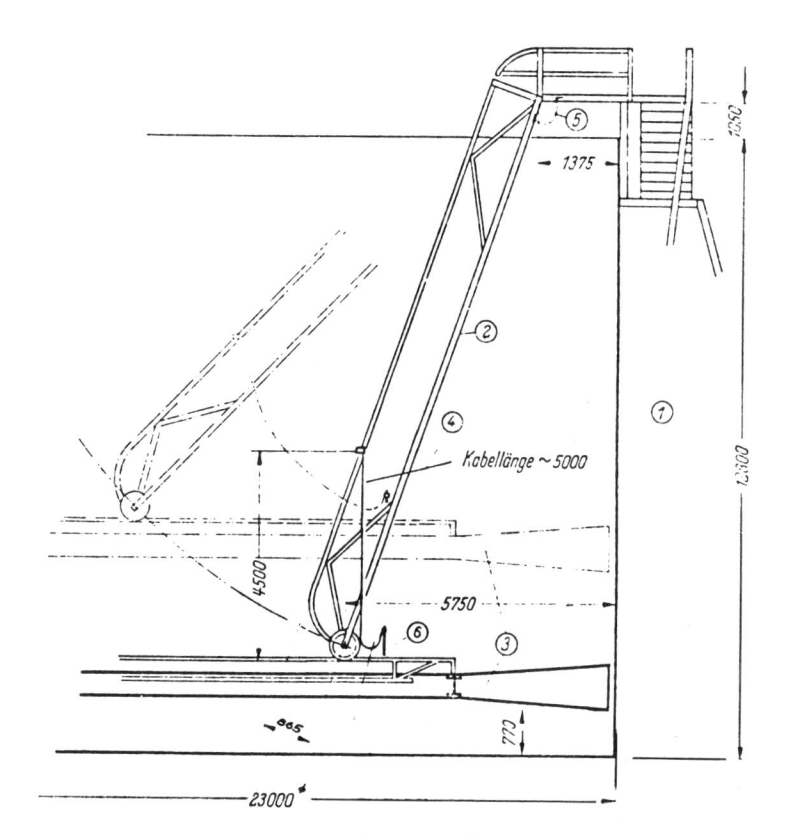

Bild 238. Erdung eines Tank-Schwimmdaches
1 Tankwand
2 Bewegliche Treppe
3 Schwimmdach
4 Bewegliche Erdungsleitung
5 Bewegliche Überbrückung am Gelenk der Treppe
6 Anschlußstange, Stahl verzinkt, 16 mm $\varnothing$, 0,5 m hoch.

Empfehlung Nr. 5 (siehe Fußnote 3, zu Abschnitt 6.2.3.2.1) sollen entsprechende Bemessungsregeln aufgenommen werden.

Eine weitere schwierige Aufgabe des Potentialausgleichs besteht bei Gasbehältern mit Glocke, wenn die Führungen der Glocke aus isolierendem Werkstoff bestehen. Eine direkte Verbindung zwischen Behälter und Glocke über bewegliche Leitungen ähnlich dem Anschluß der Treppe auf einem Schwimmdach nach **Bild 238** ist wegen der großen Hubhöhe nicht praktisch. Auch Schleifkontakte sind nicht zu empfehlen wegen der möglichen Abnutzung und Verschmutzung. Eine ausreichende Verbindung ist

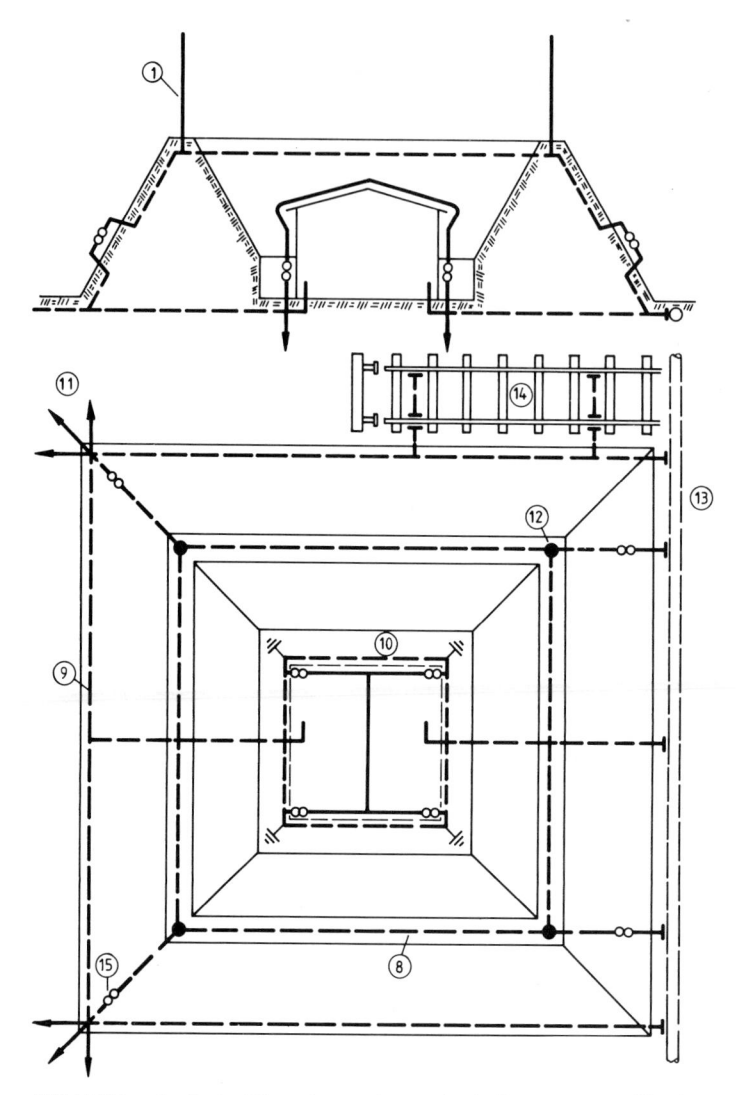

Bild 239. Isolierte Blitzschutzanlage mittels Fangstangen für einen explosivstoffgefährdeten Bereich.

auch dann gegeben, wenn an geeigneten Stellen des Behälters Elektroden angebracht werden, die gegenüber der Glocke Funkenstrecken von z. B. 5 mm Schlagweite bilden. Die Wanddicke der Glocke reicht sicher aus als Gegenelektrode ohne Gefahr von Ausschmelzungen durch Blitzströme. Außerdem ist bei Gas, das leichter als Luft ist, im Freien eine Explosionsgefahr nicht zu erwarten.

Zu 6.2.3.3.2 [Elektrische Einrichtungen im Innern von Tanks]
Das in der Fußnote 5 genannte von der PTB herausgegebene Merkblatt ist im Anhang J wiedergegeben.

Zu 6.2.3.3.3 [Mindestwanddicke von Behältern mit Zone 0 im Innern]
Die hier angegebene Mindestwanddicke von 5 mm (Stahl) ist so berechnet, daß bei einem Blitz mit einer Ladung von 200 C, der auf der Einschlagstelle nicht wandert, auf der Innenseite des Behälters keine zündfähige Temperatur auftritt. Dieses Maß hat sich in anderen Ländern seit Jahrzehnten bewährt.

Zu 6.3 Explosivstoffgefährdete Bereiche

Die Bestimmungen sind gegenüber der 8. Auflage Blitzschutz nur geringfügig ergänzt worden, wie die **Bilder 239 bis 241** zeigen.

Zu 6.3.2 Isolierte Blitzschutzanlage
Anstelle von Fangstangen dürfen auch Fangleitungen oder Fangnetze verwendet werden. Diese Maßnahme war erforderlich, weil für bauliche Anlagen großer Grundfläche oder großer Höhe ein Schutz mittels Fangstangen nicht mehr zu verwirklichen ist.

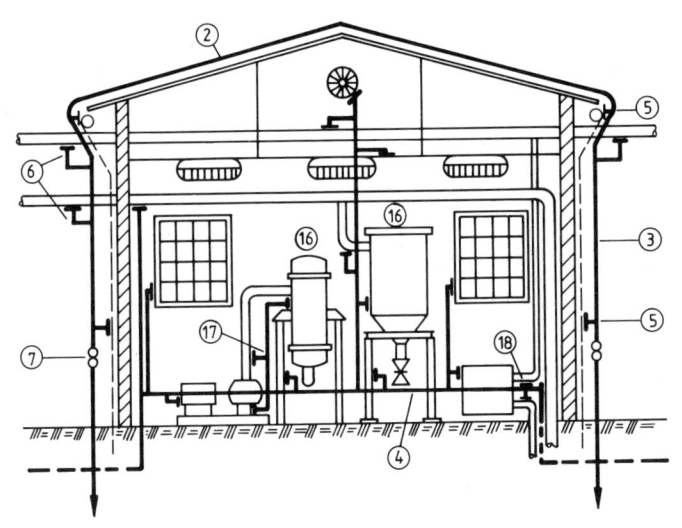

Bild 240. Äußerer und innerer Blitzschutz für ein Gebäude mit explosivstoffgefährdeten Bereichen.

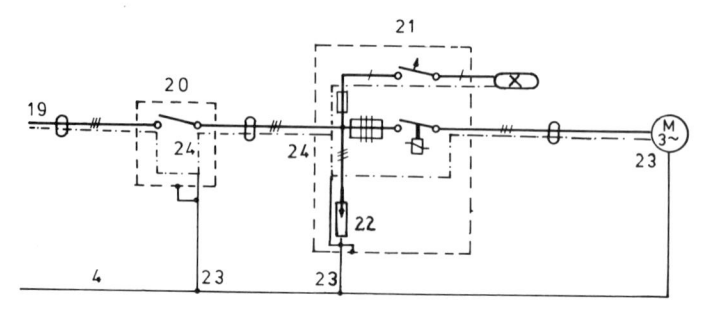

Bild 241. Schaltplan zu Bild 240.

Erläuterungen zu den Bildern 239, 240 und 241.

Isolierte Blitzschutzanlage
1 und 12 Fangstange

Gebäudeblitzschutzanlage
2 Fangleitungen
3 Ableitungen
4 Blitzschutz-Potentialausgleichschiene
5 Verbindungen mit Regenrinnen und Regenfallrohren
6 Verbindungen mit oberirdischen Rohrleitungen
7 Trennstelle

Erdungsanlage
8 Wallkronenringerder
9 Äußerer Ringerder
10 Innerer Ringerder mit Zusatzerdern oder Fundamenterder
11 Strahlenerder
12 Fangstange
13 Wasserleitung
14 Gleis
15 Trennstelle

Maßnahmen an metallenen Einrichtungen
16 Metallene Einrichtungen
17 Anschluß von Metallteilen an eine Blitzschutz-Potentialausgleichschiene
18 Anschluß von Rohrleitungen an eine Blitzschutz-Potentialausgleichschiene

Elektrische Einrichtungen
19 Erdkabelzuführung
20 Notabschaltung nach DIN 57166/VDE 0166
21 Elektrische Schaltanlage
22 Überspannungsableiter
23 Anschluß der Metallgehäuse der elektrischen Einrichtungen an eine Blitzschutz-Potentialausgleichschiene
24 Anschluß des Nulleiters oder des Schutzleiters an eine Blitzschutz-Potentialausgleichschiene

In der Praxis hatte sich der Schutz durch Fangleitungen schon seit längerer Zeit eingeführt unter Anlehnung an britische und niederländische Normen. Die **Bilder 242 bis 244** zeigen Beispiele dazu.

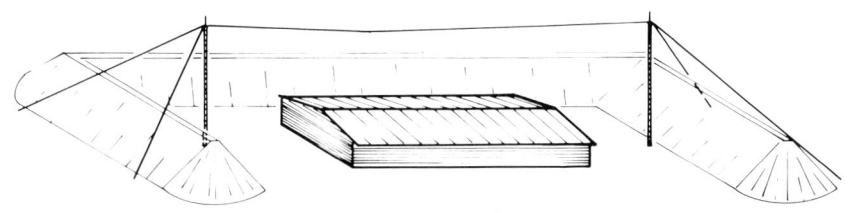

Bild 242. Isolierte Blitzschutzanlage mittels Fangleitung für ein Munitionslagerhaus. Das Lagerhaus hat zusätzlich eine Gebäude-Blitzschutzanlage (hier nicht eingezeichnet).

Länge der Halle   35 m
Breite der Halle   13 m
Abstand der Masten 65 m
Höhe der Masten   17 m
Schutzwinkel   30° (bei größtem Seildurchhang)

Bild 243. Mastkopf zu Bild 242
Fangseil = Kupferseil $7 \times 3 = 50$ mm^2
Abspannseile = Stahlseile 8 mm $\varnothing$, verzinkt, Bruchlast 36 000 N
Armaturen aus dem Freileitungsbau

Die Bemessung der isolierten Fangeinrichtungen entspricht mit geringen Abweichungen, z. B. Abstand der Fangstangen oder Stützen vom Gebäude 3 m statt 2 m, den Angaben in DIN 57185/VDE 0185 Teil 1. Diese bemerkenswerte Erleichterung gegenüber den verschärften Anforderungen an die isolierte Blitzschutzanlage bei explosionsgefährdeten Bereichen nach Abschnitt 6.2 ist darin begründet, daß für explosivstoffgefährdete Bereiche zusätzlich eine Gebäudeblitzschutzanlage gefordert ist.

Bild 244. Verankerung der Abspannseile. Der Abspannisolator ermöglicht eine bequeme Erdungsmessung nach Lösen der Seilendklemme.
(Bilder 242 bis 244: Wettingfeld, Krefeld)

Zu 6.3.3 Gebäudeblitzschutzanlage
Die isolierte Blitzschutzanlage mit Fangleitungen oder Fangnetzen erfordert eine besondere Anordnung der Fangleitungen auf dem Gebäude. Die Fangleitungen auf dem Gebäude sollen in der Draufsicht zwischen den Leitungen der isolierten Blitzschutzanlage liegen, damit etwa durchgelassene Blitze möglichst sicher gefangen werden.

Zu 6.3.5.1 und 6.3.6.3 [Blitzschutz-Potentialausgleich mit metallenen Installationen und elektrischen Anlagen in den Gebäuden]
Der Begriff „Verbindungsleitungen" ersetzt den im Buch Blitzschutz, 8. Auflage gebräuchlichen Begriff „Anschluß-Sammelleitungen". Der Zweck ist der gleiche, nämlich der Anschluß aller metallenen Installationen und der Gehäuse der elektrischen Anlagen an den Blitzschutz-Potentialausgleich. Praktisch wird das verwirklicht durch einzelne Potentialausgleichschienen oder bei Bedarf durch längere, z. B. ringförmige Potentialausgleich-Sammelleitungen an den Wänden.

Schrifttum

[1] *Barkey, H.; Vogt, D.*: Fundamenterder-Ausbreitungswiderstand bei Verwendung von Kunststoffolien unter der Fundamentplatte. de/der elektromeister/deutsches elektrohandwerk Bd. 54/32 (1979) H. 2, S. 71 ff.
[2] Blitzschutz und Allgemeine Blitzschutzbestimmungen. 8. Auflage. VDE-VERLAG, Berlin, 1968.
[3] Bundesministerium der Verteidigung: Durchführungshinweise für die Planung und Ausführung der Blitzschutzanlagen in den Liegenschaften der Bundeswehr. Bezug durch Dokumentationszentrale der Bundeswehr, Dezernat C, Postfach 1328, 5300 Bonn 1.
[4] *Dickmann, W.*: Innerer Blitzschutz: Schutzmaßnahmen und Bauelemente für elektronische Anlagen und Geräte. de (der elektromeister) deutsches elektrohandwerk Bd. 56/34 (1981) H. 6, S. 42 ff.
[5] *Dickmann W.; Neuhaus, H.*: Kontaktverhalten von Schraubenverbindungen im Stahlbau bei Blitzeinschlägen. etz Bd. 103 (1982) H. 2, S. 66–68, 8 B, 7 Qu.
[6] Explosionsschutz-Richtlinien, herausgegeben von der Berufsgenossenschaft der Chemischen Industrie. Druckerei Winter, Postfach 106140, 6900 Heidelberg 1.
[7] *Griesinger, W.; Popp, E.; Schulz, E.*: Über die Verteilung der Blitzströme in der Erdungsanlage eines Funkturmes. etz-a Bd. 79 (1958) H. 15, S. 526–529, 4 B, 5 Qu.
[8] *Hadrian, W.*: Beitrag zur Ermittlung der Blitzstromverteilung im Ableitersystem von Gebäuden mit geometrisch einfachem Aufbau. Bericht R-2.04 zur 16. Internationalen Blitzschutzkonferenz in Szeged/Ungarn, 1981.
[9] *Hasse, P.*: Schutz von Elektronischen Systemen vor Gewitterüberspannungen. etz-a Bd. 100 (1979) H. 23 und 24, S. 1335-1340 und 1376-1381.
[10] *Hasse, P.; Wiesinger, J.*: Die 16. Internationale Blitzschutzkonferenz in Ungarn 1981. etz Bd. 102 (1981) H. 19/20, S. 1050–1054.

[11] *Hasse, P.; Wiesinger, J.*: Handbuch für Blitzschutz und Erdung. 2. Auflage, Richard Pflaum Verlag, München/VDE-VERLAG, Berlin, 1982.
[12] *Horvath, T.*: Hinweise zur praktischen Schutzwirkung von Fangeinrichtungen. etz-a Bd. 99 (1979) H. 11, S. 661–663, 4 B, 13 Qu.
[13] *Lampe, W.*: Der Blitzschutz an Hochhäusern. etz-a Bd. 80 (1959) H. 7, S. 201–206, 12 B, 3 Qu.
[14] *Neuhaus, H.*: Blitzschutz von Gebäuden mit Dachdeckungen und Wandverkleidungen aus Blechen. Deutsches Dachdeckerhandwerk Bd. 87 (1966) H. 4, S. 152–158.
[15] *Neuhaus, H.*: Die Berücksichtigung elektrischer Anlagen im Gebäudeblitzschutz. Bericht zur 13. Internationalen Blitzschutzkonferenz in Venedig Juni 1976.
[16] TÜV-Informationen 2/78 „Blitzschutz – Wo und Wie ?" Verlag TÜV Rheinland, Postfach 101750, 5000 Köln 1.
[17] VBG 55a Unfallverhütungsvorschrift „Explosivstoffe und Gegenstände mit Explosivstoff". Carl Heymanns Verlag KG, Gereonstr. 18–32, 5000 Köln 1.
[18] *Vogt, D.*: Potentialausgleich und Fundamenterder; VDE 0100/VDE 0190. VDE-Schriftenreihe 35. VDE-VERLAG, Berlin, 1979.
[19] *Boy, J. u. a.*: Erläuterungen zur VDE-Bestimmung für den Schutz von Fernmeldeanlagen gegen Überspannungen; DIN 57845/VDE 0845/4.76. VDE Schriftenreihe 38. VDE-VERLAG, Berlin, 1981.
[20] *Wessel, W.*: Schutzmaßnahmen gegen Überspannungen. Sonderdruck 1981, Westfälische Provinzialgesellschaft, Bröderichweg 58, 4400 Münster.
[21] *Baatz, H.*: Mechanismus des Gewitters und Blitzes; Grundlage des Blitzschutzes von Bauten. VDE-Schriftenreihe 34. VDE-VERLAG, Berlin, 1978.

Anhang A

Die Blitzschutzbedürftigkeit baulicher Anlagen

Die Richtlinie DIN 57185 Teil 1/VDE 0185 Teil 1 enthält im Gegensatz zum Buch Blitzschutz, 8. Auflage und auch zu früheren Auflagen, keine Angaben zur Blitzschutzbedürftigkeit baulicher Anlagen. Zur Zeit stehen folgende Entscheidungshilfen zur Verfügung:
Verordnungen und Richtlinien auf Bundes- und Landesebene,
die Bauordnungen der Länder,
die Gefährdungskennzahlen für Blitzschutzanlagen in den Liegenschaften der Bundeswehr.

1 Verordnungen und Richtlinien

Nachstehend sind stichwortartig Verordnungen und Richtlinien mit Forderungen auf Blitzschutz baulicher Anlagen zusammengestellt. Die Aufstellung ist als Beispielsammlung anzusehen, da die Forderungen in den einzelnen Ländern verschieden sind und auch von Zeit zu Zeit geändert oder ergänzt werden.

1.1	Aussichtstürme, Burgruinen und gleichwertige Bauwerke	Bauordnungen Baden-Württemberg und Hessen
1.2	Bäderbau und Bäderbetrieb	Koordinierungskreis Hannover
1.3	Bergbau: Tagesanlagen, Bohr- und Fördergerüste	Oberbergämter Clausthal-Zellerfeld und Saarbrücken
1.4	Brennbare Flüssigkeiten: Gebäude zur Lagerung oder Abfüllung, oberirdische Tanks im Freien	Technische Regeln für brennbare Flüssigkeiten TRbF 100
1.5	Brennbare Gase: Acetylenverdichter im Freien, Gebäude mit Acetylenspeichern, Gebäude mit Entwicklern für Hochdruck-Acetylen, Calciumcarbidlager,	Technische Regeln für Acetylenanlagen und Calciumcarbidlager TRCA
	Lager für Propan und Butan mit über 1000 kg Flüssiggas Niederdruck-Gasbehälter Gas-Druckregelanlagen Groß-Gasmessung	Technische Regeln Flüssiggas TRF DVGW-Arbeitsblatt G 430 DVGW-Arbeitsblatt G 491 DVGW-Arbeitsblatt G 492/II

1.6	Bundesbahn: Gebäude und Anlagen, die besonders betriebswichtig, brand- oder explosionsgefährdet sind, Schutz von Personen, Schutz vor Schäden usw.	Bundesbahndienstvorschrift
1.7	Bundeswehr: Für zahlreiche Gebäude ist Blitzschutz vorgeschrieben	Durchführungshinweise für die Planung und Ausführung der Blitzschutzanlagen in den Liegenschaften der Bundeswehr (Bezug durch Dokumentationszentrale der Bundeswehr, Dezernat C, Postfach 1328, 5300 Bonn 1)
1.8	Gebäude mit Bunkern, angebaute und freistehende Bunker für Holzspäne und Holzstaubfeuerungen an Dampfkesseln	Dampfkessel-Richtlinien
1.9	Datenverarbeitungsanlagen, Gebäude mit EDV ab 0,3 Mio. DM Wert	Merkblatt des Verbandes der Sachversicherer
1.10	Explosionsgefährdete Betriebsstätten und Lager mit Bereichen der Zonen 0, 1, 10 und 11	Explosionsschutz-Richtlinien der Berufsgenossenschaft der Chemischen Industrie
1.11	Krankenhäuser	Krankenhausverordnung für das Land Nordrhein-Westfalen
1.12	Kernkraftwerke, notwendige Schutzaktionen dürfen im Bedarfsfall nicht verhindert werden durch ... Blitz ...	KTA 3501 „Reaktorschutzsystem und Überwachung von Sicherheitseinrichtungen"
1.13	Gebäude mit Lagerräumen ammoniumnitrathaltiger Mehrnährstoffdünger	RdErl. Ministerium in NRW
1.14	Hallen und Überdachungen von Tribünen auf Radrennbahnen und geschlossenen Bahnen für Motorsportveranstaltungen	RdErl. Ministerium in NRW
1.15	Rohrfernleitungen für gefährdende Flüssigkeiten: Gebäude und oberirdische Anlageteile	Richtlinie für Fernleitungen zum Befördern gefährdender Flüssigkeiten RFF (TRbF 301)

1.16	Verbindungsleitungen zum Befördern gefährdender Flüssigkeiten (Rohrleitungen, die ein Werksgelände in der Regel um nicht mehr als 600 m überschreiten)	RVF (TRbF 302)
1.17	Schornsteine: Stahlschornsteine Freistehende Schornsteine	DIN 4133 DIN 1056, Blatt 1
1.18	Schulen	Richtlinien Innenministerium NRW Richtlinien Bayerisches Staatsministerium
1.19	Seilbahnen: Stationen der Seilschwebebahnen, der Standseilbahnen; Drahtseile der Schleppaufzüge	Verordnung über Bau und Betrieb von Seilbahnen
1.20	Sporthallen	DIN 18032, Teil 1
1.21	Sprengstoff-Fabriken, Sprengstofflager	VGB 55a, Vorschrift der Berufsgenossenschaften
1.22	Tragluftbauten, die als Versammlungsstätten dienen	Fachkommission Bauaufsicht der ARGEBau

Anmerkung: Die aufgeführten Bestimmungen sind ausführlich mit Quellenangabe enthalten in TÜV-Informationen 2/78 „Blitzschutz – Wo und Wie?". Bezug durch Verlag TÜV Rheinland, Postfach 101750, 5000 Köln 1.

2 Bauordnungen der Länder

Die Bauordnungen der Länder enthalten Anforderungen auf Blitzschutz baulicher Anlagen durchweg in der allgemeinen Form des Abschnittes 2.2.3 des Buches Blitzschutz, 8. Auflage:

2.2.3 Schutzbedürftige bauliche Anlagen
Als bauliche Anlagen, bei denen nach Lage, Bauart und Nutzung Blitzeinschlag leicht eintreten oder zu schweren Folgen führen kann, kommen in Betracht:

1. bauliche Anlagen, welche die Umgebung wesentlich überragen, wie Hochhäuser, hohe Schornsteine und Türme.
2. bauliche Anlagen, die besonders brand- oder zerknallgefährdet sind, wie große Holzbearbeitungsbetriebe, Mühlen, Lack- und Farbenfabriken, Munitions- und Zündholzfabriken, Feuerwerkereien, Munitions- und Sprengstofflager, Lager brennbarer Flüssigkeiten und Gasbehälter,
3. bauliche Anlagen besonderer Art oder Nutzung, in denen infolge der Ansammlung von Menschen bei einem Blitzschlag mit einer Panik zu rechnen ist, wie Versammlungsstätten (Theater, Lichtspieltheater, Sportanlagen, ortsfeste Zirkusse, Mehrzweckbauten, Bauten für den Gottesdienst), Warenhäuser, Krankenanstalten, Schulen, Wohnheime, Kasernen, Gefängnisse, Bahnhöfe, Schutzhütten, Versammlungszelte,

   Für Bahnhöfe der Bundesbahn siehe deren Dienstvorschrift.
4. sonstige bauliche Anlagen, die besonders brandgefährdet sind oder bei denen Kulturgüter geschützt werden sollen, wie einzelstehende oder größere landwirtschaftliche Gehöfte, Gebäude mit weicher Bedachung, Anlagen unter Denkmalschutz, Museen, Archive mit wertvollen Beständen.

Der übergeordnete Satz „...bauliche Anlagen, bei denen nach Lage, Bauart und Nutzung Blitzschlag leicht eintreten **oder** zu schweren Folgen führen kann,..." ist in den Bauordnungen der Länder zum Teil abgewandelt und zwar in ganz verschiedener Weise:

in Nordrhein-Westfalen und in Schleswig-Holstein:

und zu schweren Folgen führen kann,...

In Bayern:

...bei denen nach Lage, Bauart oder Nutzung **Blitzeinschlag zu besonders schweren Folgen führen kann,** ...

In Hamburg:

...bei denen nach Lage, Bauart oder Nutzung **ein Blitzeinschlag zu schweren Folgen führen kann,** ...

In den Bauordnungen für Bayern und Hamburg ist demnach die Einschlagswahrscheinlichkeit nicht berücksichtigt.

Diese Angaben in den Bauordnungen sollen für die Bauaufsichtsbehörden eine Entscheidungshilfe sein, inwieweit in der Baugenehmigung für eine bestimmte bauliche Anlage Blitzschutz zu fordern ist oder nicht. Die Praxis hat indessen gezeigt, daß eine gleichmäßige Beurteilung hinsichtlich der Notwendigkeit einer Blitzschutzanlage nicht erreicht wird. Gleichartige bauliche Anlagen werden im gleichen Land von Stadt zu Stadt und in verschiedenen Ländern sehr ungleich bewertet. Offensichtlich reichen die

Angaben in der 8. Auflage der ABB und in den Bauordnungen der Länder hinsichtlich der Blitzschutzbedürftigkeit baulicher Anlagen für die praktische Anwendung nicht aus. Das gilt insbesondere auch für alle baulichen Anlagen, für die der Bauherr selbst entscheiden will, ob ein Blitzschutz notwendig ist oder nicht.

3 Gefährdungskennzahlen für Blitzschutzanlagen in den Liegenschaften der Bundeswehr

Für das Bundesministerium der Verteidigung wurden vom TÜV Rheinland sehr ausführlich gehaltene Gefährdungskennzahlen erarbeitet, mit deren Hilfe für bauliche Anlagen aller Art und Zweckbestimmung abgeschätzt werden kann, ob Blitzschutz erforderlich ist oder nicht. Bei der Aufstellung der Gefährdungskennzahlen wurde in erster Linie berücksichtigt, daß die Verfügbarkeit von Anlagen und Material aller Art erhalten bleiben muß. Grundsätzlich hätten die Gefährdungskennzahlen auf den Bereich der Bundeswehr beschränkt werden können. Es wurde jedoch seiner Zeit in Übereinstimmung mit dem damaligen Ausschuß für Blitzableiterbau (ABB) eine Erweiterung der Gefährdungskennzahlen zur Anwendung auch im zivilen Bereich vorgenommen mit der Absicht, die Kennzahlen in die Blitzschutzbestimmungen aufzunehmen als Ersatz der schon immer als unbefriedigend angesehenen Vorschläge zu schutzbedürftigen Anlagen. Insbesondere sollten die Kennzahlen eine Entscheidungshilfe für die unteren Bauaufsichtsbehörden werden. Verhandlungen zwischen ABB und der Fachkommission Bauaufsicht der ARGEBau führten jedoch nicht zu diesem Ziel. Die vorgelegten Gefährdungskennzahlen wurden als zu schwierig in der Anwendung durch die Bauaufsichtsbehörden beurteilt. Außerdem bestehen rechtliche Bedenken, die Kennzahlen bauaufsichtlich einzuführen. Es wurden entweder neue sehr einfache Kennzahlen gewünscht oder überhaupt ein anderes Verfahren, z. B. eine ausführlichere Beispielsammlung.
Auf Grund dieser Stellungnahme der Fachkommission Bauaufsicht wurden alle technisch interessierten Mitglieder der Arbeitsgemeinschaft Blitzschutz und Blitzableiterbau (ABB) mittels Rundschreiben mit neuen Vorschlägen um ihre Meinung gefragt. Diese Rundfrage ergab, daß für die Praxis nicht eine einzige einheitliche Lösung ausreicht. Vielmehr sind für die verschiedenen Anwenderkreise unterschiedliche Entscheidungshilfen zweckmäßig:
a) eine ausführliche Beispielsammlung mit Grenzwerten nach Größe, Wert, Personenzahl usw.

zur Anwendung durch die unteren Bauaufsichtsbehörden und im privaten Bereich (siehe Abschnitt 4)
b) vereinfachte Gefährdungskennzahlen in der Art der britischen Blitzschutzformel von 1965
zur Anwendung in Verwaltungen von Handel und Industrie, von Wohnungsbaugesellschaften, Kirchenverwaltungen, Gewerbebetrieben usw. (siehe Abschnitt 5)
c) die Gefährdungskennzahlen für die Liegenschaften der Bundeswehr
zur Anwendung durch Sachverständige in Fällen, die sonst schwierig zu entscheiden sind, in Einspruchsverfahren gegen Auflagen von Behörden usw. (siehe Abschnitt 6).

Zu der britischen Blitzschutzformel von 1965 ist zu bemerken, daß sie in der Bundesrepublik Deutschland häufig angewendet wird. Inzwischen liegt ein neuer Entwurf der britischen Blitzschutznormen vor mit einer etwas geänderten Formel. Es ist außerdem zu erwarten, daß im TC 81 der IEC im Rahmen der jetzt begonnenen internationalen Blitzschutznormen auch eine Gefährdungsformel erarbeitet wird. Es erscheint daher zweckmäßig, für die vorliegenden Erläuterungen keine neue vereinfachte Formel zu entwickeln, sondern vorläufig die britische Formel zu übernehmen und später auf eine internationale Regelung überzugehen.

4 Beispielsammlung blitzschutzbedürftiger baulicher Anlagen

4.1 In der Regel blitzschutzbedürftige bauliche Anlagen

4.1.1 Bauliche Anlagen, die ihre Umgebung wesentlich überragen; z B.:
freistehende Schornsteine,
Kirchtürme,
Fernmeldetürme,
Silos,
Hochhäuser (Bauten ab etwa 25 m Höhe).

4.1.2 Bauliche Anlagen in exponierter Lage, die Personen zugänglich sind:
Aussichtstürme,
Beobachtungstürme,
Schutzhütten,
zugängliche Burgruinen,
Kapellen.

4.1.3 Bauliche Anlagen von historischem Wert oder mit Kulturgütern:
Bauten mit wertvollen Archiven,
Bauten unter Denkmalschutz,
Schlösser und Burgen,
Museen.

4.2 Unter den angegebenen Voraussetzungen blitzschutzbedürftige bauliche Anlagen

4.2.1 Öffentlich zugängliche Gebäude mit starkem Personenverkehr, wenn Inhaltswert der Gebäude mehr als 1.000.000,– DM beträgt:
Bahnhöfe,
Flughäfen,
Schiffahrtabfertigungsgebäude,
Behördenhäuser,
Banken, Versicherungen.

4.2.2 Bauliche Anlagen mit großen Menschenansammlungen (über 200 Personen):
Versammlungsstätten (Theater, Lichtspieltheater, feste Zirkusse),
Kirchen,
Messehallen,
Mehrzweckhallen,
Sportstadien mit Flutlichtmasten,
Großhotels,
Großgaststätten,
Waren- und Geschäftshäuser (Verkaufsräume über 2000 m² Nutzfläche).

4.2.3 Bauliche Anlagen zur Aufnahme von mehr als 100 nicht frei beweglicher Personen:
Krankenhäuser
Altenheime, Altenpflegeheime,
Gebäude des Strafvollzugs.

4.2.4 Landwirtschaftliche Betriebsgebäude bei folgenden Voraussetzungen:
mit einem umbauten Raum über 2000 m³, wenn Brandübertragung auf Nachbargebäude möglich ist,
mit einem umbauten Raum über 10 000 m³, wenn freistehend ohne mögliche Brandübertragung.
(Nach der bayerischen Bauordnung sind ab diesen Bauvolumina Brandwände erforderlich).

4.2.5 Gebäude mit weicher Bedachung bei folgenden Voraussetzungen:
unabhängig von der Größe, wenn die Gefahr einer Brandübertragung auf Nachbargebäude besteht,
bei mehr als 200 m² Grundfläche bei freistehenden Gebäuden auch ohne mögliche Brandübertragung.

4.2.6 Gebäude zur Lagerung volkswirtschaftlich wichtiger Güter, z. B. Getreidelager,
wenn der Wert der Lagergüter mehr als 1.000.000,– DM beträgt.

4.2.7 Bauliche Anlagen zur Be- und Verarbeitung oder Lagerung brennbarer Stoffe, sofern im Brandfall eine Brandübertragung auf fremde Nachbaranlagen zu erwarten ist, z. B.:
Holzverarbeitung,
Mühlen,
Lack- und Farbenfabriken,
Kunststoff-Fabriken.

4.3 Bauliche Anlagen in Gewerbe und Industrie

Soweit nicht Abschnitt 4.2.7 zutrifft, wird empfohlen, nach der Blitzschutzformel im Abschnitt 5 oder nach den Gefährdungskennzahlen im Abschnitt 6 zu entscheiden.

4.4 Bauliche Anlagen mit elektronischen MSR-Anlagen

das gilt besonders, wenn umfangreiche Außenstellen angeschlossen sind.

5 Englische Blitzschutzformel

Auszug aus den englischen Normen für den Gebäudeblitzschutz (British standard code of practice Cp 326:1965 „The protection of structures against lightning")
104. Bei Explosionsgefahr immer höchstmöglicher Schutz nötig. Bei folgenden Gebäuden in der Regel Blitzschutz ohne Zweifel nötig:
Gebäude, in denen oder in deren Nähe sich viele Menschen ansammeln;
Gebäude zur Aufrechterhaltung wichtiger öffentlicher Dienste;
Gebäude in gewitterreichen Gegenden;
Sehr hohe oder isoliert stehende Gebäude;

Gebäude mit historischer oder kultureller Bedeutung.
In Zweifelsfällen wird der Gefahrenindex nach Anhang A1 ermittelt.

Anhang A1

Vorab können Überlegungen zur Vermeidung jeder Lebensgefahr oder zur Erhöhung des Sicherheitsgefühls zur Entscheidung für eine Blitzschutzanlage führen. Die Entscheidung für eine Blitzschutzanlage auf Grund der Einschlagswahrscheinlichkeit und der möglichen Folgen kann an Hand der nachstehenden Gefahren-Indexzahlen erfolgen.
Die Indexzahlen A bis G werden addiert. Bei einer Summe erheblich unter 40 erscheint ein Blitzschutz entbehrlich, wenn nicht andere Überlegungen zu Gunsten eines Blitzschutzes hinzukommen. Bei einer Summe von 40 und mehr kann auf einen Blitzschutz verzichtet werden, wenn vernünftige Gründe im Einzelfall einen Blitzschutz nicht notwendig erscheinen lassen.

Verwendung des Gebäudes	*Index A*
Wohnhäuser und andere Gebäude von vergleichbarer Größe	2
Wohnhäuser und andere Gebäude von vergleichbarer Größe mit Außenantenne	4
Fabriken, Werkstätten und Laboratorien	6
Bürogebäude, Hotels, Mietwohnblocks und andere Wohngebäude, die nicht unten aufgeführt sind	7
Versammlungsstätten, z. B. Kirchen, Hallen, Theater, Museen, Ausstellungen, Warenhäuser, Postämter, Bahnhöfe, Flughäfen und Stadien	8
Schulen, Krankenhäuser, Kinder- u. andere Heime	10

Bauweise	*Index B*
Stahlskelett mit irgend einem Dach außer Metall	1
Stahlbeton mit irgend einem Dach außer Metall	2
Ziegel, einfacher Beton oder Mauerwerk mit irgendeinem Dach außer Metall oder Stroh	4
Stahlskelett oder Stahlbeton mit Metalldach	5
Holzfachwerk oder Holzverkleidung mit irgendeinem Dach außer Metall oder Stroh	7
Ziegel, einfacher Beton, Mauerwerk, Holzfachwerk, aber mit Metallbedachung	8
Jedes Gebäude mit Strohdach	10

Nutzung oder Folgeschäden *Index C*
Wohn- oder Bürogebäude, Fabriken, Werkstätten, die keinen

wertvollen oder besonders empfindlichen Inhalt haben	2
Industrie- und Landwirtschaftsgebäude mit besonders empfindlichem Inhalt*)	5
Kraftwerke, Gaswerke, Fernsprechämter, Rundfunkstationen	6
Industrie-Forschungsstätten, alte Denkmäler und historische Gebäude, Museen, Kunstgalerien oder andere Gebäude mit besonders wertvollem Inhalt	8
Schulen, Krankenhäuser, Kinder- und andere Heime, Versammlungsstätten	10

*) das bedeutet besonders wertvolle Anlagen oder Werkstoffe, die durch Feuer oder die Folgen von Feuer gefährdet sind.

Isolierungsgrad im Gelände	*Index D*
Gebäude in einem großen Bereich von Gebäuden oder Bäumen von gleicher oder größerer Höhe z. B. in einer großen Stadt oder im Wald	2
Gebäude in einem Gebiet mit wenigen anderen Bauwerken oder Bäumen gleicher Höhe	5
Bauwerk, welches vollständig isoliert steht oder wenigstens zweimal die Höhe der umgebenden Bauwerke oder Bäume übersteigt	10

Art der Landschaft	*Index E*
Flachland in jeder Höhenlage	2
Hügelland	6
Bergland zwischen 300 und 900 m	8
Bergland über 900 m	10

Höhe des Bauwerkes über dem Erdboden)*	*Index F*
bis 9 m	2
bis 15 m	4
bis 18 m	5
bis 24 m	8
bis 30 m	11
bis 38 m	16
bis 46 m	22
bis 53 m	30

*) Gebäude, die höher als 53 m sind, benötigen in allen Fällen einen Schutz. Schornsteine, die freistehen oder die mehr als 4,5 m über das benachbarte Gebäude hinausragen, erfordern einen Schutz, unabhängig von dem Wert der Indexzahl. Solche Schornsteine sind deshalb von der Indexmethode ausgeschlossen.

Gewittertage im Jahr	Index G
bis 3	2
bis 6	5
bis 9	8
bis 12	11
bis 15	14
bis 18	17
bis 21	20
über 21	21

Beispiele

Index	A	B	C	D	E	F	G	Summe	Blitzschutz
Dorfkirche	8	4	10	10	2	4	11	49	ja
Schule 14 m hoch Ziegelsteinbau	10	4	10	2	2	4	17	49	ja
Kleinhäuser, 15 m hoch Stahlbeton u. Ziegelst. nichtmetallisches Dach	7	2	2	2	6	4	17	40	ratsam
Bürogebäude, 21 m hoch Stahlbeton, nichtmetallisches Dach	7	2	2	2	2	8	8	31	nein
Wohnhaus, Ziegelsteine	2	4	2	2	2	2	14	28	nein

6 Die Gefährdungskennzahlen für die Liegenschaften der Bundeswehr

6.1 Aufbau der Gefährdungskennzahlen

Die Gefährdungskennzahlen berücksichtigen die Einschlagwahrscheinlichkeit und die Folgen. Eine Beschränkung nur auf die Folgen, wie es in einigen Bauordnungen der Länder vorgesehen ist, ist aus wirtschaftlichen Gründen nicht gerechtfertigt, denn bei dieser Annahme müßte auch dann ein Blitzschutz vorgesehen werden, wenn z. B. wegen sehr geringer Größe und günstiger Lage der baulichen Anlage die Blitzeinschlagwahrscheinlichkeit außerordentlich gering ist.
Die Kennzahlen erfassen
die Einschlagwahrscheinlichkeit,
die Folgen aus der Bauart,

die Folgen aus der Nutzung mit Sachwerten,
die Folgen aus der Nutzung durch Personen.
Grundsätzlich bestehen die Kennzahlen aus Faktoren, die miteinander multipliziert werden müssen, wie sich aus einfachen Überlegungen ergibt: Die Einschlagwahrscheinlichkeit ist proportional der Anzahl der Blitzeinschläge je km^2 und Jahr, bei 5 Blitzeinschlägen demnach fünfmal so hoch wie bei einem Blitzeinschlag je km^2 und Jahr.

Die Wahrscheinlichkeit eines Blitzeinschlages in einen Flachbau von 3000 m^2 Grundfläche ist unter sonst gleichen Verhältnissen dreimal so hoch wie bei einem Flachbau von 1000 m^2 Grundfläche.

Die Gefährdung von Personen in einer voll besetzten Versammlungsstätte ist bei einem Blitzeinschlag infolge der möglichen Panik mehrfach so groß wie bei einem Blitzeinschlag in ein Wohnhaus oder Bürohaus, wo die Anzahl der anwesenden Personen kleiner ist und jeder die Ausgänge und Fluchtwege kennt.

In ähnlicher Weise läßt sich für alle in Frage kommenden Einflußgrößen eine Bewertungsskala aus Faktoren aufstellen. Zur Vereinfachung wurden diese Faktoren auf die Normzahlen der Grundreihe R 10 nach DIN 323 beschränkt. Das sind die Zahlen 1,00, 1,25, 1,60 usw. Diese Normzahlen lassen sich durch einfache Potenzen zur Basis 1,25 ausdrücken, deren Exponenten als Kennzahlen gewählt wurden. An Stelle der Multiplikation der großen Zahlenfaktoren tritt dann die Addition der Exponenten mit kleinen Zahlen. Die folgende Tafel zeigt diesen Zusammenhang (Die Normzahlen sind abgerundet; der genaue Wert ist 1,2589 statt 1,25).

Normzahlen R 10	Potenzen zur Basis 1,25	Exponent = Kennzahl	Gefährdungsgrad (Faktoren)
1,00 =	$1,25^0$	0	1 -fach
1,25 =	$1,25^1$	1	1,25-fach
1,60 =	$1,25^2$	2	1,6 -fach
2,00 =	$1,25^3$	3	2 -fach
2,50 =	$1,25^4$	4	2,5 -fach
3,15 =	$1,25^5$	5	3,15-fach
4,00 =	$1,25^6$	6	4 -fach
5,00 =	$1,25^7$	7	5 -fach
6,30 =	$1,25^8$	8	6,3 -fach
8,00 =	$1,25^9$	9	8 -fach
10,00 =	$1,25^{10}$	10	10 -fach

Normzahlen R 10	Potenzen zur Basis 1,25	Exponent = Kennzahl	Gefährdungsgrad (Faktoren)
12,50 =	$1{,}25^{11}$	11	12,5 -fach
16,00 =	$1{,}25^{12}$	12	16 -fach
....			
80,00 =	$1{,}25^{19}$	19	80 -fach
100,00 =	$1{,}25^{20}$	20	100 -fach
1 000 =	$1{,}25^{30}$	30	1 000 -fach
10 000 =	$1{,}25^{40}$	40	10 000 -fach
100 000 =	$1{,}25^{50}$	50	100 000 -fach
1 000 000 =	$1{,}25^{60}$	60	1 000 000 -fach

6.2 Anwendung der Kennzahlen

Im Abschnitt 6.4 sind die Gefährdungskennzahlen für alle in Frage kommenden Einflußgrößen tabellarisch zusammengestellt. Zur Beurteilung der Blitzschutzbedürftigkeit einer bestimmten baulichen Anlage werden die zutreffenden Kennzahlen herausgesucht und addiert. Bei einer Summe der Kennzahlen von etwa 60 ist Blitzschutz zu empfehlen; bei einer Summe erheblich über 60 ist Blitzschutz notwendig, erheblich unter 60 ist Blitzschutz entbehrlich.

Einige Beispiele erläutern die Anwendung der Kennzahlen. Die Grenzkennzahl von 60 sollte nicht zu genau als Entscheidungsmaßstab genommen werden, da die vielfachen Einflußgrößen nicht mathematisch erfaßt werden können, sondern geschätzt werden müssen. Im Bereich von etwa 55 bis 65 können daher zusätzliche Überlegungen wie ängstliche Hausbewohner oder geringe Brandgefahr die Entscheidung nach der einen oder der anderen Seite verschieben.

Anmerkung: Die Grenzkennzahl von 60 ist so gewählt, daß die schutzbedürftigen Anlagen nach ABB 8. Auflage in der Regel Blitzschutz erhalten sollen.

6.3 Blitzeinschlagerwartung für eine bestimmte bauliche Anlage

Als Blitzeinschlagerwartung soll die Anzahl von Jahren bezeichnet werden, innerhalb deren für eine bestimmte bauliche Anlage im Mittel ein Blitzeinschlag zu erwarten ist. Die Einschlagerwartung ergibt sich aus der Summe der Kennzahlen in den Abschnitten 6.4.1.1.1 bis 6.4.1.4 bei einer Einschlaghäufigkeit von 5 Blitzen je km² und Jahr nach folgender Aufstellung:

Summe der Kennzahlen nach 6.4.1	1 Blitzeinschlag innerhalb von Jahren
20	10 000
25	3 200
30	1 000
35	320
40	100
45	32
50	10
55	3
60	1
65	0,3
70	0,1

Bei abweichender Blitzeinschlaghäufigkeit gegenüber der Annahme von 5 Blitzen je km^2 und Jahr ist die Anzahl der Jahre entsprechend umzurechnen, z. B.: auf das 2,5fache bei 2 Blitzen je km^2 und Jahr.

6.4 Tabellen der Gefährdungskennzahlen

6.4.1 Einschlagwahrscheinlichkeit

6.4.1.1 Grundfläche und Höhe der Gebäude

6.4.1.1.1 Bauliche Anlagen bis 25 m Höhe

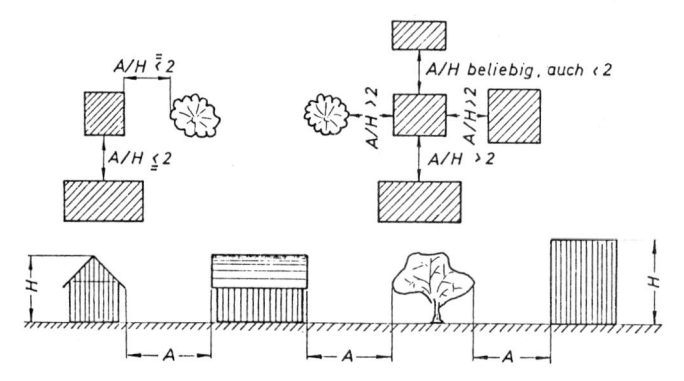

Bild A1 Dichte Bebauung = linke Bildhälfte,
Einzeln stehende Bauten = rechte Bildhälfte

Grundfläche bis m²	Kennzahlen bei der jeweiligen Grundfläche und				
	einer dichten Bebauung Firsthöhe bis 25 m	einzeln stehender Bauten Firsthöhe bis			
		6 m	10 m	16 m	25 m
10	10	16	22	23	37
16	12	17	23	24	37
25	14	18	23	25	37
40	16	20	24	26	37
63	18	21	25	27	37
100	20	23	26	28	37
160	22	24	27	29	38
250	24	26	28	30	38
400	26	27	29	32	39
630	28	29	31	33	39
1 000	30	31	32	34	40
1 600	32	33	34	36	41
2 500	34	35	36	37	42
4 000	36	36	37	39	43
6 300	38	38	39	40	44
10 000	40	40	40	42	45
16 000	42	42	43	44	46
25 000	44	44	45	45	47
40 000	46	46	46	47	49
63 000	48	48	48	49	50
100 000	50	50	50	51	52

Dichte Bebauung ist anzunehmen, wenn ein Gebäude auf mindestens 2 Seiten Nachbargebäude oder Bäume in einem Abstand $A/H \leq 2$ hat.
Einzeln stehende Bauten sind anzunehmen, wenn ein Gebäude auf mindestens 3 Seiten in einem Abstand $A/H > 2$ keine benachbarten Gebäude oder Bäume hat **(Bild A1)**.
Höhenunterschiede zwischen den Gebäuden bis zu 10 m werden nicht berücksichtigt. Bei größeren Höhenunterschieden siehe Tafel zu Abschnitt 6.4.1.2.

6.4.1.1.2 Turmartige Bauten über 25 m Höhe
Beispiele: Hochhäuser, Schornsteine, Kirchtürme, Fernmeldetürme, Aussichtstürme, Leuchttürme.
Als wirksame Höhe ist in der folgenden Tafel die Höhe einzusetzen, mit der das Gebäude die Umgebung überragt.

Kennzahl bei		
einer Höhe bis	und einer Grundfläche bis	
	1 000 m²	10 000 m²
30 m	43	46
40 m	46	49
50 m	49	51
63 m	51	52
80 m	53	54
100 m	55	56
125 m	56	
160 m	58	
200 m	60	
250 m	62	
320 m	64	
400 m	65	
500 m	66	

Bei größeren Gebäuden mit turmartigem Aufbau wie Kirche mit Kirchturm, Kesselhaus mit Schornstein, Feuerwache mit Schlauchturm, ermittelt man getrennt die Kennzahl für den Turm nach 6.4.1.1.2, jedoch mit Höhe ab Erdboden und für das Gebäude nach 6.4.1.1.1. Die größere der beiden Kennzahlen ist für die Weiterrechnung maßgebend.

6.4.1.2 Schutzwirkung hoher Gebäude auf benachbarte niedrigere Gebäude

Die Schutzwirkung ist nur zu berücksichtigen, wenn das hohe Gebäude mindestens 25 m hoch ist und der Höhenunterschied H mindestens 10 m beträgt **(Bild A 2)**.

Abstandsverhältnis	$\angle\, \alpha$	Kennzahl
L/H bis 1	bis 45°	−7
bis 2	bis 64°	−3
über 2 oder nicht vorhanden	über 64°	0

Bei mehreren hohen Nachbargebäuden annehmen: $L_1/H_1 = L_2/H_2$ (H_1 und H_2 mindestens je 10 m) d. h. $\alpha_1 = \alpha_2$.

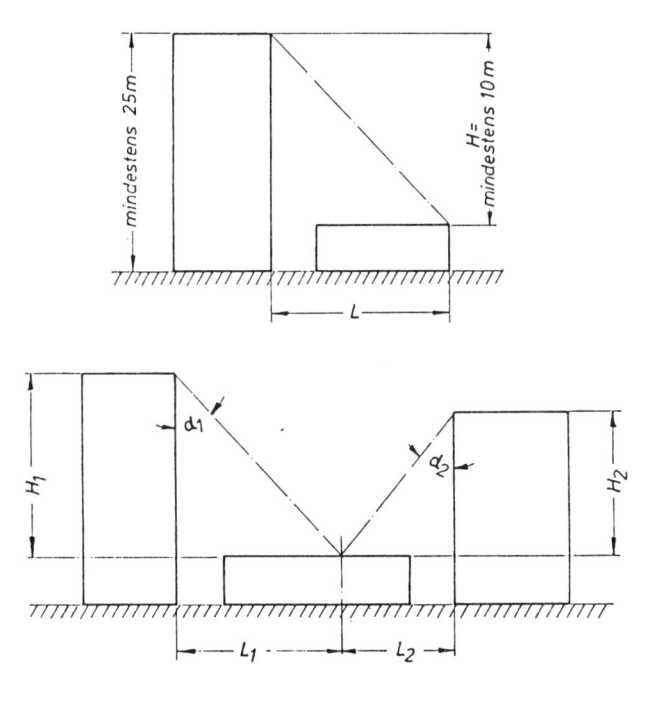

Bild A2 Schutzwirkung hoher Gebäude auf benachbarte niedrigere Gebäude

6.4.1.3 Lage im Gelände

Lage	Kennzahl
Enges Tal, obere Breite gleich oder kleiner als die Höhe von der Talsohle an	−3
Weites Tal Flachland welliges Land	0

Hügelland und Bergland
   Hanglage bis ¼ der Höhe
   Hanglage ¼ bis ¾ der Höhe
   Hügel- und Bergkuppen
	
	0
	+2
	+3

Gebirgskamm, Gebirgsspitze	+5

6.4.1.4 Blitzeinschlaghäufigkeit

Blitzeinschläge je km² und Jahr	Anzahl der Gewittertage im Jahr	Kennzahl
0,1	1	−10
0,2	2	− 7
0,4	4	− 4
0,6	6	− 2
0,8	8	− 1
1	10	0
2 (Schlesw.-Holst.)	15	+ 3
3 (nördl. Bayern)	20	+ 5
4 (südl. Bayern)	25	+ 6
5	30	+ 7
6	35	+ 8
8		+ 9
10		+10

Für den Bereich der Bundesrepublik Deutschland gibt es langjährige Erfahrungswerte über die Anzahl der Gewittertage im Jahr, jedoch nur wenige Erfahrungswerte über die Anzahl der Blitzeinschläge je km² und Jahr. Daher muß in der Regel vorläufig auf die Anzahl der Gewittertage zurückgegriffen werden.

Die Gewitterhäufigkeit in verschiedenen Ländern ist auf den Bildern A 3 bis A 5 angegeben.

Die folgende Tafel zeigt den Zusammenhang zwischen den Gewittertagen/Jahr und der Blitzeinschlaghäufigkeit in Einschlägen/km² × Jahr für den Weltbereich.

Gewittertage im Jahr	Blitzeinschläge je km² und Jahr	
	Mittelwerte	Grenzen
5	0,2	0,1 − 0,5
10	0,5	0,15− 1
20	1,1	0,3 − 3
30	1,9	0,6 − 5
40	2,8	0,8 − 8
50	3,7	1,2 −10
60	4,7	1,8 −12
80	6,9	3 −17
100	9,2	4 −20

Quelle: CIGRE-Bericht von Anderson und Eriksson „Lightning Parameters for Engeneering Application", Electra 1979, Nr. 69, S. 65−102.

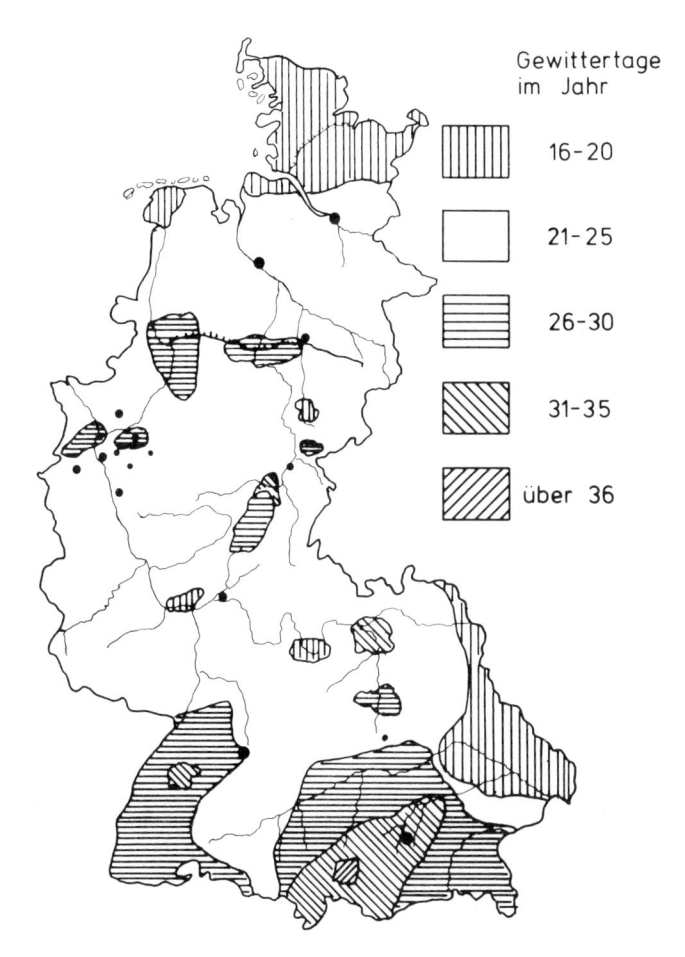

Bild A3 Gewitterhäufigkeit in der Bundesrepublik Deutschland
(aus ETZ-A, H. 15 [1954] S. 503)

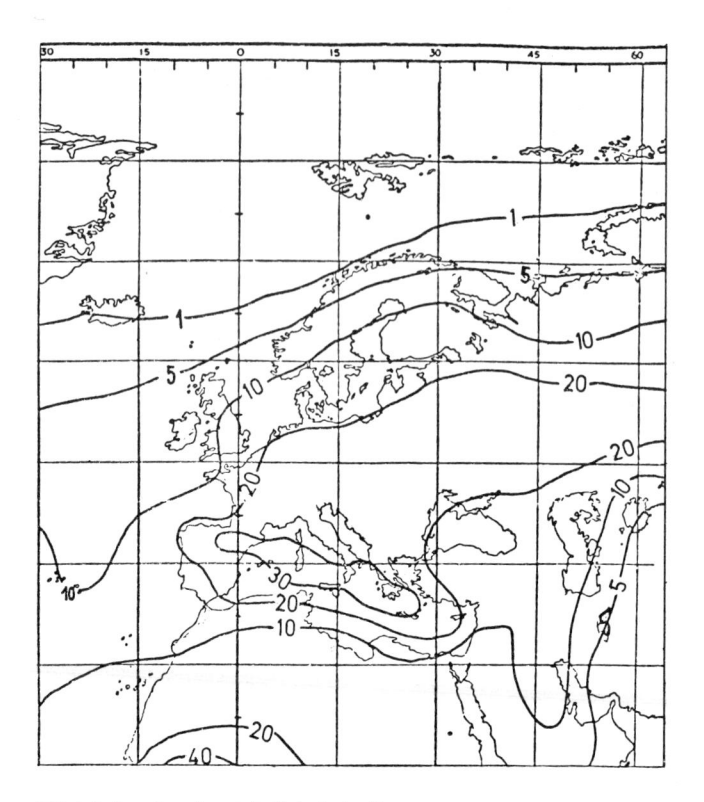

Bild A4 Gewitterhäufigkeit in Europa
(Aus World Distribution of Thunderstorm Days, World Meteorological Organization Genf 1969)

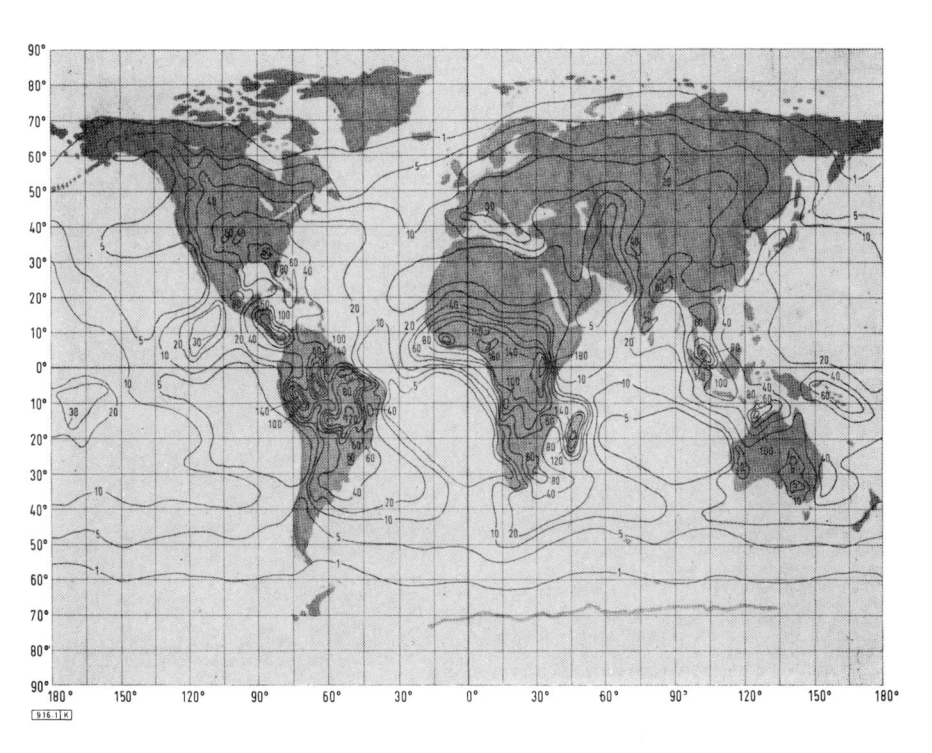

Bild A5 Welt-Gewitterhäufigkeit
Die Zahlen bedeuten Gewittertage im Jahr.
Quelle: World Meteorological Organization Genf 1969

155

Zeitweise Aufstellung oder Benutzung baulicher Anlagen

Entsprechend der tatsächlichen Benutzungsdauer kann die Anzahl der Blitze je km² oder der Gewittertage im Jahr geringer angenommen werden.

Anteilige Gewittertage für die verschiedenen Tages- und Jahreszeiten

Tageszeit	anteilige Gewittertage %	Jahreszeit	anteilige Gewittertage %
0– 3 h	3,5	Januar	0,3
3– 6 h	3,1	Februar	0,8
6– 9 h	2,7	März	2,4
9–12 h	7,5	April	7,1
12–15 h	26,2	Mai	16,8
15–18 h	34,0	Juni	21,6
18–21 h	16,5	Juli	22,4
21–24 h	6,5	August	16,9
		September	8,3
		Oktober	2,6
		November	0,5
		Dezember	0,3

Diese Angaben sind ermittelt aus den Allgemeinen Blitzschutz-Bestimmungen 8. Auflage, Bild 6.

Beispiele:
Fußballstadien mit Benutzung August bis April: 40% von 25
= etwa 10 Gewittertage
Oktoberfest in München, 14 Tage Ende September: 4% von 25
= etwa 1 Gewittertag

6.4.2 Folgen aus der Bauart

6.4.2.1 Bauart der Wände

	Kennzahl
Stahlskelett	− 6
Stahlbetonskelett, wenn Bewehrungen sämtlich gut verrödelt	− 3
Mauerwerk, Beton ohne Bewehrung	0
Stahlbetonfertigteile und Stahlbeton ohne zuverlässige Verbindungen der Bewehrungen	3
Holzfachwerk und andere brennbare Baustoffe (Kunststoffe, Papier)	10
Zelte mit Stahlgerüst	0
Zelte mit Holzgerüst	10
Tragluftbauten ohne Metallteile an der Hülle	6
Tragluftbauten mit Metallteilen an der Hülle, z. B. mit Drahtseilen	0
Metallfassaden werden in 6.4.2.4 berücksichtigt.	

6.4.2.2 Dachkonstruktion

	Kennzahl
Stahl (entfällt, wenn Wände aus Stahlskelett nach 6.4.2.1)	− 6
Stahlbeton, wenn Bewehrungen sämtlich gut verrödelt (entfällt, wenn Wände aus Stahlskelett nach 6.4.2.1)	− 3
Stahlbeton-Fertigteile und Stahlbeton ohne zuverlässige Verbindungen der Bewehrungen	3
Holz (Kennzahl entfällt bei Blechdach)	10
Kennzahl für Dachkonstruktion entfällt bei Zelten und Tragluftbauten.	

6.4.2.3 Dachdeckungen

	Kennzahl
Ziegel, Schiefer, Asbestzement	0
Dachpappe, Kunststoff-Folien, Kiespreßdach	0
Zeltplanen, schwer entflammbar, auch bei Tragluftbauten	0
Bleche ab 0,3 mm Cu, ab 0,5 mm Dicke bei anderen Metallen	3
Kiesbeschüttet	3
Wasserbeschüttet	6
Metallfolien (unter 0,3 oder 0,5 mm Dicke)	6
Weichdächer (Reet)	13

6.4.2.4 Installationen aus Metall in den Gebäuden
Die hier aufgeführten Installationen werden nicht berücksichtigt bei Gebäuden mit Stützen und Decken aus Stahlskelett und aus Stahlbetonskelett mit durchlaufend verbundenen Bewehrungen. In diesen Fällen ist die Kennzahl = 0.

Installationen	Kennzahl
a) Regenfangrinnen und Regenfallrohre aus Metall oder Metallfassaden auf allen Gebäudeseiten, durchlaufend von oben bis unten	−3
b) Metallene Rohrleitungsnetze, z. B. für Wasser, Dampf, Heizung, Preßluft, Gase, wenn solche Rohrleitungen das ganze Gebäude waagerecht und senkrecht durchziehen	−3
c) Starkstromanlagen für Licht und Kraft, wenn deren Leitungen das ganze Gebäude waagerecht und senkrecht durchziehen und deren Querschnitte nicht mehr als 4 mm^2 je Leiter betragen*)	+3
d) Antennenkabel innerhalb der Gebäude, angeschlossen an Außenantennen auf dem Dach, wenn die Querschnitte bei Bandkabeln und bei Koaxialkabeln nicht mehr als 4 mm^2 je Leiter betragen*)	+3
e) Heuaufzüge und Gebläserohre in landwirtschaftlichen Gebäuden, auch wenn zum Teil außen an den Gebäuden und in jedem Fall unabhängig von a bis d	+6

*) Bei größeren Querschnitten Kennzahl = 0

6.4.3 Folgen aus Nutzung durch Sachwerte

6.4.3.1 Wert der Gebäudeeinrichtungen einschließlich etwa vorhandener Produktionsgüter, Lagergüter, Ausstellungsgüter, Fahrzeuge usw.
Umfang der Einrichtungen und Menge der Güter werden nicht besonders berücksichtigt, da bereits durch die Gebäudegrößen nach 6.4.1.1.1 und 6.4.1.1.2 erfaßt.
Gruppe 1 = einfache Einrichtung
2 = wertvolle Einrichtung
3 = besonders wertvolle Einrichtung
4 = unersetzlich

Folgen aus Nutzung durch Personen nach Tafel 6.4.4 sind zur besseren Übersicht mit aufgeführt.

Gebäudeart	Beispiele	Kennzahl Sachwerte 1	2	3	4	Kennzahl Personen (Tafel 6.4.4)
Büro- und Verwaltungsgebäude	Banken, Behörden, Industrie, Versicherungen		6	10		13
Fabriken und Werkstätten in eigenen Gebäuden	Aufbereitungsanlagen, Herstellungs- und Montagebetriebe, Prüfhallen	6	10	20		13
	Handwerksbetriebe, Reparaturwerkstätten	3	6			13
Fahrzeughallen	Flugzeughallen		10	20		4
	Lokschuppen	3				4
	Parkhäuser, Kraftfahrzeughallen	6				4
	Straßenbahn-, U-Bahn-, Omnibusdepots	3				4
Fliegende Bauten	Ausstellungs- und Messezelte		6	10		20
	Fahrgeschäfte	3	6			13
	Versammlungszelte	0				20
	Bierzelte	0				20
	Wohnwagen, Wohnbaracken, auch auf Baustellen	0				7
Gesundheitsdienst	Kliniken, Kurheime, Krankenhäuser, Sanatorien		10	20		20
	Altenheime, Kinderheime, Sozialgebäude	3	6			20
Hotels, Gaststätten in eigenen Gebäuden	Hotels, Gasthöfe, Kasinos, Wirtschaftsgebäude, Restaurants, Gaststätten, Cafés	3 0	6 3			13 13

159

Folgen aus Nutzung durch Personen nach Tafel 6.4.4 sind zur besseren Übersicht mit aufgeführt.

Gebäudeart	Beispiele	Kennzahl Sachwerte 1	2	3	4	Kennzahl Personen (Tafel 6.4.4)
Kultureinrichtungen	Bauten unter Denkmalschutz wie Burgen, Schlösser, historische Bauten		10	20	30	4
	Kapellen, Kirchen,	6	10			13
	Museen Archive		10	20	30	13
Lagergebäude	Ersatzteillager, Depots, Magazine, Silos, Speicher	6	10			4
	Bereitschaftslager für Katastrophendienst, Verteidigung		10	20	30	7
Landwirtschaft	Geräteschuppen, Scheunen, Ställe	0	3			4
Messen und Ausstellungen	Gebäude und Hallen in fester Bauart		6	10		20
Öffentliche Dienste	Bahnhof, Flughafen, Post, Schiffahrtsabfertigung		6	10		20
	Betriebsgebäude für Rundfunk und Fernsehen	6	10			13
	Erzeugung und Verteilung von Gas, Strom, Wasser		10	20		7
	Feuerwehr		10	20		7
Schulen, Lehranstalten	Kindergärten, Schulen	0	3			13
	Lehrgebäude von Akademien, Hochschulen, Universitäten		10	20		13
Studios	Film, Fernsehen, Rundfunk		6	10		13
Verkaufsstätten in eigenen Gebäuden	Markthallen, Supermärkte		6	10		20
	Waren- und Geschäftshäuser		10	20		20

Folgen aus Nutzung durch Personen nach Tafel 6.4.4 sind zur besseren Übersicht mit aufgeführt.

Gebäudeart	Beispiele	Kennzahl Sachwerte 1	2	3	4	Kennzahl Personen (Tafel 6.4.4)
Versammlungsstätten in eigenen Gebäuden	Kongreßhallen, Konzerthallen, Lichtspieltheater, Mehrzweckhallen		6	10		20
	Sporthallen	0	3			13
	Theater, feste Zirkusse		10	20		20
	überdachte Tribünen	0				13
	Versammlungsräume, Gemeindesäle	0	3			20
Wissenschaftliche Einrichtungen	Bibliotheken, Forschungsanstalten, Laboratorien, Hochschul- und Universitätsinstitute, Versuchsanstalten		10	20		13
Wohngebäude überwiegend zu Wohnzwecken	Wohnhäuser, Klöster	0	3			7
	Wohnheime, Internate, Unterkünfte	0	3			7
	Gefängnisse	0				20
Wohngebäude mit gewerblich, freiberuflich, schulisch usw. genutzten Räumen	Zusatzräume wie Einzelhandelsgeschäfte, Büroräume	3	6			7
	Gaststätten, Schulungsräume	0	3			13
Sonstige Gebäude	Pförtnergebäude, Wachgebäude	0	3			7
	Gartenhäuser	0				4
	Ferienhäuser	0				4
Gebäude mit unterschiedlicher Nutzung	Abschätzen nach Mittelwert aus den einzelnen Nutzungen					

161

6.4.3.2 Feuer- und Explosionsgefahr, Kernenergie

Gebäudeinhalt	Kennzahl
nicht brennbar	0
schwer entflammbar	3
normal entflammbar, zum Beispiel Möbel, Regale aus Holz Packmittel aus Holz, z.B. Kisten leer oder mit Waren, Paletten	6
leicht entflammbar, zum Beispiel Stroh, lose Holzwolle, loses Papier	11
Feuergefährdete Räume, zum Beispiel Lager für Dieselöl und Heizöl Lager für Schmier- und Putzmittel (Flüssigkeiten mit Flammpunkt über 55 °C)	6
Transformatorzellen falls Transformator-Ölfüllung brennbar	6
Explosionsfähige Gase, Dämpfe, Stäube*) Zone 2 Zone 1 Zone 0	11 14 17
Sprengstoff- und Munitionslager**) Gefahrklasse 0 Gefahrklassen 1 und 11 Gefahrklassen 2 und 12 Gefahrklassen 3 und 4 Gefahrklassen 5 und 6	8 11 14 17 20
Kernenergieanlagen	30

*) Zone 2: Explosionsfähige Gemische nur in Ausnahmefällen vorhanden
   Zone 1: Explosionsfähige Gemische zeitweise vorhanden
   Zone 0: Explosionsfähige Gemische dauernd oder häufig vorhanden

**) Gefahrklasse 0: Munition enthält keine gefährlichen Stoffe
    Gefahrklasse 1: Munition brennt und verpufft
    Gefahrklasse 2: Munition brennt mit großer Flamme und starker Hitze
    Gefahrklasse 3: Munition explodiert oder detoniert
    Gefahrklasse 4: Munition explodiert oder detoniert mit Splitterwirkung
    Gefahrklasse 5: Munition explodiert oder detoniert in der Masse mit großer Flamme
    Gefahrklasse 6: Munition detoniert in der Masse
    Gefahrklasse 11: Brand- und Nebel-Munition
    Gefahrklasse 12: Nebel- und Reizstoff-Munition

6.4.4 Folgen aus Nutzung durch Personen

Aufenthalt	Beweg-lichkeit	Panik-gefahr	Beispiele baulicher Anlagen	Kenn-zahl
selten	frei	keine	unbesetzte Stationen für Wasser, Strom	0
zeitweise	frei	keine	Fahrzeughalle, Lagergebäude	4
dauernd	frei	keine	Wohnhaus, Kloster, Kraftwerk	7
zeitweise	frei	mäßig	Fabrik, Werkstatt, Verwaltungsgebäude, Hotels, Schulen	13
zeitweise	Gedränge möglich	groß	Theater, Messehalle, Warenhaus	20
dauernd	behindert	groß	Krankenhaus, Gefängnis	20
Aufenthalt wie im Freien zeitweise	Gedränge möglich	groß	Flutlichtmasten im Zuschauerbereich von Sportanlagen, Tragluftbauten ohne Metallteile als Versammlungsstätten	20

Diese Kennzahlen sind zusätzlich in Tafel 6.4.3.1 eingearbeitet.

6.4.5 Beispiele

	Tafel 6.4....	Kennzahl
Wohnhaus, einzeln stehend		
Grundfläche 200 m², Höhe 12 m	1.1.1	30
Gelände eben	1.3	0
25 Gewittertage/Jahr	1.4	6
Wände Mauerwerk	2.1	0
Dachkonstruktion Holz	2.2	10
Dachdeckung Ziegel	2.3	0
Regenrinnen aus Metall	2.4	−3
Wasserleitungen und Heizungsanlagen im ganzen Haus aus Metall	2.4	−3
Lichtleitungen 1,5 mm² im ganzen Haus	2.4	3
Fernsehantenne auf dem Dach mit Koaxialkabel 2 × 1,5 mm²	2.4	3
Wert der Einrichtung einfach	3.1	3
Brennbarkeit der Einrichtung normal	3.2	6
Personen frei beweglich, Aufenthalt dauernd, keine Panikgefahr	4	7
Summe der Kennzahlen Blitzschutz zu empfehlen, da		62 > 60

Das gleiche Wohnhaus in dichter Bebauung würde nach Tafel 6.4.1.1.1 eine Kennzahl von 24 statt 30 erhalten. Die Summe der Kennzahlen wäre dann 56, d.h. Blitzschutz wäre nicht erforderlich.

	Tafel 6.4...	Kennzahl
Verwaltungsgebäude, dichte Bebauung		
Grundfläche 600 m², Höhe 20 m	1.1.1	28
Gelände eben	1.3	0
25 Gewittertage/Jahr	1.4	6
Wände Stahlbeton-Fertigteile	2.1	3
Dachkonstruktion Stahlbeton-Fertigteile	2.2	3
Dachdeckung Kiesschüttung	2.3	3
Regenrinnen Kunststoff	2.4	0
Wasserleitungen und Heizungsleitungen im ganzen Haus aus Metall	2.4	−3
Lichtleitungen 1,5 mm² im ganzen Haus	2.4	+3
Fernsehantenne auf dem Dach	2.4	+3
Wert der Einrichtung mittel	3.1	6
Brennbarkeit der Einrichtung normal	3.2	6
Personenaufenthalt zeitweise, frei beweglich, Panikgefahr mäßig	4	13
Summe der Kennzahlen		71
Blitzschutz erforderlich, da		> 60

6.4.6 Musterbogen
Errechnung der Grenzkennzahl für folgendes Bauwerk:

	Kennzahl
1. Einschlagwahrscheinlichkeit	
1.1.1 Höhe bis 25 m	
Grundfläche m² Höhe m	
Bebauung dicht − einzeln	_____
1.1.2 Turmartige Bauten	
Grundfläche m²	
Höhe m (über Umgebung)	_____
1.2 Schutzwirkung hoher Nachbargebäude	
$L/H =$	_____
1.3 Lage im Gelände	
Gelände	_____
1.4 Blitzeinschlagshäufigkeit	
Blitze je km² und Jahr ___	
Gewittertage ___	
2. Folgen aus Bauart	
2.1 Wände	_____
2.2 Dachkonstruktion	_____
2.3 Dachdeckung	_____
2.4 Regenrinnen aus Metall	
Rohrleitungsnetz aus Metall	
Starkstromleitungen mit Querschnitten bis 4 mm²	_____
Antennen auf dem Dach mit Kabeln bis 4 mm²	_____
3. Folgen aus Nutzung durch Sachwerte	
3.1 Wert der Einrichtungen und Güter	_____
3.2 Brennbarkeit	_____
Explosionsgefahren	_____
Sprengstoffe	_____
Kernenergie	_____

4. Folgen aus Nutzung durch Personen

Aufenthalt	Beweglichkeit	Panikgefahr		
selten	frei	keine	0	_____
zeitweise	frei	keine	4	_____
dauernd	frei	keine	7	_____
zeitweise	frei	mäßig	13	_____
zeitweise	Gedränge	groß	20	_____
dauernd	behindert	groß	20	_____
im Freien	Gedränge	groß	20	_____

Summe der Kennzahlen = Grenzkennzahl g

$g < 60$: Blitzschutz entbehrlich

$g \approx 60$: Blitzschutz empfehlenswert

$g > 60$: Blitzschutz notwendig

Anhang B

Fundamenterder für den Potentialausgleich und als Blitzschutzerder
Merkblatt zur Schadenverhütung

1 Allgemeines

Die metallenen Rohrleitungen für Gas, Wasser und Zentralheizung, die elektrischen Leitungen für die Stromversorgung, aber auch für Schwachstromanlagen, sowie die Verwendung von Stahl bei der Errichtung der Gebäude nehmen ständig zu. Die Gebäudekonstruktionen, Rohrsysteme und Leitungsanlagen stellen metallene Netze dar, die zum Teil unmittelbar oder mittelbar miteinander verbunden, oder auch getrennt voneinander verlegt sind. Dadurch können bei einem Isolationsfehler in der Starkstromanlage an anderen Metallteilen für den Menschen gefährliche Berührungsspannungen auftreten oder brandverursachende Fehlerströme fließen. Diesen Gefahren kann durch den Zusammenschluß aller größeren leitfähigen Teile innerhalb eines Gebäudes, dem sog. Potentialausgleich, begegnet werden (siehe VDE 0190 und DIN 57185 Teil 1/VDE 0185 Teil 1). Der Potentialausgleich wirkt am besten, wenn er elektrisch dem Erdpotential angeglichen ist. Durch die zunehmende Verwendung von Kunststoffrohren für Hauswasser-Anschlußleitungen und -Versorgungsleitungen scheiden sie als Erder aus, so daß es notwendig ist, für jedes Gebäude eine eigene Erdungsanlage zu erstellen. Ein solcher Hauserder läßt sich bei Neubauten durch die Verlegung eines Fundamenterders schaffen, der bei Errichtung einer Blitzschutzanlage auch als Erder für sie verwendet werden sollte.
In den Technischen Anschluß-Bestimmungen (TAB) für Starkstromanlagen wird bei Neubauten der Fundamenterder gefordert.

2 Ausführung des Fundamenterders

Das Verlegen des Fundamenterders ist vom Bauherrn oder Architekten zu veranlassen und vom Bau-, Elektrohandwerker oder Blitzableitersetzer auszuführen.

2.1 Werkstoffe und Leitungsanordnung
Als Werkstoff für den Fundamenterder ist verzinkter Bandstahl, 30 mm

× 3,5 mm, 25 mm × 4 mm, oder verzinkter Rundstahl von mindestens 10 mm Durchmesser zu wählen. Das Band oder der Rundstahl ist als geschlossener Ring in die Umfassungsfundamente der Gebäude zu legen. Um hinsichtlich des Unfallschutzes die gewünschte Wirkung sicherzustellen, sollte kein Punkt der Kellersohle mehr als 10 m vom Erder entfernt sein; andernfalls wird auch die Verlegung von Erdern z. B. unter Zwischenmauern notwendig (Potentialsteuerung). Unterhalb des Erders darf keine Feuchtigkeitsisolierung liegen.

2.2 Schutz gegen Korrosion
Zum Schutz der Fundamenterder gegen Korrosion ist Beton mindestens der Festigkeitsklasse B 15 zu verwenden; das entspricht einem Mindestzementgehalt je m^3 verdichteten Betons von etwa 300 kg. Die Betondeckung gegen Erde muß mindestens 5 cm betragen (siehe DIN 1045).
In Beton dürfen Fundamenterder, Erdungs- und Potentialausgleichleitungen aus verzinktem Stahl ohne zusätzliche Maßnahmen mit den Bewehrungsstählen verbunden werden.

2.3 Fundamente aus Stampfbeton ohne Bewehrung
Auf der Fundamentsohle wird vor dem Betonieren der Band- oder Rundstahl verlegt und durch Abstandhalter gegen Absinken gesichert. Bandstahl ist hochkant anzuordnen; als Abstandhalter sind besonders gefertigte Stützen zu verwenden. Der Erder braucht nicht in einem eigens angefertigten Fundamentstreifen verlegt zu werden, sondern kann in das eigentliche Fundament eingebracht werden.

2.4 Gemauerte Fundamente
Auf der Fundamentsohle wird der Band- oder Rundstahl wie in 2.3 angegeben verlegt und in eine 10 cm dicke Betonschicht eingebettet. Darüber wird das Fundament aufgemauert.

2.5 Fundamente aus Stahlbeton
Bei bewehrten Streifenfundamenten oder Plattenfundamenten werden die Leitungen in die Bewehrungskörbe oder in die Bewehrungsmatten eingezogen oder, falls das Einziehen nicht möglich ist, auf die Bewehrung aufgelegt und mit ihr in Abständen von 1 bis 2 m verrödelt. Die Lage der Leitungen muß so gewählt werden, daß nach unten und zur Seite eine Betondeckung von mindestens 5 cm gewährleistet ist.
Bei Fundamenten mit sehr starker Bewehrung, z. B. für einen Hochhauskern, genügt es, an geeigneten Stellen Anschlußleitungen mit der Bewehrung zu verbinden und im Zuge des Baufortschrittes mit hochzuführen.

2.6 Einzelfundamente

Bei Einzelfundamenten für Stahlstützen oder für Betonfertigstützen, die nicht durch Streifenfundamente miteinander verbunden sind, ist wie folgt zu verfahren:
Bei bewehrten Fundamenten wird mit der Bewehrung im Bereich der Fundamentsohle eine verzinkte Leitung nach 2.1 verbunden und als Anschlußfahne bis über Oberkante Fundament herausgeführt.
Bei unbewehrten Fundamenten wird ein verzinkter Leiter nach 2.1 am äußeren Rand der Fundamentsohle unter Beachtung von 2.2 verlegt und als Anschlußfahne bis über Oberkante Fundament herausgeführt.
Die Anschlußfahnen der Einzelfundamente sind in den Betonwänden oder Betonfußböden oberhalb des Erdbodens durch eine Ringleitung miteinander zu verbinden. Von dieser Ringleitung sind Anschlußfahnen in die Kellerräume oder nach außen herauszuführen für den Potentialausgleich und ggf. für die Blitzschutzanlage. Bei Stahlskelettbauten genügt ein Anschluß der Fundamentfahnen an die Stahlstützen.

2.7 Isolierte Fundamentwannen

Bei gegen Feuchtigkeit isolierten Schutzwannen muß der Fundamenterder in ein Betonfundament unterhalb der Isolierung eingelegt werden. Die Anschlußfahnen sind an der vor der Isolierung liegenden Schutzwand hochzuführen und erst über der Schutzwanne in das Gebäude einzuführen (siehe Bild).

2.8 Verbindungsstellen

Die einzelnen Teile des Fundamenterders sind miteinander und ggf. mit der Bewehrung gut leitend zu verbinden. Die Verbindungsstellen mit den Anschlußfahnen sind ebenfalls kontaktsicher auszubilden. Verbindungen von Bandstahl können durch Keil- oder Federverbinder, Schrauben oder Schweißen, Verbindungen von Rundstahl durch Klemmen, Keilverbinder oder Schweißen hergestellt werden. Die Kontaktflächen sind vor dem Verbinden blank zu machen; vor dem Verschweißen verzinkter Leitungen ist an den Kontaktflächen die Zinkschicht abzubrennen. Verbindungen der Bewehrungen mit dem Fundamenterder dürfen auch durch Verrödeln ausgeführt werden, ausgenommen bei Einzelfundamenten nach 2.6.
Dehnungsfugen sind innerhalb des Gebäudes, aber außerhalb des Betons durch Dehnungsbänder zu überbrücken. Aus der Wand hervorstehende Fugenüberbrückungen können später behindern und sind deshalb gefährdet; dies wird vermieden, wenn die Fugenüberbrückungen in Nischen gelegt werden (siehe Bild). Solche Dehnungsbänder müssen zusätzlich gegen Korrosion geschützt werden, z. B. durch Schutzbinden, und kontrollierbar sein.

3 Anschlußfahnen

Für den Anschluß der Potentialausgleichschiene (siehe Abschn. 5) ist eine Anschlußfahne mindestens 0,3 m über dem Kellerfußboden aus der Wand herauszuführen und ein freies Ende von mindestens 1,5 m Länge vorzusehen; sie sollte im Hausanschlußraum (DIN 18012) liegen) Bei größeren Gebäuden sind an weiteren Stellen Anschlußfahnen im Gebäudeinneren erforderlich, z. B. zum Anschluß von Aufzugsführungsschienen, Klimaanlagen, Stahlkonstruktionen usw.
Anschlußfahnen aus Rundstahl werden beim Ausschalen irrtümlich öfters abgeschnitten. Um diese Gefahr zu verringern, empfiehlt sich, auch wenn für den Fundamenterder Rundstahl verwendet ist, die Anschlußfahnen aus Bandstahl herzustellen. Weiter ist es zweckmäßig, die Anschlußfahnen noch zusätzlich nach dem Einbringen farbig oder mit einem Markierungsband zu kennzeichnen.

4 Fundamenterder und Blitzschutz

Wird der Fundamenterder auch als Erder für die Blitzschutzanlage verwendet, und ist bei Verlegen des Fundamenterders die Lage der Ableitungen der Blitzschutzanlage bekannt, werden die Anschlußfahnen für die Ableitungen erst oberhalb der Erdoberfläche nach außen zu den Trennstellen geführt. Ist die künftige Lage der Ableitungen noch nicht bekannt, oder werden vorsorglich für eine später zu errichtende Blitzschutzanlage Anschlußfahnen vorgesehen, ist es zweckmäßig, die Anschlußfahnen nach innen zu führen, da im Keller ein seitlicher Ausgleich zwischen Ableitungen und Fahnen leicht herzustellen ist. Soweit Anschlußfahnen im Erdreich verlegt werden, sind sie zuverlässig gegen Korrosion zu schützen, z. B. durch Korrosionsschutzbinden oder besser durch Verlegen von verzinktem Stahldraht mit PVC-Mantel; in diesem Falle sind die Anschlußstellen mit Korrosionsschutzbinden abzudichten.
Bei kleineren Wohngebäuden sind für die Blitzschutzanlage zwei diagonal gegenüberliegende Anschlußfahnen, davon eine zweckmäßig in der Nähe der künftigen Regenfallrohre, vorzusehen, bei größeren Gebäuden ist auf je 20 m Gebäudeumfang eine Anschlußfahne erforderlich.
Es wird empfohlen, Anschlußfahnen für eine später zu errichtende Blitzschutzanlage herzustellen, da sonst für sie eine besondere Erdungsanlage im Erdreich verlegt werden muß, für die erhöhte Korrosionsgefahr besteht, und zwar nicht nur durch die natürliche Bodenkorrosion, sondern auch durch die galvanische Elementbildung zwischen Fundamenterder und der

im Erdreich verlegten Erdungsanlage. Ist zusätzlich zum Fundamenterder eine Erdungsanlage erforderlich, so sind beide Erder an der Potentialausgleichschiene zusammenzuschließen, jedoch ist, um die Elementbildung und damit die Korrosion zu vermeiden, zur galvanischen Trennung eine stets zugängliche Trennfunkenstrecke dazwischen einzubauen. Sofern mit Rücksicht auf die Erdung der Starkstromanlage eine galvanische Trennung nicht zulässig ist, müssen die Erder im Erdreich in korrosionssicherem Werkstoff, z. B. als Leitungen mit Bleimantel, ausgeführt werden.

5 Potentialausgleichschiene

Im Hausanschlußraum des Kellergeschosses ist bei Kabeleinführungen in der Nähe des Hausanschlußkastens eine Potentialausgleichschiene anzubringen; bei Freileitungsanschluß wählt man dafür zweckmäßig den Kellerraum, der unterhalb der Hauseinführung liegt, damit der Schutzleiter (Nulleiter) auf dem kürzesten Wege angeschlossen werden kann. Die Potentialausgleichschiene wird zweckmäßig über der Austrittsstelle der Anschlußfahne angebracht. Fahne und Schiene sind unmittelbar miteinander zu verbinden. An der Schiene sind weitere Anschlüsse vorzusehen für
  den Nulleiter oder den Schutzleiter der Starkstromanlage (Nullung, Schutzerdung, Fehlerstrom-Schutzschaltung oder Schutzleitungssystem),
  die metallene Wasserverbrauchsleitung,
  die metallene Abwasserleitung,
  die Zentralheizung,
  die Gasinnenleitung,
  die Erdungsleitung für die Antennenanlage,
  die Erdungsleitung für die Fernmeldeanlage,
  den Blitzschutzerder,
  Erdungsleitungen von durchgehenden Metallteilen, z. B. von Aufzugsführungsschienen, Stahlkonstruktionen, Treppengeländern, Klimakanälen usw., soweit diese Teile nicht nach Abschnitt 3 eigene Anschlußfahnen erhalten.

6 Potentialausgleichleitungen

Die unter 5 genannten Anlageteile sind an die Potentialausgleichschiene mit Potentialausgleichleitungen anzuschließen, die nach den Querschnitten der Außenleiter der stärksten vom Hausanschlußkasten oder dem

Hauptverteiler abgehenden Hauptleitung der betreffenden Anlage zu bemessen sind. Die Querschnitte der Ausgleichleitungen müssen betragen bei
Außenleiter mm^2 1,5–16 25 35 50 70 95–400
Ausgleichleitung (Kupfer) mm^2, 10 16 16 25 35 50
Die Ausgleichleitungen dürfen wie Schutzleiter gekennzeichnet werden. Es ist nicht erforderlich, jede Rohrleitung über einen eigenen Ausgleichleiter anzuschließen; mehrere Rohrleitungen dürfen untereinander verbunden und über einen gemeinsamen Ausgleichleiter an die Schiene angeschlossen werden.

Gasleitungen dürfen in keinem Fall als Verbindungsleitungen anderer Teile verwendet werden.

Verbindungsleitungen dürfen an Rohrleitungen nur mittels Schellen angeschlossen werden. In feuchter Umgebung sind die Anschlußstellen zusätzlich gegen Korrosion zu schützen, z. B. durch Schutzbinden.

Anschlußklemmen an Rohrleitungen im Erdboden sind nach VDE 0190 Bild 2 auszuführen.

Alle Anschlüsse und Verbindungen müssen gut und dauerhaft Kontakt geben.

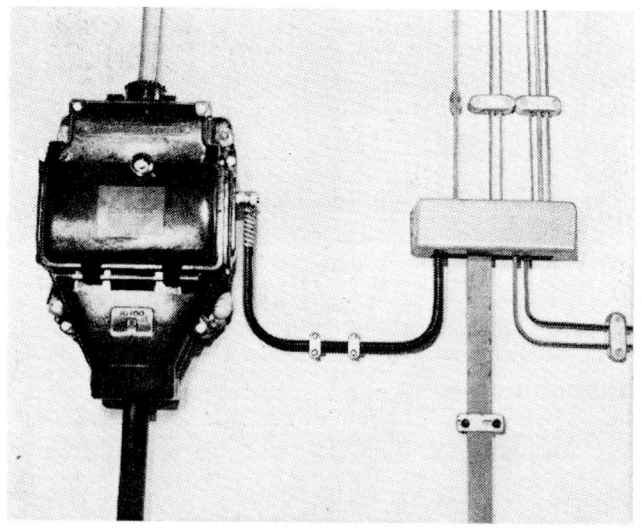

Potentialausgleichschiene zum Zusammenschließen aller zu erdenden Anlageteile mit Erdungsleitung zum Fundamenterder

Sämtliche Skizzen nicht maßstäblich

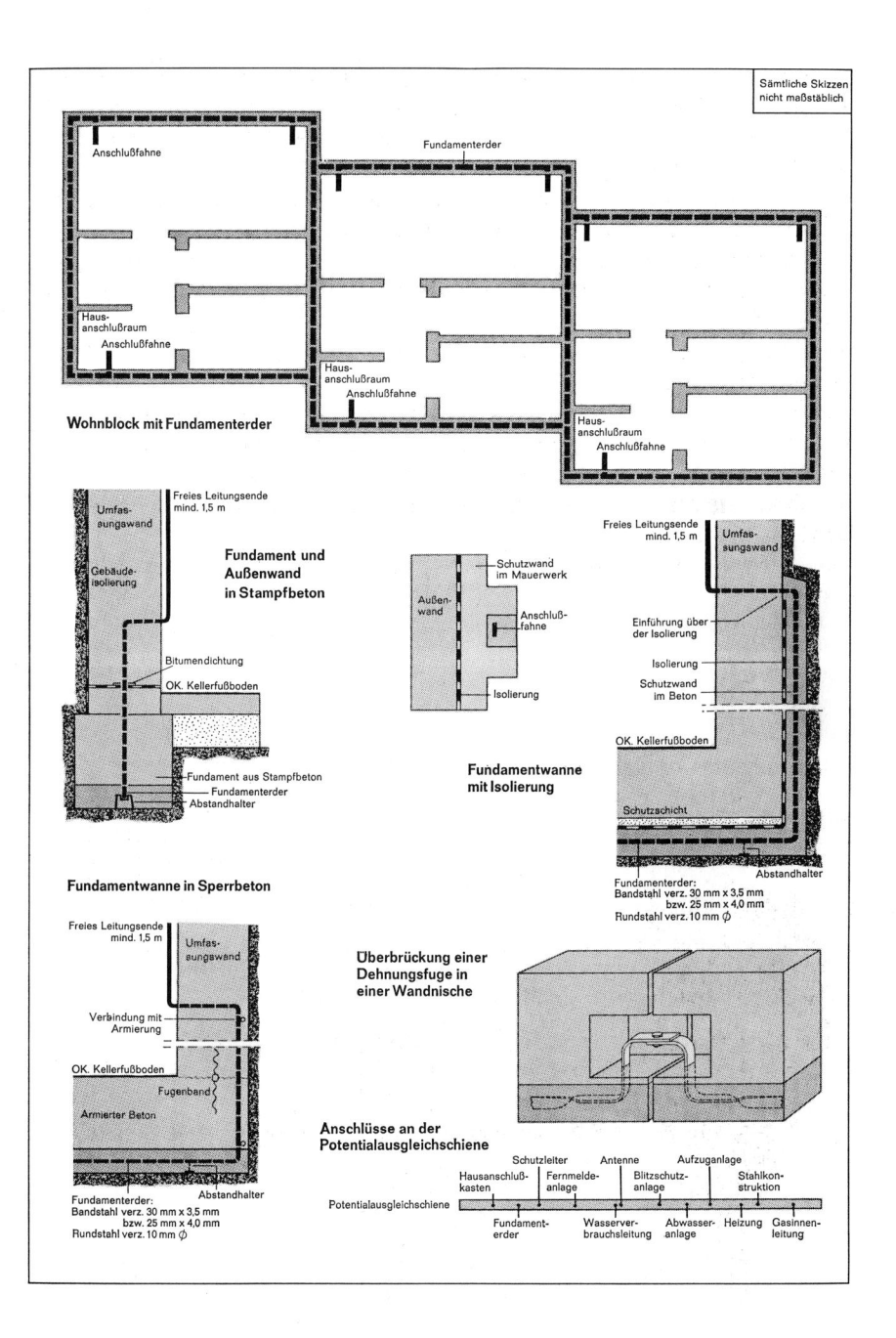

Anschlußfahne

Fundamenterder

Hausanschlußraum
Anschlußfahne

Hausanschlußraum
Anschlußfahne

Hausanschlußraum
Anschlußfahne

Wohnblock mit Fundamenterder

Umfassungawand
Gebäudeisolierung

Freies Leitungsende mind. 1,5 m

Fundament und Außenwand in Stampfbeton

Außenwand

Schutzwand im Mauerwerk

Anschlußfahne

Isolierung

Freies Leitungsende mind. 1,5 m

Umfassungswand

Einführung über der Isolierung

Isolierung

Schutzwand im Beton

Bitumendichtung
OK. Kellerfußboden

Fundament aus Stampfbeton
Fundamenterder
Abstandhalter

Fundamentwanne mit Isolierung

OK. Kellerfußboden

Schutzschicht

Abstandhalter

Fundamentwanne in Sperrbeton

Fundamenterder:
Bandstahl verz. 30 mm x 3,5 mm
bzw. 25 mm x 4,0 mm
Rundstahl verz. 10 mm ⌀

Freies Leitungsende mind. 1,5 m

Umfassungawand

Verbindung mit Armierung

OK. Kellerfußboden

Armierter Beton

Fugenband

Überbrückung einer Dehnungsfuge in einer Wandnische

Abstandhalter

Fundamenterder:
Bandstahl verz. 30 mm x 3,5 mm
bzw. 25 mm x 4,0 mm
Rundstahl verz. 10 mm ⌀

Anschlüsse an der Potentialausgleichschiene

Potentialausgleichschiene

Hausanschlußkasten
Schutzleiter
Fernmeldeanlage
Antenne
Blitzschutzanlage
Aufzuganlage
Stahlkonstruktion

Fundamenterder
Wasserverbrauchsleitung
Abwasseranlage
Heizung
Gasinnenleitung

173

7 Prüfung

Der Potentialausgleich gilt nach VDE 0190 als wirksam, wenn der Widerstand zwischen der Anschlußstelle der Potentialausgleichleitung und den Enden der in den Potentialausgleich einbezogenen Rohrleitungen 3 Ω bei einem Prüfstrom von 5 A nicht übersteigt.
Wird der Potentialausgleich in Verbindung mit einer Blitzschutzanlage ausgeführt, ist für einwandfreie metallische Verbindungen zu sorgen.

8 Einschlägige Bestimmungen

8.1 „Richtlinien für das Einbetten von Fundamenterdern in Gebäudefundamente", herausgegeben von der Vereinigung Deutscher Elektrizitätswerke e.V. (VDEW); Verlags- und Wirtschaftsgesellschaft der Elektrizitätswerke m.b.H. (VWEW), Stresemannallee 23, 6000 Frankfurt/Main 70.

8.2 „Bestimmungen für das Einbeziehen von Rohrleitungen in Schutzmaßnahmen von Starkstromanlagen mit Nennspannungen bis 1000 V − VDE 0190/5.73", herausgegeben vom Verband Deutscher Elektrotechniker (VDE) e.V.;
VDE-VERLAG GmbH, Bismarckstraße 33, 1000 Berlin 12.

8.3   DIN 57185/VDE 0185 „Blitzschutzanlage"
Teil 1 „Allgemeines für das Errichten" [VDE-Richtlinie]
Teil 2 „Errichten besonderer Anlagen" [VDE-Richtlinie]
VDE-VERLAG GmbH, Bismarckstraße 33, 1000 Berlin 12.

8.4   „Technische Anschluß-Bestimmungen für Starkstromanlagen mit Nennspannungen bis 1000 V − TAB −", herausgegeben von der Vereinigung Deutscher Elektrizitätswerke e.V. (VDEW);
Verlags- und Wirtschaftsgesellschaft der Elektrizitätswerke m.b.H. (VWEW), Stresemannallee 23, 6000 Frankfurt/Main 70.

8.5   DVGW − Arbeitsblatt GW 306 (s. Anhang H)
Rohrleitungen für Gas und Wasser
Verbindungen mit Blitzschutzanlagen;
Deutscher Verein des Gas- und Wasserfaches e.V.,
Frankfurter Allee 27, 6236 Eschborn.
Bezug: ZfGW-Verlag GmbH, Postfach 901080,
6000 Frankfurt/Main 90

Nachdruck mit Genehmigung der Bayerischen Versicherungskammer, Bayer. Landesbrandversicherungsanstalt, 8000 München 22, Sternstraße 3. Herausgegeben vom Verband der Sachversicherer (VdS), e.V. Postfach 102024, 5000 Köln 1.

Anhang C

Planung von Erdungsanlagen

1 Anforderungen an Erdungsanlagen

Nach DIN 57185/VDE 0185 Teil 1, Abschnitt 5.3.2 wird für Blitzschutzanlagen kein bestimmter Erdungswiderstand gefordert, wenn der Blitzschutz-Potentialausgleich durchgeführt ist. Bei der Prüfung der Blitzschutzanlagen ist der Erdungswiderstand dieser Erdungsanlagen jedoch zu messen. Entstehen bei einer Prüfung Zweifel, ob die geforderten Erder, z. B. Tiefenerder von 9 m Länge, tatsächlich eingebracht sind, so kann durch Berechnung mit Hilfe der zugehörigen Erderformel unter Berücksichtigung des spezifischen Erdwiderstandes die tatsächliche Erderabmessung nachgeprüft werden. Die Erderformeln sind im Abschnitt 4 angegeben.

In folgenden Fällen müssen Erdungsanlagen bestimmte Erdungswiderstände einhalten oder bestimmten Anforderungen entsprechen:

DIN 57185/VDE 0185 Teil 1, Abschnitte 5.3.2 und 6.2.1.7 Abschnitt 5.3.9	bei Blitzschutzanlagen ohne Potentialausgleich, $R \leq 5D$ usw., Potentialsteuerungen (siehe Anhang F)
DIN 57185/VDE 0185 Teil 2, Abschnitt 6.3.4.5.	bei Blitzschutzanlagen für explosionsgefährdete Bereiche je Gebäude oder Gebäudegruppe mit $R \leq 10\,\Omega$.
ZDv 34/2 des Bundesministers der Verteidigung	für Munitionslagergebäude mit $R \leq 10\,\Omega$.
Gemeinsame Erdungsanlage für Blitzschutz und Starkstrom	Erdungswiderstand muß VDE 0100 und DIN 57141/VDE 0141 entsprechen.
Gemeinsame Erdungsanlage für Blitzschutz und Anlagen der Deutschen Bundespost	Die Fernmeldebauordnung der Deutschen Bundespost FBO 14 fordert z. B. für eine Nebenstelle mit über 500 bis 1000 Anschlußorganen in einem Hochhaus einen Erdungs-

	widerstand von 5 Ω. Vorhandene Erder, z. B. für Blitzschutz, dürfen mitgerechnet werden.
MSR-Anlagen zwischen mehreren Gebäuden und Außenanlagen (vergl. DIN 57 185/ VDE 0185 Teil 1, Abschnitt 6.3.2).	Blitzschutzerdung jedes Gebäudes möglichst niederohmig zur Verminderung der Blitzteilspannungen und Teilströme im Bereich der MSR-Anlagen; dadurch Verminderung des Aufwandes für den Überspannungsschutz der MSR-Anlagen.
Elektronikerdung, Meßerdung, Funktionserdung*)	Störspannungsarme Erdung zur Sicherstellung des Betriebes elektronischer Anlagen und anderer Meßeinrichtungen.

---

*) Von den hier genannten drei Begriffen ist inzwischen die „Funktionserdung" in VDE-Bestimmungen aufgenommen:
DIN 57 800/VDE 0800 Teil 2/7.80 gilt für Fernmeldeanlagen einschließlich der Informationsverarbeitungsanlagen.
DIN 57 160/VDE 0160/11.81 gilt für elektronische Betriebsmittel zur Informationsverarbeitung und Betriebsmittel der Leistungselektronik im Bereich von Starkstromanlagen (Prozeßsteuerungen).
Abweichend davon paßt der Begriff „Meßerdung" auf solche Erder, die empfindliche Meßeinrichtungen störspannungsfrei halten sollen, z. B. in Laboratorien für physikalische, chemische, medizinische Forschungen. Elektronische Einrichtungen sind dabei nicht grundsätzlich gegeben.
Bei der Planung und Ausführung von Funktionserdungen und Meßerdungen sind insbesondere zu berücksichtigen die störarme Lage, die Erderart, der Erdungswiderstand. Der Erdungswiderstand richtet sich insbesondere danach, ob diese Erder getrennt von Potentialausgleich und Schutzleiter des Starkstromnetzes gehalten werden sollen oder damit verbunden werden dürfen. Bei getrennten Erdungen muß zusätzlich der Überspannungsschutz gegen Blitzeinwirkungen berücksichtigt werden. Abschnitt 5.4 enthält ein Planungsbeispiel für eine Funktionserdung.

2 Begriff des Erdungswiderstandes

Nach DIN 57185/VDE 0185 Teil 1, Abschnitt 2.2.13 ist der Erdungswiderstand der Widerstand zwischen dem Erder und der Bezugserde. Nach Abschnitt 2.2.14 ist die Bezugserde ein Bereich der Erde außerhalb des Einflußbereiches des Erders, wobei zwischen beliebigen Punkten keine vom Erdungsstrom herrührenden Spannungen auftreten. Diese Begriffe sind leichter verständlich, wenn man sich die Strömungsverhältnisse im Bereich des Erders näher betrachtet. Auf **Bild C1** ist ein Halbkugelerder gezeichnet, dem ein Strom I zugeführt wird. Es ist offensichtlich, daß sich der Strom in der Erde radial nach allen Richtungen senkrecht von der Halbkugel verteilt, vorausgesetzt, daß die Erde homogen mit überall gleichem spezifischem Erdwiderstand ist und daß der Strom über die Erde zu anderen sehr weit entfernten Erdern zurückgeführt wird.

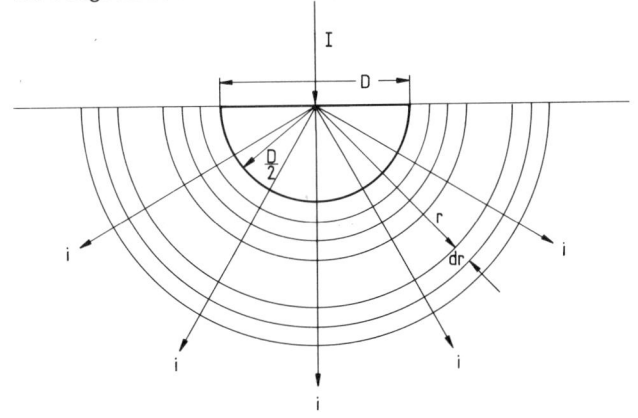

Bild C1 Stromlinien in der Erde bei einem Halbkugelerder

Die Erde um die Halbkugel kann man sich in dünne konzentrische Schalen zerlegt denken. Jede Schale habe eine Dicke von dr und einen Abstand von der Halbkugelmitte mit dem zugehörigen Radius r. Eine Schale ist ein Widerstand mit der Länge dr und mit dem Querschnitt $2\pi r^2 =$ der Oberfläche der Schale. Das Widerstandsmaterial der Schale besteht aus Erde mit dem spezifischen Erdwiderstand ρ. Der Widerstand einer Schale beträgt:

$$R_s = \frac{\rho \cdot dr}{2\pi r^2}$$

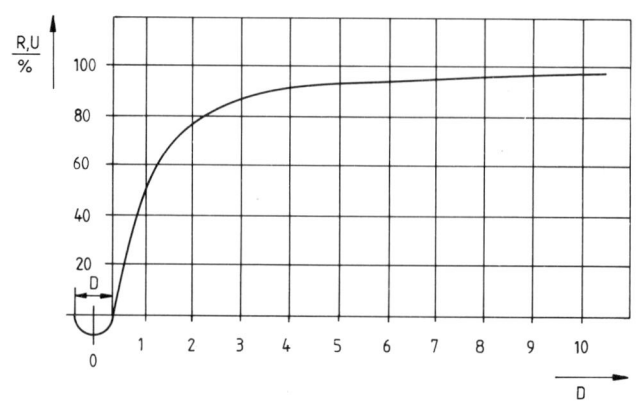

Bild C2 Spannungstrichter = Widerstandskennlinie eines Halbkugelerders

Der gesamte Widerstand, den der Strom überwinden muß, ist die Summe aller Schalenwiderstände von der Oberfläche der Halbkugel mit $r = D/2$ bis $r = \infty$. Mathematisch wird das so ausgedrückt:

$$R_E = \frac{\rho}{2\pi} \cdot \sum_{r=D/2}^{r=\infty} \frac{dr}{r^2}$$

Die Lösung für die Summe (mathematisch Integral) ist recht einfach mit $\frac{2}{D}$. Der Erdungswiderstand beträgt somit:

$$R_E = \frac{\rho}{\pi D} \text{ in } \Omega \text{ mit } \rho \text{ in } \Omega\text{m und } D \text{ in m.}$$

Das ist die bekannte Formel für den Erdungswiderstand eines Halbkugelerders. Man kann den Verlauf des Erdungswiderstandes an der Erdoberfläche berechnen und erhält die Kurve im **Bild C2**. Im Abstand D von Erdermitte sind bereits 50% des Erdungswiderstandes erreicht, im Abstand von 10 D 95%, im Abstand von 50 D bereits 99%.

Die vorliegende Berechnung zeigt anschaulich, daß ein Erdungswiderstand der Widerstand der Erde in der Umgebung des Erders ist und daß sich der Erdungswiderstand nicht nur auf der Erdoberfläche erstreckt, sondern ebenso bis tief in die Erde. Als wesentlicher Unterschied zu einem Drahtwiderstand mit 2 zugänglichen Enden hat ein Erdungswiderstand nur ein zugängliches Ende, die Einspeisestelle für den Strom. Das zweite Ende ist sozusagen weit in der Erde verstreut und nicht direkt faßbar. Daher kann ein Erdungswiderstand nur mit

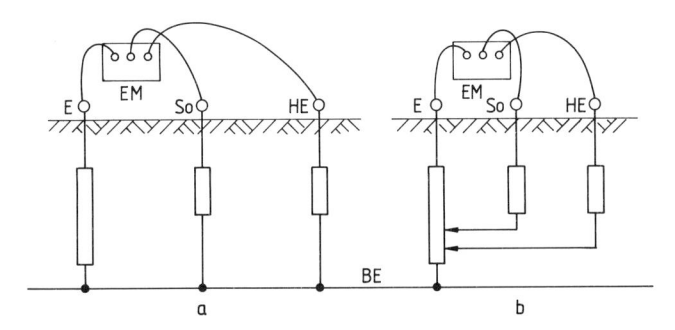

Bild C3 Ersatzschaltbilder für Erdungswiderstände. BE = Bezugserde,
a = Sonde und Hilfserder ausreichend entfernt,
b = Sonde und Hilfserder zu nahe am Erder; sie greifen in den Bereich des Erders E ein, bevor er seinen Endwert erreicht hat

besonderen Meßverfahren ermittelt werden (siehe Anhang D). Eine für diese Messungen und auch für andere Berechnungen brauchbare Ersatzschaltung zeigt **Bild C3**. Ein Erdungswiderstand hat oberirdisch einen zugänglichen Anschluß und tief in der Erde einen Anschluß an eine unendlich gut leitende Schicht BE.

3 Der spezifische Erdwiderstand

Der Erdungswiderstand jedes beliebigen Erders ist unmittelbar proportional dem spezifischen Erdwiderstand ρ, wie als Beispiel die im Abschnitt 2 abgeleitete Formel für den Halbkugelerder zeigt. Ohne Kenntnis des spezifischen Erdwiderstandes können deshalb Erdungsanlagen nicht geplant werden.

Der spezifische Erdwiderstand ist der Widerstand eines Würfels aus Erde, gemessen zwischen 2 gegenüberliegenden Flächen. Üblich ist der Bezug auf einen Würfel von 1 m Kantenlänge; der spezifische Erdwiderstand hat dann die Bemessung

$\rho = \Omega \times m^2/m = \Omega\, m$.

Praktisch wird der spezifische Erdwiderstand nicht durch Füllen einer Kiste von 1 m Kantenlänge mit Erde gemessen sondern durch elektrische Verfahren auf der unbeeinflußten Erdoberfläche. Diese Meßverfahren z. B. nach Wenner haben den Vorteil, daß man den spezifischen Erdwiderstand bis in große Tiefen ermitteln kann. Als Meßgerät eignen sich die üblichen Erdungsmeßbrücken mit 4 Klemmen.

Der spezifische Erdwiderstand insbesondere der oberen Bodenschichten ist verhältnismäßig stark abhängig von der Bodenfeuchtigkeit und der Temperatur, sodaß er im Laufe eines Jahres mit Regen, Trockenheit und Frost schwankt. Nach Hasse/Wiesinger [1] erhält man die ungünstigsten Werte, wenn man die Meßwerte bei feuchtem Boden mit 3 bis 4 und die Meßwerte bei trockenem Boden mit 2 multipliziert. Das gilt für die oberen Bodenschichten bis zu einigen m Tiefe. Für größere Tiefen sind die Schwankungen wesentlich geringer, sodaß sie bei Berechnungen vernachlässigt werden können.

Für überschlägige Berechnungen kann man Erfahrungswerte aus **Tabelle 1** entnehmen, die Mittelwerte für die oberen Bodenschichten bedeuten.

Tabelle 1 Beispiele für mittlere spezifische Erdwiderstände

Bodenart		Spezifischer Erdwiderstand Ω m	mittel
Seewasser		0,2 ... 1	
Fluß- oder Teichwasser		10,0 ... 100	
Moor, feuchter Torf, Mergel	sehr feucht	5,0 ... 40	(30)
Lehm, Ton, Humus, Ackerboden	feucht	20,0 ... 200	(100)
Sandiger Lehm	feucht	150	
Steiniger Boden mit Lehm	feucht	200	
Feiner Sand, tiefe Schichten	feucht	60	
Grober Sand, tiefe Schichten	feucht	200	
Sand, Kies, obere Schichten	feucht	400	
	trocken	1000	
Verwittertes Gestein	feucht	bis 1000	
Kalkstein	14% feucht	130	
	trocken	10^7	
Basalt		10^4	
Granit, Gneis, Marmor		10^6 ... 10^9	
Betonfundamente	bodenfeucht	etwa gleich dem umgebenden Erdreich	
Beton oberirdisch	trocken	10^5	
Braunkohle in der Lagerstätte	sehr feucht	2	
	trocken	20	
Steinkohlenkoks gemahlen	18% feucht	3,0 ... 8	
Steinkohlenasche	0 ... 15% feucht	1,0 ... 4	

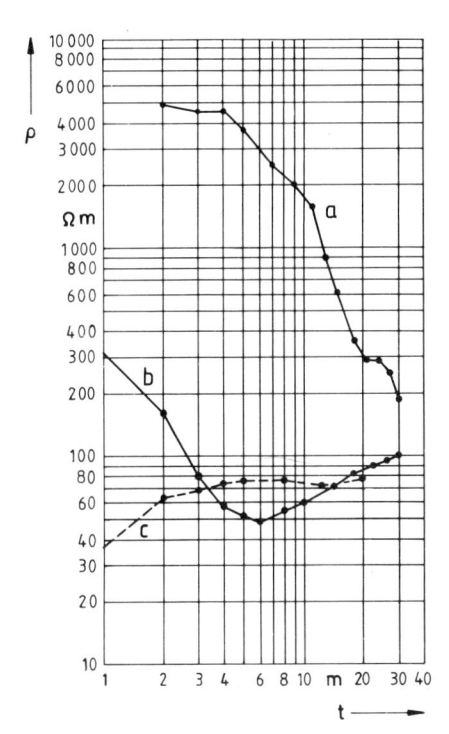

Bild C4 Nach dem Wenner-Verfahren gemessene spezifische Erdwiderstände
a) niedriger Erdungswiderstand nur mit langem Staberder erreichbar
(erreicht wurden bei   1,3 m Länge   2400   Ω
 erreicht wurden bei   3,0 m Länge   150   Ω
 erreicht wurden bei   6,0 m Länge   34   Ω
 erreicht wurden bei 30,0 m Länge   5,5 Ω
 erreicht wurden bei 35,0 m Länge   2,4 Ω)

b) für Staberder nur bis etwa 6 m Länge günstig
(erreicht wurden bei   1,3 m Länge   130   Ω
 erreicht wurden bei   3,0 m Länge   22   Ω
 erreicht wurden bei   6,0 m Länge   7,4 Ω
 erreicht wurden bei 30,0 m Länge   4,2 Ω)

c) Banderder zweckmäßig

Der spezifische Erdwiderstand ist nur selten über größere Tiefen konstant. Meistens ist das Erdreich geschichtet mit ungleichen elektrischen Eigenschaften der einzelnen Schichten. **Bild C4** zeigt einige Beispiele für den Verlauf des spezifischen Erdwiderstandes, abhängig von der Tiefe [4].
Kurve a) der Widerstand nimmt mit der Tiefe erheblich ab. Beispiel ist Sandboden mit darunterliegenden Ton- oder Moorschichten,
Kurve b) der Widerstand nimmt erst ab, dann wieder zu,
Kurve c) der Widerstand schwankt mit der Tiefe nur wenig.

Solche Widerstandskurven zeigen nicht den spezifischen Erdwiderstand in der jeweiligen Tiefe, sondern einen Mittelwert bis zu dieser Tiefe. Der mit diesem Mittelwert errechnete Erdungswiderstand eines Staberders oder eines Tiefenerders weicht von dem tatsächlichen bei dieser Tiefe erreichbaren Erdungswiderstand zum Teil erheblich ab. Ein Beispiel dazu ist die Kurve a auf Bild C4. Für 30 m Tiefe wurde ein mittlerer spezifischer Erdwiderstand von $\rho = 200\,\Omega\,m$ gemessen. Ein Tiefenerder von 30 m Länge und 2,5 cm Durchmesser hat dabei einen Erdungswiderstand von 9 Ω. Nach der Tabelle unter Bild C4 erbrachte ein solcher Tiefenerder jedoch 5,5 Ω. Diese Beobachtung, daß bei derartigen Kurven des spezifischen Erdwiderstandes mit sehr hohen Anfangswerten wesentlich niedrigere Erdungswiderstände erreicht wurden als berechnet, wurde schon häufiger gemacht. Wahrscheinlich liegt das daran, daß vor der Messung des spezifischen Erdwiderstandes die oberen Bodenschichten stark verändert waren durch Erdarbeiten, Aufschüttungen usw. Stark wechselnde Bodeneigenschaften auf den Meßlinien beeinflussen wahrscheinlich das Meßergebnis in nicht erkennbarer Weise. Für das Beispiel b auf Bild C4 stimmt dagegen der gemessene Erdungswiderstand sehr gut überein mit dem berechneten Erdungswiderstand.

4 Berechnungsunterlagen für Erder

Ähnlich der Berechnung des Erdungswiderstandes einer Halbkugel im Abschnitt 2 lassen sich Erder aller möglichen Formen berechnen, allerdings mit zum Teil sehr erheblichem Aufwand. Die wesentlichen grundlegenden Arbeiten stammen von W. Koch [2]. Zusammenstellungen für den praktischen Gebrauch enthalten z. B. die Veröffentlichungen der VDEW [4] sowie von Hasse/Wiesinger [1], ferner die Druckschriften der Hersteller von Blitzschutz-Material. **Tabelle 2** enthält die gebräuchlichsten Formeln.

Im allgemeinen vermeidet man den Rechenaufwand nach Tabelle 2 und benutzt für Abschätzungen Kurventafeln der gebräuchlichsten Erderformen, wozu **Bild C5** ein Beispiel gibt. Diese Kurven gelten für einen spezifischen Erdwiderstand von $\rho = 100\,\Omega\,m$. Bei abweichenden Werten für ρ wird proportional umgerechnet; z. B. gelten die Werte bei $\rho = 300\,\Omega\,m$ dreifach.

Tabelle 2 Erderformeln

1	2	3	4	5
	Erderart	Genaue Berechnungsformel	Faustformel	Lage
1	Oberflächen-(Band-) Erder	$R = \dfrac{\rho}{\pi l} \cdot \ln \dfrac{2l}{d}$	$R = \dfrac{2\rho}{l}$	auf der Erde
2	desgleichen	$R = \dfrac{\rho}{2\pi l} \cdot \ln \dfrac{2l}{d} \cdot \left(1 + \dfrac{\ln l/2t}{\ln 2l/d}\right)$		in der Erde
3	Staberder Tiefenerder	$R = \dfrac{\rho}{2\pi l} \cdot \ln \dfrac{4l}{d}$	$R = \dfrac{\rho}{l}$	
4	Ringerder	$R = \dfrac{\rho}{\pi^2 D} \cdot \ln \dfrac{8D}{d}$		auf der Erde
5	desgleichen	$R = \dfrac{\rho}{2\pi^2 D} \cdot \ln \dfrac{8D}{d} \cdot \left(1 + \dfrac{\ln 2D/t}{\ln 8D/d}\right)$	$R = \dfrac{2\rho}{3D}$	in der Erde
6	Kreisplatten = Maschenerder	$R = \dfrac{\rho}{2D}$		auf der Erde
7	desgleichen	$R = \dfrac{\rho}{4D} \cdot \left(1 + \dfrac{2}{\pi} \operatorname{arc\,tg} \dfrac{D}{4t}\right)$	$R = \dfrac{\rho}{2D}$	in der Erde
8	Halbkugelerder	$R = \dfrac{\rho}{\pi D}$		
9	Plattenerder		$R = \dfrac{\rho}{4{,}5a}$	senkrecht in der Erde
	Mehrstrahlerder			in der Erde
10	2 Strahlen 90°	$R = \dfrac{\rho}{2\pi l} \cdot \ln \dfrac{l^2}{1{,}27\, td}$		
11	3 Strahlen 120°	$R = \dfrac{\rho}{2\pi l} \cdot \ln \dfrac{l^2}{0{,}27\, td}$		$l =$ Länge eines Strahles
12	4 Strahlen 90°	$R = \dfrac{\rho}{2\pi l} \cdot \ln \dfrac{l^2}{0{,}22\, td}$		
13	6 Strahlen 60°	$R = \dfrac{\rho}{2\pi l} \cdot \ln \dfrac{l^2}{0{,}009\, td}$		
	Umrechnung unsymmetrischer Formen auf			
14	Ringerder		$D = 0{,}33\, U$	
15	Kreisplatte		$D = 1{,}13 \sqrt{A}$	
16	Halbkugel		$D = 1{,}57 \sqrt[3]{V}$	
17	Plattenerder		$a = \sqrt{A}$	

Es bedeuten:
R in Ω
ρ in Ωm

- $l =$ Länge (m)
- $d =$ Durchmesser von Draht, Band, Stab (m)
- $D =$ Durchmesser von Ring, Kreis, Halbkugel (m)
- $t =$ Tiefe ab Erdoberfläche (m)
- $a =$ Kantenlänge einer quadratischen Platte (m)
- $U =$ Umfang eines unregelmäßigen Ringerders (m)
- $V =$ Volumen eines Einzelfundamentes (m³)
- $A =$ Flächeninhalt einer unregelmäßigen Masche (m²)

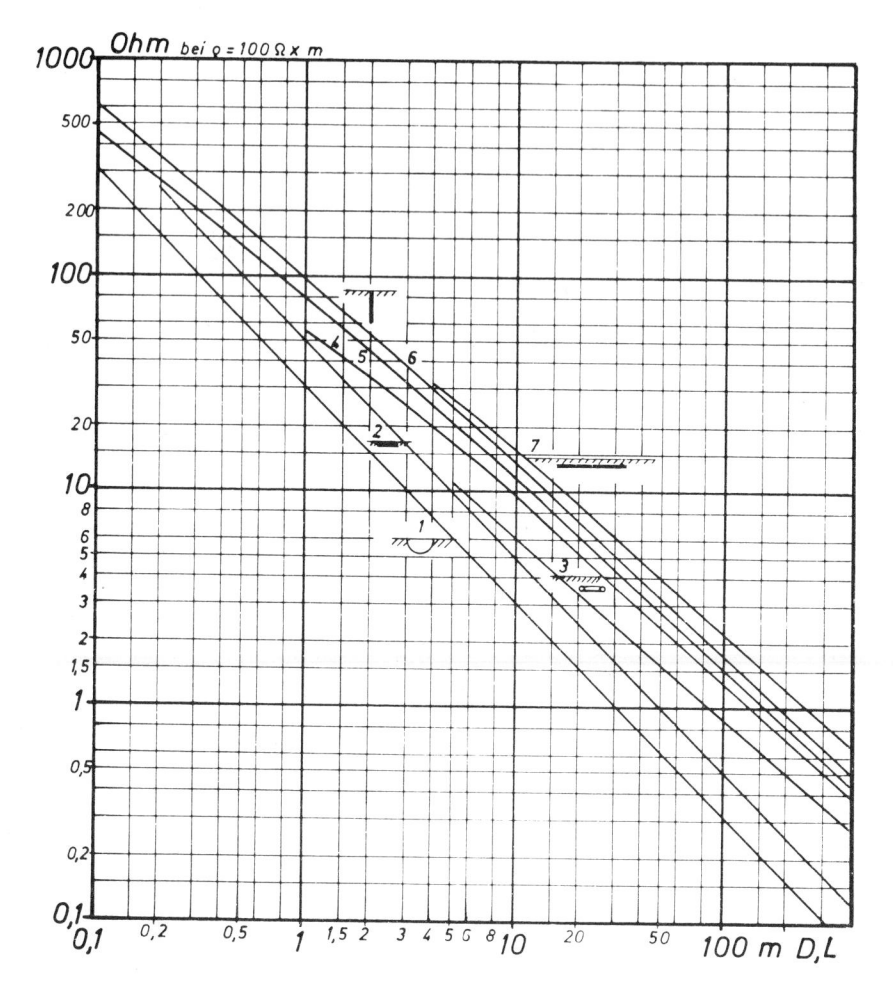

Bild C5 Erdungswiderstände üblicher Erder
1 = Halbkugelerder Durchmesser D in m
2 = Kreisplattenerder auf der Erde Durchmesser D in m
3 = Ringerder   Durchmesser D in m   Tiefe 0,6 m Durchmesser $d = 10$ mm
4 = Staberder   Länge L in m   Durchmesser = 100 mm
5 = Staberder   Länge L in m   Durchmesser = 22 mm
6 = Staberder   Länge L in m   Durchmesser = 8 mm
7 = Banderder   Länge L in m   Tiefe 0,6 m Durchmesser = 10 mm

5 Berechnungsbeispiele

5.1 Ringerder

Ein Wohnhaus hat einen Ringerder in der Form eines Rechtecks von 12 m × 20 m. Die Länge des Erders beträgt 64 m. Nach Reihe 14 von Tabelle 2 wird der längengleiche Ringerder berechnet zu $D = 0{,}33\,U = 0{,}33 \times 64 = 21$ m. Der Erdungswiderstand beträgt nach Bild C5 bei $\rho = 100\,\Omega$ m rund 3,4 Ω. Bei dem hier gegebenen Sandboden ist mit $\rho = 400\,\Omega$ m zu rechnen (siehe Tabelle 1). Der Erdungswiderstand beträgt demnach $400/100 \times 3{,}4 = 14\,\Omega$.

5.2 Fundamenterder als Blitzschutz- und Starkstromerder

Ein Hochhaus mit angrenzenden Flachbauten hat eine Grundfläche von rund 13 000 m². Die Bewehrungen von Kern, Stützen, Umfassungs- und Zwischenwänden sind zu einem geschlossenen maschenförmigen Fundamenterder ausgebildet. Das zuständige EVU erklärte sich einverstanden mit der Verwendung des Fundamenterders auch als Erder für die Hochspannungsstation und die Niederspannungsanlage, wenn der Erdungswiderstand den Bedingungen in VDE 0100 und DIN 57141/ VDE 0141 entspricht. Der Erdungswiderstand des Fundamenterders wurde rechnerisch und meßtechnisch ermittelt.
Die Berechnung wurde nach den Formeln für den Kreisplattenerder nach den Reihen 6 und 7 der Tabelle 2 vorgenommen. Während der Rohbauzeit war die Baugrube noch offen, so daß zunächst die Formel nach Reihe 6, Kreisplatte auf der Erde galt. Der spezifische Erdwiderstand war vor Baubeginn auf der Sohle der Baugrube zu $\rho = 500\,\Omega$ m bestimmt worden. Der Ersatzdurchmesser des Fundamentes beträgt nach Reihe 15 der Tabelle 2:

$$D = 1{,}13 \cdot \sqrt{13\,000} = 130 \text{ m}$$

Der Erdungswiderstand beträgt dann:

$$R = \frac{\rho}{2D} = \frac{500}{2 \cdot 130} = 1{,}9\,\Omega$$

In diesem Beispiel wäre die Anwendung von Bild C5 zu ungenau.
Nach Verfüllen der Baugrube ist das Fundament ein Kreisplattenerder in der Erde mit der Tiefe $t = 6$ m, für den die Formel in Reihe 7 der Tabelle 2 gilt:

$$R = \frac{\rho}{4D} \cdot \left(1 + \frac{2}{\pi} \text{ arc tg } \frac{D}{4t}\right)$$

$$\text{arc tg } \frac{D}{4t} = \text{arc tg } \frac{130}{4 \cdot 6} = \text{arc tg } 5{,}4 = 1{,}4$$

$$R = \frac{500}{4 \cdot 130} \cdot \left(1 + \frac{2}{\pi} \cdot 1{,}4\right) = 1{,}8 \, \Omega$$

Diese 1,8 Ω sind nicht wesentlich weniger als die 1,9 Ω bei offener Baugrube. Das Verhältnis 1,8/1,9 = 0,95 dient dazu, den zur Zeit des Rohbaues bei offener Baugrube gemessenen Erdungswiderstand auf den Zustand nach Verfüllen der Baugrube umzurechnen. Die Messung des Erdungswiderstandes ergab 1,7 Ω bei nicht ganz ausreichenden Abständen von Sonde und Hilfserder. Die Umrechnung auf ausreichenden Abstand nach den Angaben im Anhang D ergab eine Erhöhung auf 1,7/0,85 = 2 Ω. Die Umrechnung auf die verfüllte Baugrube ergibt dann

$$R = 2 \cdot 0{,}95 = 1{,}9 \, \Omega$$

Mit nennenswerten jahreszeitlichen Schwankungen des Erdungswiderstandes ist bei der Tiefe dieses Fundamenterders nicht zu rechnen, da Lufttemperaturschwankungen und Niederschläge praktisch nicht einwirken können. Der geforderte Erdungswiderstand von 2 Ω ist somit bereits durch diesen Fundamenterder gegeben. Später kamen noch weitere Bauten hinzu, deren Erdungswiderstände von zusammen 1,4 Ω über Rohrleitungen und Kabel parallel geschaltet wurden. Der gesamte wirksame Erdungswiderstand beträgt 0,8 Ω. Die vorliegenden Berechnungen und Messungen seitens der Blitzschutzplaner beweisen, daß zusätzliche besondere Erder für Hochspannung und Niederspannung wirtschaftlich nicht gerechtfertigt gewesen wären.

5.3 Stahlbetonfundament turmartiger Bauten als Fundamenterder

Freistehende Schornsteine, Flutlichtmasten, Fernmeldetürme haben in der Regel ein Plattenfundament einige Meter tief unter der Erdoberfläche (**Bild C6**). Das Fundament ist z. B. eine Scheibe von 20 m Durchmesser und 3 m Dicke und liegt mit seiner Sohle 6 m tief. Da das Fundament stark bewehrt ist, ist es erdungsmäßig ein Kreisplattenerder von 20 m Durchmesser, dessen Erdungswiderstand nach der Formel in Reihe 7 der Tabelle 2 berechnet werden kann:

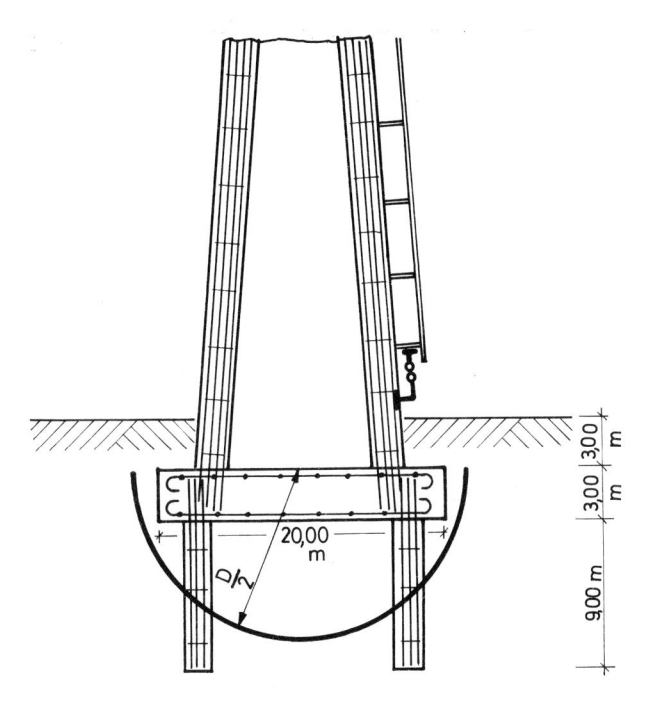

Bild C 6 Turmfundament aus Kreisplatte auf Bohrpfählen

$$R = \frac{\rho}{4D} \cdot \left(1 + \frac{2}{\pi} \text{ arc tg } \frac{D}{4t}\right)$$

$$R = \frac{100}{4 \cdot 20} \cdot \left(1 + \frac{2}{\pi} \text{ arc tg } \frac{20}{4 \cdot 6}\right)$$

$$R = 1{,}25 \cdot \left(1 + \frac{2}{\pi} \cdot 0{,}7\right)$$

$R = 1{,}8 \, \Omega$ bei $\rho = 100 \, \Omega \, \text{m}$

Bei abweichendem ρ ist entsprechend umzurechnen, z. B. $1{,}8 \times 400/100 = 7{,}2 \, \Omega$ bei $\rho = 400 \, \Omega \, \text{m}$.
Ist der Boden nicht ausreichend tragfähig für ein Scheibenfundament, wird die Scheibe auf einem Kranz von Bohrpfählen aufgebaut. Ein solches Fundament wird umgerechnet auf einen Halbkugelerder nach Reihe 16 der Tabelle 2. Das Volumen V wird gerechnet für den Raum der Scheibe zuzüglich des Raumes unter der Scheibe auf die Länge der Bohrpfähle. Z. B. beträgt das Volumen bei 9 m langen Bohrpfählen:

$$V = \frac{\pi}{4} D^2 \cdot (3\text{ m} + 9\text{ m}) = 3800\text{ m}^3$$

Die Ersatzhalbkugel hat dann den Durchmesser D'

$$D' = 1{,}57 \cdot \sqrt[3]{3800} = 25\text{ m}$$

Der Erdungswiderstand beträgt nach Reihe 8 der Tabelle 2:

$$R = \frac{\rho}{\pi D'} = \frac{100}{\pi 25} = 1{,}3\ \Omega \text{ bei } \rho = 100\ \Omega\text{m}.$$

5.4 Funktionserdung unabhängig von der Schutzerdung

Für die Meßwarte einer Prozeßsteuerung in einem Chemiebetrieb soll eine Funktionserdung mit möglichst geringen Störspannungen errichtet werden. Für die Erdungsanlage steht eine Fläche von 30 m × 30 m zur Verfügung, auf der und in deren Nähe sich keine unterirdischen Rohrleitungen, Kabel, andere Erder oder Metallteile befinden. Der Erdungswiderstand soll 2 Ω nicht überschreiten und auch jahreszeitlich sich nicht merklich ändern. Als Erder kommen auf Grund dieser Bedingungen nur Tiefenerder infrage. Der spezifische Erdwiderstand hat abhängig von der Tiefe einen Verlauf etwa nach der Kurve a auf Bild C4. Der spezifische Erdwiderstand nimmt mit der Tiefe erheblich ab, was darauf schließen läßt, daß die Erde in der Tiefe stark wasserhaltig und daher nicht stark verfestigt ist. Tiefenerder werden sich deshalb ohne Schwierigkeiten bis etwa 30 m Tiefe schlagen lassen. Ein solcher Tiefenerder erreicht nach dem Beispiel a) unter Bild C4 einen Erdungswiderstand von 5,5 Ω. Es sei angenommen, daß dieser Wert auch im vorliegenden Beispiel in etwa erreicht wird. Um den geforderten Erdungswiderstand von 2 Ω einzuhalten, müssen mehrere Tiefenerder parallel geschaltet werden, was man am wirtschaftlichsten auf einem Kreis vornimmt. Der resultierende Erdungswiderstand ist wegen der gegenseitigen Beeinflussung größer als $5{,}5/n$, wenn n die Anzahl der Erder ist. Die Berechnung kann nach Koch, Formel 36 auf Seite 60 erfolgen [2]. Das Ergebnis zeigt **Tabelle 3**.

Rechnerisch reichen sechs Tiefenerder aus, um 2 Ω sicher einzuhalten. In der Praxis muß man jedoch mit Abweichungen rechnen. Man geht daher beim Schlagen der Tiefenerder in einer Reihenfolge nach **Bild C7** vor. Zunächst wird der Erder Nr. 1 eingeschlagen. Sein Erdungswiderstand wird fortlaufend gemessen, z. B. zu Anfang nach jeweils 3 m, ab 24 m nach jeweils 1,5 m. Wenn bei 30 m Tiefe der vorausberechnete

Tabelle 3

Anzahl der Erder n	Beeinflussungs-faktor k	Resultierender Erdungswiderstand Ω
2	1,13	$\dfrac{5,5}{2} \cdot 1,13 = 3,1$
3	1,28	$\dfrac{5,5}{3} \cdot 1,28 = 2,3$
4	1,5	$\dfrac{5,5}{4} \cdot 1,55 = 2,1$
6	1,85	$\dfrac{5,5}{6} \cdot 1,85 = 1,7$
8	2,25	$\dfrac{5,5}{8} \cdot 2,25 = 1,6$

Die k-Werte gelten für Tiefenerder von 30 m Länge auf einem Kreis von 20 m Durchmesser und für konstanten spezifischen Erdwiderstand über die ganze Tiefe

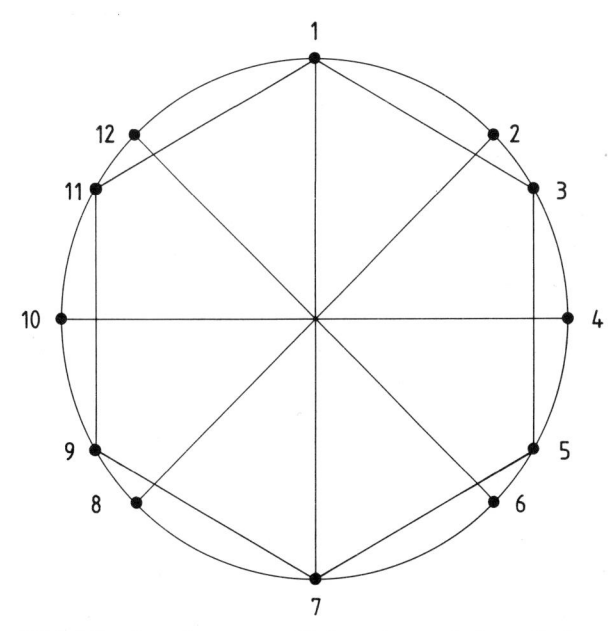

Bild C 7 Anordnung von Tiefenerdern auf einem Kreis

Wert von 5,5 Ω noch nicht erreicht ist, wird der Erder tiefer geschlagen, soweit er sich noch schlagen läßt, z. B. bis 33 m oder 36 m. Wird dabei der Wert von 5,5 Ω erreicht, so wird man mit sechs Tiefenerdern auskommen. Vorsichtshalber wird als nächster der Erder Nr. 7 eingeschlagen. Erreicht auch dieser Erder die 5,5 Ω, so sind die restlichen vier Erder auf Nr. 3, 5, 9 und 11, also auf einem Sechseck einzuschlagen.
Erreicht der Erder Nr. 1 unerwartet günstige Werte, z. B. 5 Ω bei 30 m, so kann man nachrechnen, ob man nicht mit vier Erdern auskommt **(Tabelle 4)**.

Tabelle 4

Anzahl der Erder n	Beeinflussungs- faktor k	Resultierender Erdungswiderstand Ω
2	1,13	$R = \dfrac{5}{2} \cdot 1{,}13 = 2{,}8$
3	1,28	$R = \dfrac{5}{3} \cdot 1{,}28 = 2{,}1$
4	1,5	$R = \dfrac{5}{4} \cdot 1{,}5 = 1{,}9$
6	1,85	$R = \dfrac{5}{6} \cdot 1{,}85 = 1{,}5$

Tatsächlich würden jetzt vier Erder ausreichen. Die weiteren drei Erder wären dann auf den Nr. 4, 7 und 10 zu schlagen. Wenn umgekehrt die beiden ersten Erder auf Nr. 1 und 7 jeweils nur 7 Ω erbringen würden, wären insgesamt acht Erder erforderlich. Die restlichen sechs Erder kämen auf die Nr. 2, 4, 6, 8, 10 und 12. Der Erdungswiderstand würde betragen $R = 7/8 \times 2{,}25 = 2\,\Omega$. Wenn mit acht Erdern auf dem vorgegebenen Kreis von 20 m Durchmesser ein Erdungswiderstand von 2 Ω mit keinen Mitteln erreicht werden kann, so bringt das zusätzliche Einsetzen weiterer Erder keinen Erfolg. Der Auftraggeber muß sich dann mit dem erreichbaren Erdungswiderstand von z. B. 2,5 Ω begnügen, was in der Regel auch geschieht, insbesondere, wenn die notwendige Störspannungsfreiheit erreicht wurde.
Alle Verbindungsleitungen der Erder untereinander und mit der Meßwarte müssen als Kabel verlegt werden. Als Querschnitt genügen 35 mm². Zuweilen vorgeschlagene wesentlich stärkere Querschnitte haben keinen Vorteil, weil der Gesamtwiderstand aus Erdern und Kabel sich dadurch praktisch nicht ändert. Die Erderköpfe sollen möglichst tief unter der

Erdoberfläche liegen, damit sie Streuströmen möglichst wenig ausgesetzt sind. Die Erder werden zu diesem Zweck in der Regel von etwa 1 m tiefen Gruben aus geschlagen und der Kabelanschluß wird mit besonderen Schlageinrichtungen etwa 1,5 m tiefer gesetzt.
Es hat sich gut bewährt, Kabel mit Schirm, z. B. NYCWY-Kabel, zu verlegen. Der Schirm wird überall durchverbunden, an den Erderköpfen isoliert gelassen und nur im Gebäude z. B. an die Potentialausgleichschiene angeschlossen. In einzelnen Fällen war ein Anschluß des Schirmes an einen zusätzlichen besonderen Erder bezüglich der Störspannungsbegrenzung noch günstiger.
Die Prüfung auf Störspannungsfreiheit ist verhältnismäßig aufwendig, wenn das ganze Spektrum zwischen Gleichstrom und UKW-Wellen aufgenommen werden soll. Der Auftraggeber soll deshalb den gewünschten Bereich vorschreiben, z. B. Störspannungen aus dem Starkstromnetz mit 50 Hz, aus Straßenbahnbetrieb, aus Bundesbahnbetrieb, aus Anlagen mit kathodischem Schutz. Schreibende Meßgeräte sollten mindestens sieben Tage laufen. Gemessen kann z. B. werden zwischen Meßerde und Potentialausgleichschiene im Gebäude und zwischen Meßerde und einigen Hilfserdern im freien Gelände.
Wenn das Ergebnis aller Messungen zufriedenstellend ist, so sind damit seltene Störspannungen, z. B. durch Blitzeinschlag oder durch Kurzschluß oder Erdschluß im Starkstromnetz noch nicht erfaßt. Solche Störvorgänge könnten nur ermittelt werden durch eine mindestens einjährige fortlaufende Überwachung z. B. mittels Transienten-Rekorder.
Als Schutzmaßnahme gegen gelegentliche hohe Überspannungen, insbesondere bei Blitzeinschlag, im Bereich der Meßeinrichtungen zwischen Teilen am Starkstromnetz und Teilen an der Funktionserdung, muß zwischen Funktionserdung und Potentialausgleichschiene eine Funkenstrecke eingebaut werden. Zusätzlich kann an der gleichen Stelle eine Drosselspule eingebaut werden, die bei etwaigen Fehlern aus dem Starkstromnetz im Bereich der Meßeinrichtung den Berührungsschutz sicher stellt. Ein Beispiel des Einbaues einer solchen Drosselspule zeigt **Bild C 8**, entnommen aus DIN 57 160/VDE 0160 11.81. Die Funkenstrecke parallel zur Drosselspule ist im Rahmen dieser Erläuterungen eingezeichnet; sie ist im Originalbild nicht enthalten. Bestimmungen für diese Drosselspulen sind unter der Bezeichnung „Schutzleiter-Drosselspulen" in DIN 57 565/VDE 0565 Teil 2/9.78 enthalten. Die Daten einer solchen Drosselspule sind z. B.:

		Induktivität	200 µH
Nennstrom	60 A	Scheinwiderstand	
Nennspannung	600 V	bei 50 Hz	60 mΩ
Gleichstrom-Widerstand	7 mΩ	bei 10 kHz	9 kΩ

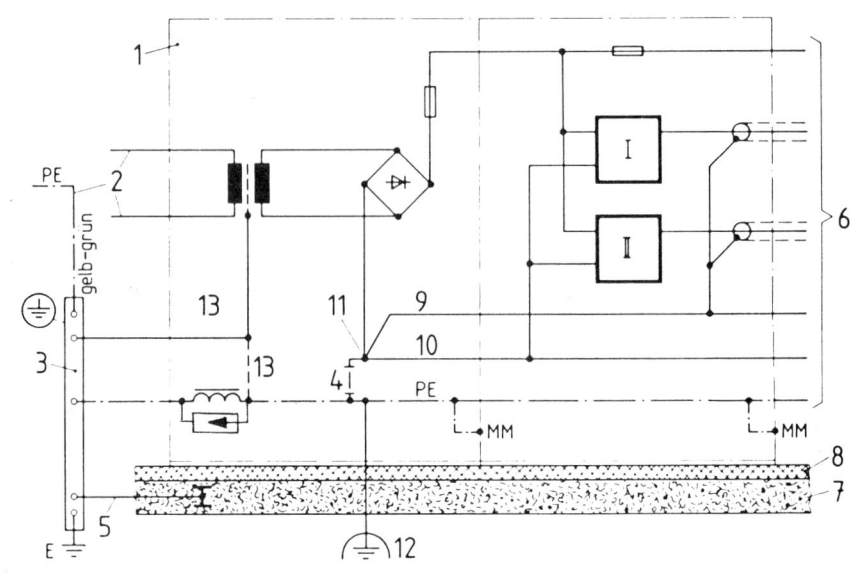

Bild C8
Beispiel einer Funktionserdung und Erdung mit Schutzfunktion, mit Drosselspule im Schutzleiter (nach DIN 57160/VDE 0160).
EBI = Elektronische Betriebsmittel zur Informationsverarbeitung,
BLE = Betriebsmittel der Leistungselektronik.
Die Funkenstrecke parallel zur Drossel gehört nicht zum Originalbild

1	Schrank
2	Netz
3	Potentialausgleichsanschlüsse
4	Trennstelle
5	Potentialausgleichsleiter
6	nach außen führende Leitungen
7	leitfähige Gebäudekonstruktion
8	Bodenbelag, isoliert bzw. schwachleitend
9	Schirmanschlußleiter, außen isoliert
10	Bezugsleiter
11	zentraler Bezugspunkt
12	Funktionserdung
13	fallweise Verbindung des Transformator-Schirmes vor oder hinter der Drossel
PE	Schutzleiter
E	Erde
MM	Masse
I, II	EBI bzw. BLE

Die Anforderungen an Funktionserdungen und Meßerdungen hinsichtlich Erdungswiderstand und praktischer Ausführung, ob getrennte Erdung oder Anschluß an die Potential-Ausgleichschiene als zentralen Erdungspunkt ZEP, werden zur Zeit noch sehr verschieden beurteilt. Beide Erdungssysteme sind mit Erfolg ausgeführt worden. Grundsätzlich ist zu empfehlen, zunächst zu prüfen, ob die Anordnung mit ZEP an einer gemeinsamen Erdung nicht ausreicht. Nur wenn besondere Bedenken dagegen bestehen, sollte die teurere Anordnung mit besonderer Meßerdung oder Funktionserdung gewählt werden.

Anmerkung:
Die Funkenstrecke soll darauf hinweisen, daß ein Überspannungsschutz zwischen Potentialausgleichschiene und Funktionserdung erforderlich ist, wenn an die Potentialausgleichschiene Blitzableiter oder Antennenerdung angeschlossen ist.

6 Der Stoßerdungswiderstand

Der Erdungswiderstand der üblichen Erder von Gebäuden wie Fundamenterder, Ringerder, Tiefenerder bis 9 m ist bei Blitzströmen praktisch der gleiche wie bei technischem Wechselstrom oder wie er mit der üblichen Erdungsmeßbrücke gemessen wird. Sind an diese Erder zusätzlich Erder mit großer Längenausdehnung angeschlossen, z. B. unterirdische metallene Rohrleitungen, metallene Kabelmäntel, Gleise, so liegt deren Erdungswiderstand bei 50 Hz in der Größenordnung von nur einigen Ohm. Blitzströme mit steilem Anstieg stellen jedoch Ströme mit sehr hohen Frequenzen dar bis zu 100 kHz und mehr. Der Erdungswiderstand für Blitzströme ist dementsprechend höher.

Unterlagen zur Abschätzung des Stoßerdungswiderstandes von Banderdern und Tiefenerdern im steilen Anstieg des Blitzstromes sind z. B. von Wiesinger [1] veröffentlicht worden. Dieser Stoßerdungswiderstand ergibt die höchste an der Erdungsanlage auftretende Spannung, die sogenannte Erdungsspannung. Soweit Kabel und Leitungen für MSR-Anlagen an die Erdungsanlage eines Gebäudes angeschlossen sind, entsteht zusätzlich zur Berechnung des Stoßerdungswiderstandes und der höchsten Erdungsspannung die Aufgabe, die auf den Schirmen dieser Kabel und Leitungen fließenden Blitzteilströme zu ermitteln. Die Schirme sind teils erdfühlich wie Kabelkanäle aus Stahlbeton, teils gegen Erde isoliert wie Kabel mit Kunststoffmantel oder Stahlrohre mit starker Korrosionsschutz-Isolierung. Die Blitzteilströme müssen sowohl für die Stirn als auch für den Rücken des Blitzstromes ermittelt werden. Die erdfühligen Schirme wirken wie Banderder. Die Blitzteilströme verlaufen grundsätzlich so wie auf **Bild C9**. Die höhere Stromstärke liefert der Rücken des Blitzstromes. Wegen der Erderwirkung nimmt der Strom jedoch schnell ab, wie **Bild C10** an einem Versuchsmodell zeigt. Gegen Erde isolierte Schirme wirken wie Wellenwiderstände, die auf der ganzen Länge einen stark ansteigenden Strom aufnehmen. **Bild C11** zeigt den ungefähren Stromverlauf.

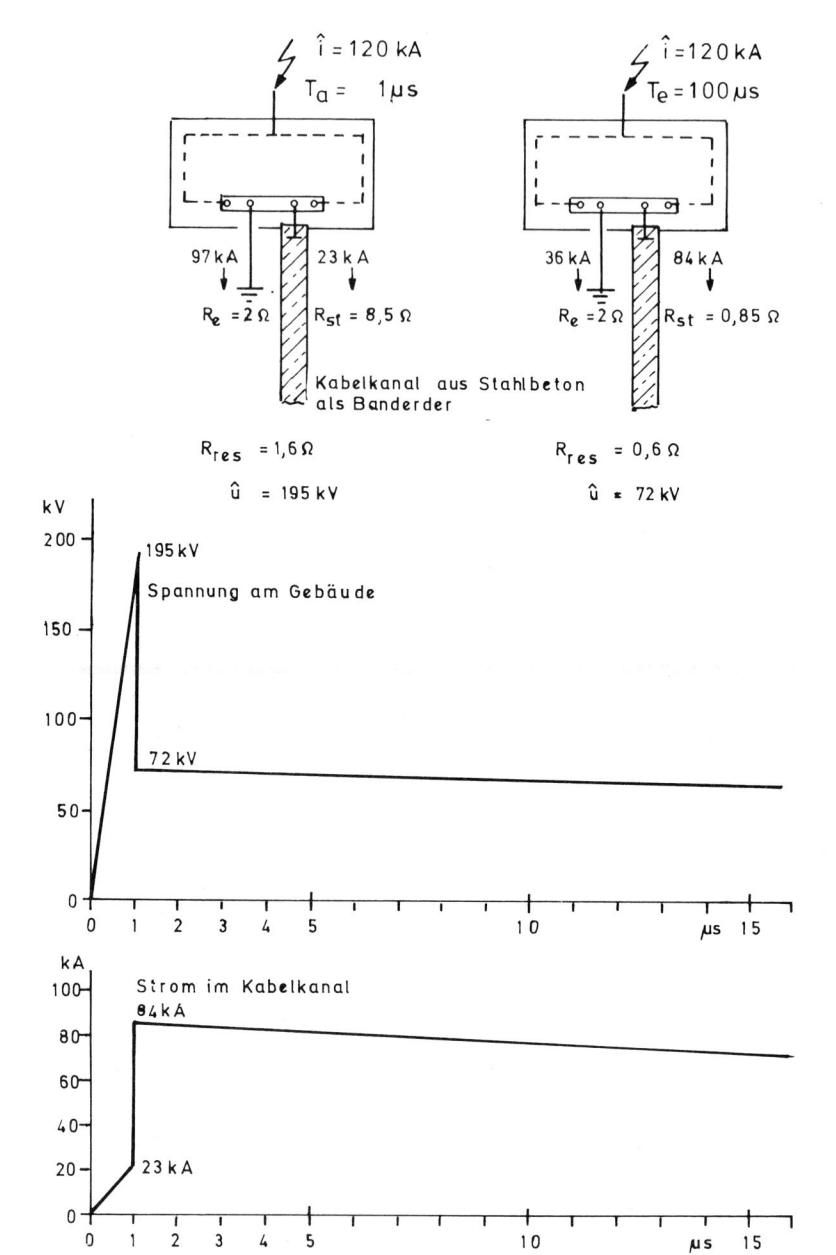

Bild C9 Stoßerdungswiderstand eines Kabelkanals als Banderder gerechnet. Blitzstrom 120 kA, 1/100 µs. Spannungsverlauf am Gebäude und Stromverlauf am Anfang des Kabelkanals

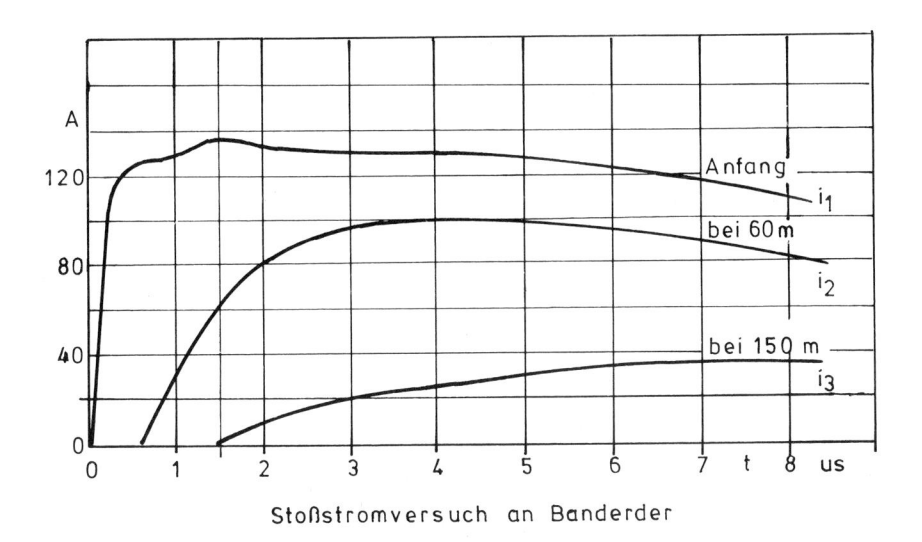

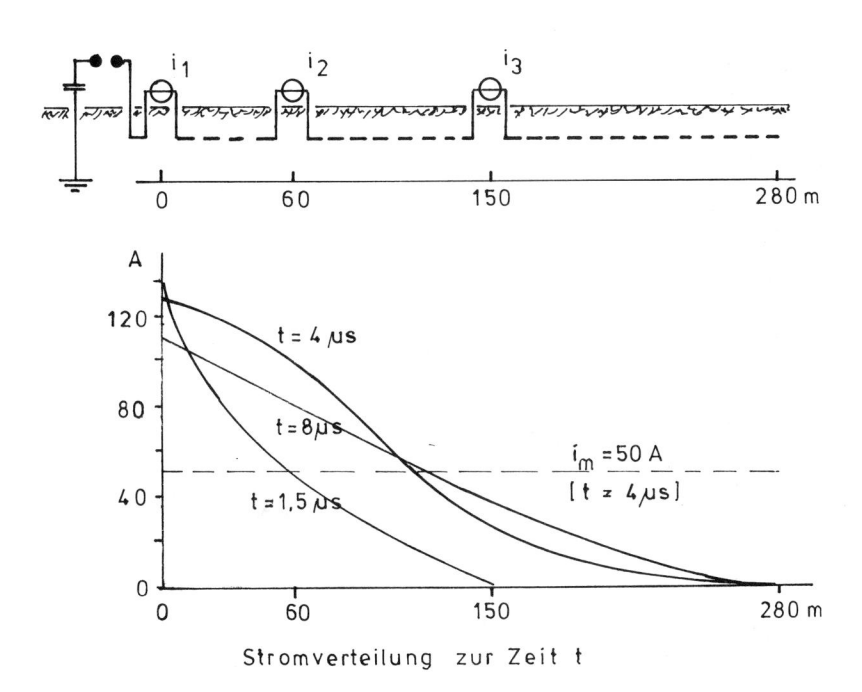

Bild C10 Stoßstromversuch an einem Banderder. Durch fortlaufende Stromabgabe an die umgebende Erde nimmt der Strom in Längsrichtung schnell ab.

Wanderwellenleitung zwischen 2 Gebäuden

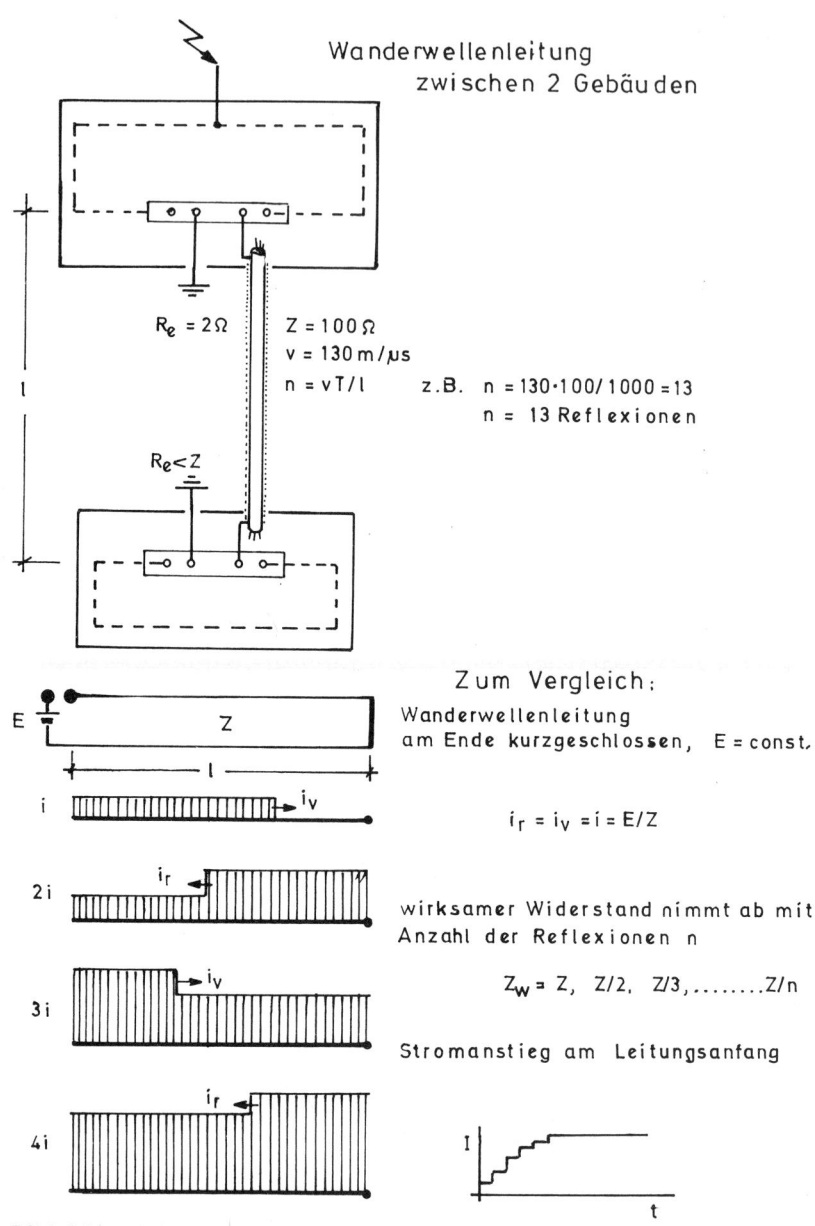

$R_e = 2\,\Omega$
$Z = 100\,\Omega$
$v = 130\,m/\mu s$
$n = vT/l$

z.B. $n = 130 \cdot 100/1000 = 13$
$n = 13$ Reflexionen

$R_e < Z$

Zum Vergleich:
Wanderwellenleitung am Ende kurzgeschlossen, $E = const.$

$i_r = i_v = i = E/Z$

wirksamer Widerstand nimmt ab mit Anzahl der Reflexionen n

$Z_w = Z,\ Z/2,\ Z/3, \ldots\ldots Z/n$

Stromanstieg am Leitungsanfang

Bild C11 Schirm eines Kabels mit Außenisolierung wirkt bei Stoßspannungen als Wellenwiderstand. Die Stromaufnahme steigt stufenförmig an, bei kurzen Kabeln Wirkung wie eine widerstandslose Verbindung mit entsprechend hohem Strom.

Die auf den Schirmen fließenden Blitzteilströme koppeln in die Adern Spannungen ein, die sogenannten Kopplungsspannungen, deren Höhe bei der Auslegung der MSR-Anlagen berücksichtigt werden muß. Im Anhang D sind einige Beispiele von Kopplungsspannungen für verschiedene Schirmarten und für die drei Blitzstromarten angegeben.
Unterlagen zur Berechnung der Blitzteilströme auf Schirmen sind in einer Arbeit von Neuhaus [3] enthalten.

7 Erderwerkstoffe und Korrosion

Eine sehr wesentliche Korrosionsursache war in den vergangenen Jahren das edlere Potential von Stahl und verzinktem Stahl in Beton gegenüber Stahl und verzinktem Stahl in der Erde. **Bild C12** zeigt Teile eines verzinkten Stahldrahtes von 10 mm Durchmesser, der als Ringerder um ein Gebäude mit Stahlbetonfundament verlegt und über die Potential-Ausgleichsschiene metallisch mit der Bewehrung verbunden war. Das Bild zeigt den Zustand des Drahtes nach mehrjähriger Liegezeit. Die Abhilfsmaßnahmen sind in DIN 57185/VDE 0185 Teil 1, Abschnitt 4.3.2 angegeben. Oberflächenerder, die mit der Bewehrung von Stahlbetonfundamenten in Verbindung kommen können, sind als Leitungen mit

Bild C12 Weitgehend durch Korrosion zerstörter Ringerder aus verzinktem Stahldraht von 10 mm Durchmesser. Der Ringerder war mit der Bewehrung des Stahlbetonfundamentes eines Hochhauses metallisch verbunden
In der Mitte neuer Draht von 10 mm Durchmesser zum Vergleich.

Bleimantel zu verlegen. Für den Fall, daß zusätzlich zu Stahlbetonfundamenten Tiefenerder eingeschlagen werden müssen, z. B. als Funktionserder, enthält DIN 57185/VDE 0185 keine Angaben. Es dürfte jedoch zweckmäßig sein, in diesen Fällen Tiefenerder mit Kupfermantel zu verwenden. Eine Gefährdung des Bewehrungsstahles ist dabei nicht zu befürchten wegen der geringen Kupferoberfläche im Vergleich zur Oberfläche der gesamten Bewehrung. Das Oberflächenverhältnis bestimmt die Stärke der Korrosion an der negativen Elektrode, hier am Stahl (s. DIN 57 185 Teil 1/VDE 0185 Teil 1, Abschnitt 4.3.2).
In gleicher Weise eignen sich auch Tiefenerder aus nichtrostendem Stahl.

8 Verbesserung von Erdungsanlagen durch chemische Zusätze in der Erde

Der Erdungswidertsand von Erdern in trockenem oder aus anderen Gründen schlecht leitendem Erdreich läßt sich erniedrigen, wenn man dem Erdreich Feuchtigkeit zuführt, und zwar in Verbindung mit Chemikalien. Vor Jahrzehnten wurden zu diesem Zweck Salz- oder Sodalösungen verwendet. Die Erfahrungen waren indes unbefriedigend. Salzlösungen korrodierten das Erdermetall. Alle Lösungen mußten in Abständen von Monaten nachgefüllt werden, da sie schnell im Erdreich versickerten.
Ein neues Verfahren ist das Einbringen von Betonit in den Graben von Banderdern oder in Bohrlöchern für Tiefenerder. Betonit ist ein Aluminiumsilikat, das mit Wasser ein nicht versickerndes Gel bildet und Eisen nicht angreift. In Sandboden kann man mit Widerstandserniedrigungen von 1 : 2 bis 1 : 3 rechnen, in steinigem Boden bis 1 : 10. Bei gut leitenden Erdreich bis 300 Ω m lohnt sich das Betonitverfahren nicht.

9 Potentialsteuerung als Schutz gegen Berührungs- und Schrittspannungen

Die Berechnung von Potentialsteuerungen ist verhältnismäßig schwierig. Unterlagen dazu enthält Anhang F.

10 Prüfung von Erdungsanlagen

Die Prüfung von Erdungsanlagen durch elektrische Messungen ist im Anhang D ausführlich behandelt.

Schrifttum

[1] Hasse, P., Wiesinger, J.: Handbuch für Blitzschutz und Erdung. 2. Auflage, Richard Pflaum Verlag München, VDE-Verlag Berlin 1982.
[2] Koch, W.: Erdungen in Wechselstromanlagen über 1 kV. 3. Auflage 1961, Springer Verlag Berlin.
[3] Neuhaus, H.: Die Abschätzung der Blitzstromverteilung auf die einzelnen Gebäude von Industrieanlagen über oberirdische und unterirdische Verbindungen. Bericht K: 74-119 zur 15. Internationalen Blitzschutzkonferenz in Uppsala 1979, Vol. I, The Institute of High Voltage Research, Uppsala University, Huysbyborg S-755 90.
[4] VDEW: Technische Richtlinien für Erdungen in Starkstromnetzen. Verlags- und Wirtschaftsgesellschaft der Elektrizitätswerke – VWEW Frankfurt/M. 1962.
[5] Druckschriften der Hersteller von Blitzschutz-Bauteilen.

Anhang D
Prüfung von Erdungsanlagen durch elektrische Messungen

1 Aufgabe der Messung von Erdungswiderständen

Nach DIN 57185 Teil 1/VDE 0185 Teil 1, Abschnitt 7 ist in den Berichten über die Prüfung von Blitzschutzanlagen anzugeben, welche Messungen im einzelnen durchgeführt wurden und deren Werte. Das gilt für Prüfungen nach Fertigstellung und für Wiederholungsprüfungen an bestehenden Blitzschutzanlagen. Zu diesen Messungen gehört insbesondere die Ermittlung der Erdungswiderstände.
Nun ist in DIN 57185 Teil 1/VDE 0185 Teil 1, Abschnitt 5.3.2 für Anlagen mit Blitzschutz-Potentialausgleich kein bestimmter Erdungswiderstand verlangt, sondern nur die Einhaltung bestimmter Erderabmessungen. Die Messung der Erdungswiderstände erscheint in diesen Fällen zunächst überflüssig. Die Messung der Erdungswiderstände hat jedoch bei Prüfungen nach Fertigstellung die Bedeutung eines Nachweises, daß tatsächlich die geforderten Erder eingebracht sind. Bei Wiederholungsprüfungen kann die Erdungsmessung auf inzwischen eingetretene Schäden durch Bauarbeiten, Korrosion usw. schließen lassen.
In folgenden Fällen ist die Messung der Erdungswiderstände von betrieblicher oder sicherheitstechnischer Bedeutung:
  bei Fehlen des Blitzschutz-Potentialausgleichs muß der Erdungswiderstand den Näherungsbestimmungen entsprechen (DIN 57185 Teil 1/ VDE 0185 Teil 1, Abschnitt 5.3.2),
  In explosivstoffgefährdeten Bereichen wird ein Erdungswiderstand von höchstens 10 Ohm gefordert (DIN 57185 Teil 1/VDE 0185 Teil 2, Abschnitt 6.3.4.5),
  bei Erdungsanlagen, die nach VDE 0800 Teil 2 gleichzeitig als Funktions- und Schutzerder sowie als Blitzschutzerder dienen.

2 Messung von Erdungswiderständen mittels Erdungsmeßgerät

Für die Messung von Erdungswiderständen von etwa 0,1 Ω aufwärts, wie sie im Bereich von Blitzschutzanlagen und gegebenenfalls damit verbundenen Fernmelde- oder Starkstromerdern im allgemeinen nicht unterschritten

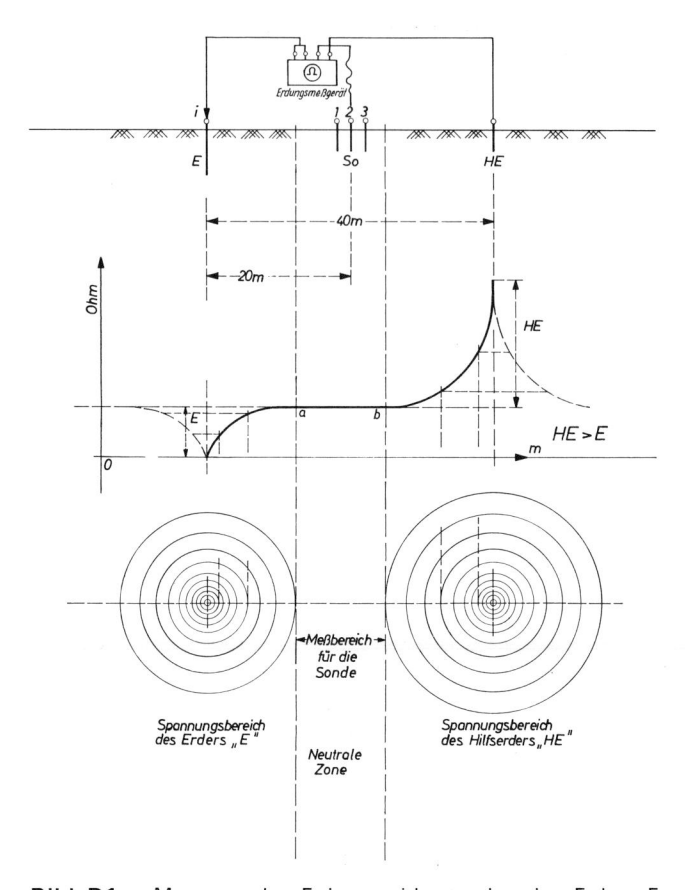

Bild D1. Messung des Erdungswiderstandes des Erders E mit ausreichenden Abständen zu Sonde So und Hilfserder HE.
Die Widerstandskennlinien entsprechen den Spannungstrichtern von Erder und Hilfserder.

werden, genügen die üblichen Erdungsmeßbrücken. Diese Meßbrücken benötigen einen Hilfserder und eine Sonde und zeigen nach Nullabgleich den gesuchten Erdungswiderstand direkt an. **Bild D1** zeigt die Meßanordnung. Wesentlich für eine einwandfreie Messung ist die Einhaltung ausreichender Abstände zwischen Erder, Sonde und Hilfserder. Angaben dazu enthält z. B. VDE 0100/5.73 § 22 c) 1.1.2. Danach sind die Sonden beim Messen von Einzelerdern in einer Entfernung von mindestens 20 m, bei Strahlen-, Ring- und Maschenerdern in einer Entfernung anzubringen, die etwa dem dreifachen mittleren Durchmesser der Erdungsanlage entspricht.

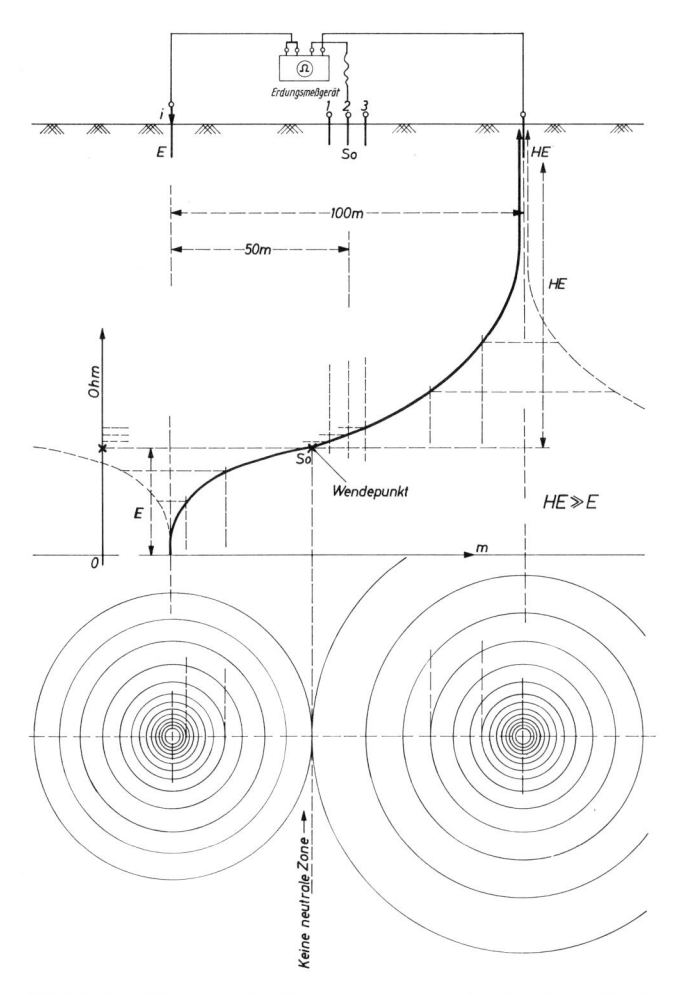

Bild D 2. Messung des Erdungswiderstandes des Erders E mit zu geringen Abständen zu Sonde und Hilfserder.
Die Widerstandskennlinien zeigen ein Übergreifen der Spannungstrichter von Erder und Hilfserder. Zur Auswertung muß der Wendepunkt durch Wandern der Sonde ermittelt werden.

Diese Abstände sind indes zu allgemein gehalten und müssen vielmehr von Fall zu Fall genauer ermittelt werden.
Bild D1 zeigt, daß man bei einer zwischen Erder und Hilfserder wandernden Sonde je eine Widerstandskennlinie für den Erder und für den Hilfserder erhält. Der Verlauf der Widerstandskennlinie entspricht auch dem Verlauf

203

des Spannungstrichters bei stromdurchflossenem Erder. Bei der Messung nach Bild D1 sind die Spannungstrichter am Erder und am Hilfserder voll ausgebildet. Das bedeutet eine hundertprozentig richtige Messung des Erdungswiderstandes des Erders ohne Beeinflussung durch den Spannungstrichter des Hilfserders.

Bei der Messung nach **Bild D2** sind erheblich geringere Abstände zwischen Erder, Sonde und Hilfserder angenommen. Die Spannungstrichter von Erder und Hilfserder erreichen nicht ihre Endwerte und man kann zunächst nicht erkennen, wie der Erdungswiderstand des Erders zu ermitteln ist. Man muß in solchen Fällen den Wendepunkt der beiden Spannungstrichter-Kurven feststellen, indem man mit der Sonde wandert. Bei Sondenstellungen rechts vom Wendepunkt zeigt die Erdungsmeßbrücke einen Widerstand an, der einen Teil des Erdungswiderstandes des Hilfserders mit erfaßt. Der beim Wendepunkt angezeigte Erdungswiderstand gehört zwar richtig nur zum Erder, ist aber noch nicht der wahre Erdungswiderstand. Diesen wahren Wert erhält man, wenn man die Kurve des Spannungstrichters verlängert bis zu einem horizontalen Verlauf. Dazu benötigt man die Widerstandskennlinie des Erders.

Aus den **Bildern D3 und D4** kann für die jeweils gegebene Erderart die passende Kennlinie entnommen werden. Im Bild D2 sei der zu messende Erder ein Kreisplattenerder mit dem Durchmesser $D = 20$ m. Der Abstand zwischen Erder und Wendepunkt sei $l = 40$ m. Der im Wendepunkt von der Erdungsmeßbrücke angezeigte Erdungswiderstand sei $R_0 = 5\,\Omega$. Aus Bild D3 entnimmt man für $l/D = 40/20 = 2$ ein Verhältnis $R_0/R = 0{,}83$. Der wahre Erdungswiderstand ist dann $R = R_0/0{,}83 = 5/0{,}83 = 6\,\Omega$.

Will man die etwas umständliche Ermittlung des Wendepunktes und die dazu gehörige Auswertung vermeiden, kann man von einer beliebigen Meßgenauigkeit ausgehen. Es soll z. B. ein Ringerder von 20 m $\emptyset$ mit 90% Genauigkeit gemessen werden. Aus Tabelle 1 entnimmt man für einen Ringerder von 10 m $\emptyset$ ein $l/D = 2{,}5$ und für 50 m $\emptyset$ ein $l/D = 2$. Für 20 m $\emptyset$ beträgt l/D rund 2,3, was einen Abstand von 20 m × 2,3 = ca. 45 m zwischen Erder und Sonde ergibt. Üblicherweise wird der Abstand Sonde–Hilfserder ebenso groß gewählt. Bei der Erdungsmessung braucht man den Wendepunkt nicht zu ermitteln, sondern nimmt den bei der ersten Messung angezeigten Wert als richtig an; dieser Wert ist noch mit 1/0,9 zu verbessern. Da es auf die Ermittlung des Wendepunktes nicht ankommt, kann man bei begrenztem Gelände die Sonde und den Hilfserder auch in einem etwa gleichseitigen Dreieck zum Erder stecken statt in der üblichen geraden Linie wie in Bild D2.

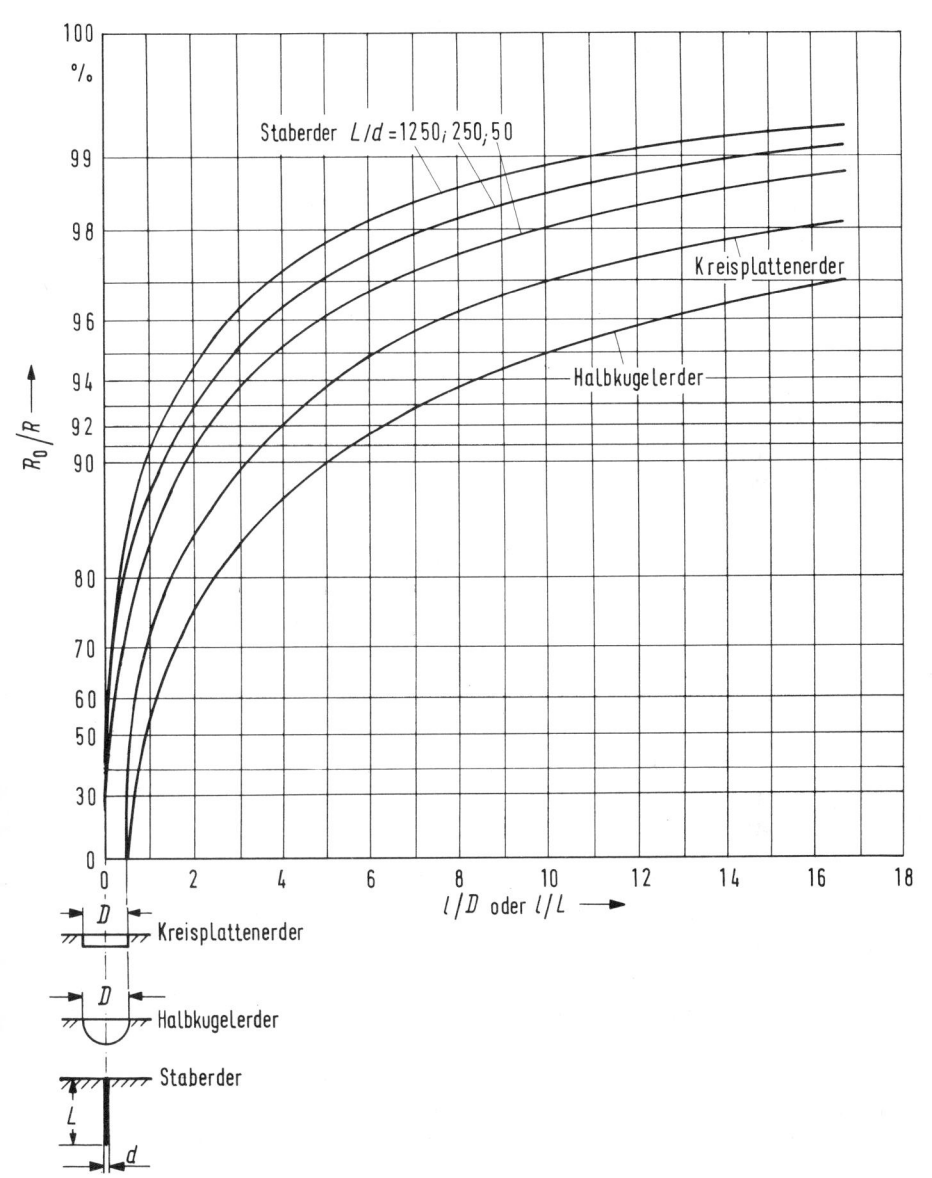

Bild D 3. Widerstandskennlinien = Spannungstrichter von Staberdern, Kreisplattenerdern und Halbkugelerdern.
l = Entfernung zwischen Erder und Sonde sowie zwischen Sonde und Hilfserder
R_0 = gemessener Erdungswiderstand
R = wirklicher Erdungswiderstand
R_0/R aus Bild D 3 entnehmen, abhängig von l/D oder l/L, und R daraus berechnen.

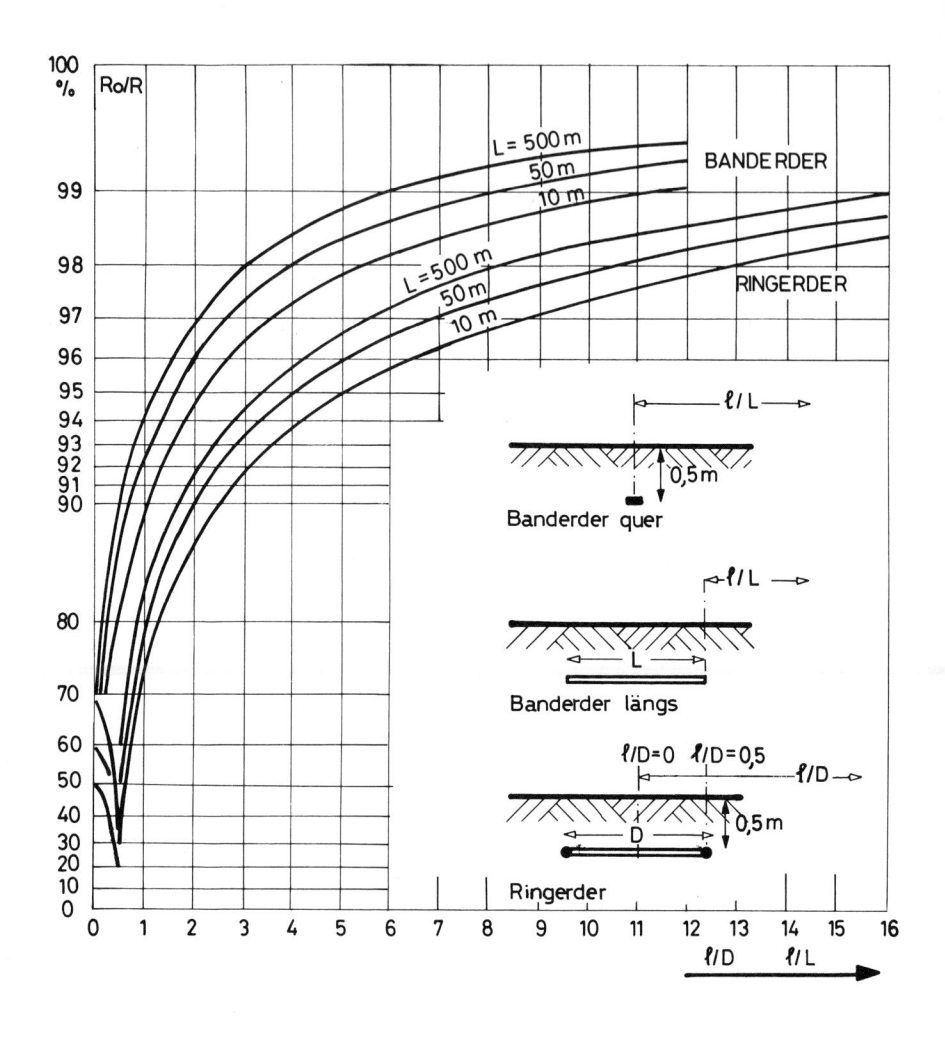

Bild D 4. Widerstandskennlinien = Spannungstrichter von Banderdern und Ringerdern (Verlegungstiefe 0,5 m).
Die Kurven für Banderder gelten für Messungen quer zur Banderderrichtung. Bei Messungen in Längsrichtung eines Banderders liegen die Kurven etwas höher im Bereich bis $l/L \approx 2$.
Für den Bereich oberhalb der Mitte der Banderder betragen die Werte R_0/R:
  17% bei $L = 500$ m
  28% bei $L = 50$ m
  36% bei $L = 10$ m
Für den Bereich oberhalb der Enden der Banderder betragen die Werte R_0/R:
  55% bei $L = 500$ m
  58% bei $L = 50$ m
  60% bei $L = 10$ m

Oberhalb des Randes und der Mitte der Ringerder betragen die Werte R_0/R:
am Rand mit $l/D = 0,5$ in der Mitte mit $l/D = 0$
19% bei $D = 500$ m   68% bei $D = 500$ m
28% bei $D = 50$ m   59% bei $D = 50$ m
30% bei $D = 10$ m   49% bei $D = 10$ m
Auswertung der Kurven wie bei Bild D 3.

Anmerkung:
Nach dem Buch Blitzschutz, 8. Auflage galten als Banderder im Erdreich verlegte Metallbänder oder Drähte ohne Rücksicht auf die Querschnittsform. Nach DIN 57185 Teil 1 / VDE 0185 Teil 1 ist ein Banderder nur noch eine spezielle Ausführung eines Oberflächenerders aus Bandmaterial.

Tabelle 1
Notwendige Abstände zwischen Erder, Sonde und Hilfserder

Erderart	Hauptabmessungen		Abstände / von Erdermitte bis Sonde und von Sonde bis Hilfserder bei einer Meßgenauigkeit von		
			90%	95%	99%
Kreisplattenerder (Maschenerder)	–		3 D	6 D	30 D
Halbkugelerder	Durchmesser D	–	5 D	10 D	50 D
Ringerder		$D \approx$ 10 m	2,5 D	5 D	25 D
		$D \approx$ 50 m	2 D	4 D	21 D
		$D \approx$ 500 m	1,7 D	3,3 D	16 D
Staberder	Länge L Durchmesser d	$L/d \approx$ 50	1,8 L	4 L	20 L
		$L/d \approx$ 250	1,3 L	3 L	15 L
		$L/d \approx$ 1250	1 L	2 L	11 L
Banderder in Quer- und Längsrichtung	Länge L	$L \approx$ 10 m	1,1 L	2,2 L	11 L
		$L \approx$ 50 m	0,7 L	1,6 L	8 L
		$L \approx$ 500 m	0,5 L	1,2 L	6 L

Für die Erdungswiderstände von Sonde und Hilfserder geben die Gebrauchsanweisungen zu den Erdungsmeßgeräten die jeweils zulässigen Höchstwerte an, meist abhängig vom Erdungswiderstand des zu messenden Erders. Grundsätzlich sollte bei niedrigen Erderwiderständen der Erdungswiderstand des Hilfserders möglichst niedrig gehalten werden, z. B. durch Verwendung mehrerer paralleler kurzer Staberder und durch Anfeuchten der Erde in deren Umgebung. Ein Erfahrungswert ist eine Begrenzung des Erdungswiderstandes des Hilfserders auf das Hundertfache des zu messenden Erders, also z. B. auf 100 Ohm bei einem Erder mit 1 Ohm Erdungswiderstand. Die Empfindlichkeit der Erdungsmeßbrücken reicht in der Regel auch bei sehr hohen Erdungswiderständen des Hilfserders zum Abgleichen aus. Es besteht dann aber die Gefahr, daß die Sonde einen Teil des Erdungswiderstandes des Hilfserders mit erfaßt und dadurch der zu messende Erdungswiderstand zu hoch angezeigt wird.

In der Praxis gibt es neben den in **Tabelle 1** und in den Bildern D 3 und D 4 angegebenen Erderarten auch Erder mit anderen Formen. Für solche Erder sind in der **Tabelle 2** Umrechnungsformeln auf die üblichen Erderarten angegeben.

Tabelle 2
Umrechnung abweichender Erderformen

Erderform	Umrechnen auf	Formel
Ringerder um ein Gebäude in Rechteckform, Erderlänge U in m	Ringerder kreisförmig mit $\varnothing = D$ in m	$D = 0{,}32 \cdot U$
Vollflächiger Fundamenterder unter einem Gebäude in Rechteckform mit der Erderfläche F in m²	Maschenerder kreisförmig mit $\varnothing = D$ in m	$D = 1{,}13 \cdot \sqrt{F}$
Stahlbetonfundament mit dem Volumen V in m³	Halbkugel mit $\varnothing = D$ in m	$D = 1{,}57 \cdot \sqrt[3]{V}$

3 Ermittlung der Erdungswiderstände bei begrenzten Geländeverhältnissen

In dicht besiedelten Gebieten oder auch in großen Industrieanlagen sind meistens die möglichen Abstände zwischen Erder, Sonde und Hilfserder so klein, daß man die drei Erder nicht in einer Linie anbringen und nicht in einfacher Weise nach Bild D 2 einen Wendepunkt ausmessen kann.
Ein Ausweg ist die Anbringung der Sonde auf der Mittelsenkrechten einer

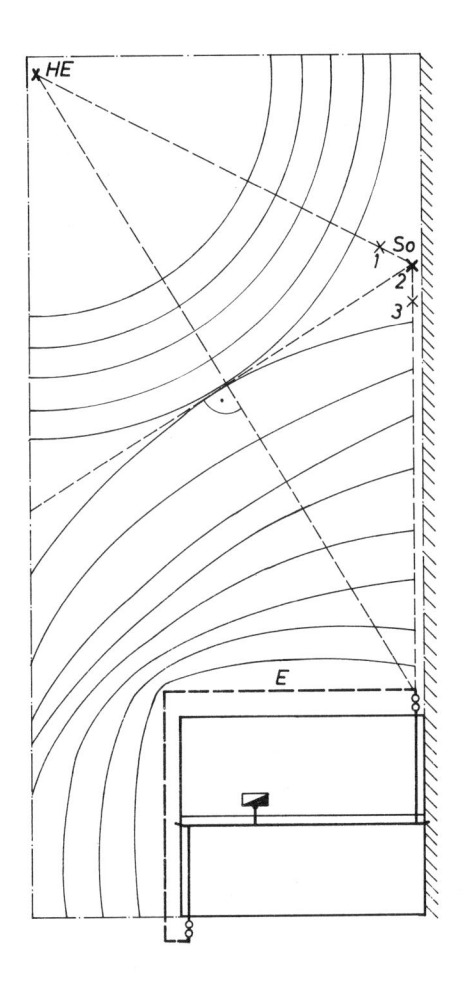

Bild D5. Meßanordnung bei begrenzten Geländeverhältnissen.

so gelegten Verbindungslinie E–HE, daß der Abstand zwischen Sonde und Erder so groß wie möglich wird, wie **Bild D5** zeigt. Der Erdungswiderstand wird dann mit verschiedenen Sondenstellungen entlang den beiden Dreieckseiten So–E und So–HE gemessen. Weichen diese Meßwerte stark voneinander ab, zeichnet man eine Widerstandskennlinie ähnlich Bild D2 längs einer als Geraden gedachten Grundlinie E–So–HE auf und schätzt ab, wo der Wendepunkt liegt. Der Erdungswiderstand am Wendepunkt ist R_0. Der wahre Erdungswiderstand wird dann wie im Abschnitt 2 aus R_0/R, entnommen aus Bild D3 oder D4, ermittelt.

4 Beurteilung einer Erdungsanlage ohne Meßmöglichkeit mit Sonde und Hilfserder

Steht in einem dicht bebauten Gebiet oder in einer großflächigen Industrieanlage kein Gelände zum Einbringen von Sonde und Hilfserder zur Verfügung, und soll z. B. die Blitzschutzerdung eines Neubaues beurteilt werden, so wird zunächst durch Widerstandsmessungen zwischen den einzelnen Erdeinführungen bei offenen Trennstellen die Art der Erdungsanlage ermittelt. Es ist leicht zu unterscheiden, ob z. B. ein Ringerder vorliegt, an den alle Erdeinführungen angeschlossen sind, oder ob es sich um Einzelerder handelt wie Tiefenerder oder Strahlenerder. Bei Einzelerdern kann man mit der Erdungsbrücke die Erdungswiderstände messen, wenn man jeweils 2 andere Einzelerder als Sonde und Hilfserder verwendet.

Bei einem Ringerder oder auch bei einem Fundamenterder kann man den Widerstand zwischen diesem Erder und einem bekannten Erder messen. In Stadtgebieten eignet sich als Gegenerder z. B. der Nulleiter des Starkstromnetzes, dessen Erdungswiderstand nach VDE 0100 höchstens 2 Ohm betragen darf, in der Praxis aber meistens viel niederohmiger ist. Im Mittel kann man für solche Gegenerder 1 Ohm annehmen. Der gesuchte Erdungswiderstand ist dann angenähert der gemessene Widerstand abzüglich 1 Ohm.

In weitläufigen Industrieanlagen ist in der Regel ein weitverzweigtes Erdungsnetz insbesondere aus Starkstromerdern, Rohrleitungen, Stahlbetonfundamenten und Blitzschutzerdern vorhanden, dessen Erdungswiderstand nur einige Zehntel Ohm beträgt. In solchen Anlagen ist der gesuchte Erdungswiderstand angenähert gleich dem gemessenen Widerstand zwischen Anlagenerdung und zu prüfendem Erder abzüglich etwa 0,2 Ohm.

Die nach den hier vorgeschlagenen Verfahren ermittelten Erdungswiderstände sind die z. B. bei einem Blitzeinschlag wirksamen Erdungswiderstände. Diese Erdungswiderstände sind niedriger als wenn sie mit genügend langen Meßleitungen ohne Beeinflussung durch die Anlagenerdung gegen ferne Erde gemessen werden, weil der Blitzstrom zu den nahe gelegenen Anlagenerdern übergeht und nicht mehr weite Wege zur fernen Erde benutzen muß.

Für die hier vorgeschlagenen Widerstandsmessungen eignen sich die üblichen Erdungsmeßbrücken, wobei die 2 Meßleitungen nach der Betriebsanweisung anzuschließen sind.

Das gilt allerdings nur, wenn die „Gegenerder", insbesondere der Nulleiter, keine zu hohen Störspannungen aufweisen, die den Abgleich der Erdungsmeßbrücke unmöglich machen. In solchen Fällen kann mit einem Schlei-

fenwiderstandsmeßgerät nach DIN 57413 Teil 3 / VDE 0413 Teil 3 mittels der Netzspannung gemessen werden.
Wenn in besonderen Fällen auch die hier vorgeschlagenen Verfahren nicht angewendet werden können, so kann der Erdungswiderstand einer gegebenen begrenzten Erdungsanlage berechnet werden. Dazu benötigt man die Kenntnis der Abmessungen der Erdungsanlage und des spezifischen Erdwiderstandes. Unterlagen für solche Berechnungen enthält Anhang C.

5 Jahreszeitliche Schwankungen des Erdungswiderstandes

Der spezifische Erdwiderstand ist von der Feuchtigkeit und der Temperatur der Erde verhältnismäßig stark abhängig. Beide Werte schwanken im Laufe eines Jahres erheblich mit der jeweiligen Witterung. Infolgedessen ist der an einem bestimmten Tag gemessene Erdungswiderstand genau genommen nur an diesem Tage gültig, weil an anderen Tagen der spezifische Erdwiderstand durch Witterungseinflüsse sich schon geändert haben kann und damit auch der Erdungswiderstand, der dem spezifischen Erdwiderstand direkt proportional ist. Für die üblichen Blitzschutzanlagen, für die kein bestimmter Erdungswiderstand verlangt wird, sondern nur eine Erdungsanlage bestimmter Abmessungen, sind diese Veränderungen des Erdungswiderstandes mit der Witterung nicht zu berücksichtigen.
Wenn jedoch für bestimmte Erdungsanlagen ein höchstzulässiger Erdungswiderstand vorgeschrieben ist, entsteht die Frage, wie man den an einem bestimmten Tag gemessenen Erdungswiderstand hochrechnen kann auf den höchsten im Laufe eines Jahres zu erwartenden Erdungswiderstand. Ein Vorschlag dazu ist z. B. enthalten im Handbuch für Blitzschutz und Erdung [1]:
Im ungünstigsten Fall multipliziere man
— bei Staberdern die bei feuchtem Boden erhaltenen Werte etwa mit dem Faktor 3, die bei trockenem Boden erhaltenen Werte etwa mit dem Faktor 2,
— bei Oberflächenerdern die Feuchtemessungen etwa mit dem Faktor 4 und die Trockenmessungen etwa mit dem Faktor 2.
Die hier genannten Staberder sind Erder bis zu einigen m Tiefe.
Für Tiefenerder, insbesondere bei Tiefen ab etwa 10 m, dürfte ein Zuschlag von rund 20% ausreichen, unabhängig vom Meßtag.
Auch Fundamenterder werden von den jahreszeitlichen Schwankungen weniger beeinflußt als Oberflächenerder, so daß ein Zuschlag von 50% unabhängig vom Meßtag ausreichen wird.

6 Der Stoßerdungswiderstand

Die Messung der Erdungswiderstände mittels Erdungsmeßgerät erfolgt mit Wechselstrom einer Frequenz zwischen 45 und 140 Hz, je nach Fabrikat. Der Blitzstrom hat dagegen ein Frequenzspektrum im Bereich von etwa 1 kHz bis 100 kHz. Bei diesen hohen Frequenzen wirkt ein Erder nicht mehr mit seinem niederfrequenten Erdungswiderstand, sondern je nach Erderart mit dem zum Teil erheblich höheren Stoßerdungswiderstand. Der Stoßerdungswiderstand spielt bei Erdern mit Abmessungen nach Länge oder Tiefe bis zu einigen 10 m noch keine wesentliche Rolle. Dagegen wirken z. B. Banderder großer Länge abhängig von der Form des Blitzstromes mit ganz verschiedenen Stoßerdungswiderständen, wie **Tabelle 3** zeigt.

Tabelle 3
Stoßerdungswiderstand eines langen Banderders (Stahlbeton-Kabelkanal)

Blitzstromart	Stoßerdungswiderstand im Stromanstieg	Stoßerdungswiderstand im Stromrücken
negativer Erstblitz 1,8/80 µs	12 Ohm	2 Ohm
negativer Folgeblitz 0,3/30 µs	26 Ohm	3 Ohm
positiver Blitz 16/200 µs	4 Ohm	1 Ohm

Für übliche Blitzschutzanlagen benötigt man im allgemeinen die Kenntnis des Stoßerdungswiderstandes nicht, da ihn DIN 57185 Teil 1 / VDE 0185 Teil 1 durch den Hinweis auf möglichst kurze Oberflächenerder berücksichtigt hat.
Die Stoßerdungswiderstände benötigt man jedoch z. B. bei der Berechnung der Blitzteilströme, die auf einer Kabelabschirmung aus Stahlbetonkanal oder Metallrohr fließen, weil diese Teilströme die Höhe der in den Adern eingekoppelten Spannungen bestimmen. Solche Berechnungen sind wichtig im Zusammenhang mit dem Blitzschutz elektronischer Anlagen nach DIN 57185 Teil 1 / VDE 0185 Teil 1, Abschnitt 6.3.2. **Tabelle 4** zeigt einige Beispiele von Kopplungsspannungen, abhängig von der Schirmung und von der Blitzstromart (Bedeutung T_1 und $î$ s. Anhang E).

Tabelle 4
Kopplungsspannungen in Meßleitungen bei Blitzströmen auf Abschirmungen

Blitzstromart	T_1	i	Kopplungsspannung bei Abschirmung durch	
			Stahlrohr 60/2	Kupferrohr 60/2
	µs	kA	V/m	V/m
positiv	16	270	140	9
neg. 1. Teilblitz	1,8	90	23	2 mit Frequenz
neg. Folgeblitz	0,3	40	0,95	0,7 fallend
			Abschirmung durch Stahlbetonkanal	
			V/m	
positiv	45	500	46	mit Frequenz steigend
neg. 1. Teilblitz	4	100	78	
neg. Folgeblitz	0,5	50	52	

Die Versuche mit Stahlrohr und Kupferrohr sind veröffentlicht im Bericht 3.01 zur 16. Internationalen Blitzschutzkonferenz 1981 in Ungarn (Verfasser Boeck, Steinbigler, Trapp).
Die Versuche an einem Stahlbetonkanal wurden in einem Kraftwerk durch Siemens vorgenommen.
Zu diesen Fragen s. auch:
[1] Hasse, P.; Wiesinger, J.: Handbuch für Blitzschutz und Erdung, 2. Auflage, Richard Pflaum Verlag/VDE-Verlag Berlin 1982.
[2] Neuhaus, H.: Die Abschätzung der Blitzstromverteilung auf die einzelnen Gebäude von Industrieanlagen über unterirdische und oberirdische Verbindungen, Bericht Nr. K2: 74 bis K2: 119 zur 15. Europäischen Blitzschutzkonferenz in Uppsala 1979, Vol. 1, The Institute of High Voltage Research, Husbyborg, S 75590 Uppsala.

Anhang E
Blitzstrom-Kennwerte
1 Geschichte der Blitzstrom-Forschungen

Die Frage nach dem zeitlichen Verlauf des Blitzstromes wie Scheitelwert und Wellenform wurde dringend zu Anfang dieses Jahrhunderts. Mit dem Betrieb der ersten Hochspannungsfreileitungen kamen auch die ersten Störungen durch Blitzeinwirkungen auf. Es gelang erstmals *Norinder* in Schweden im Jahre 1925, eine Überspannung auf einer 20-kV-Freileitung zu oszillographieren [15].
In der Schweiz wurden von *Berger* in den Jahren 1928 bis Ende der dreißiger Jahre systematisch die auf Hochspannungsleitungen direkt und indirekt erzeugten Überspannungen gemessen und ausgewertet. Es zeigte sich, daß aus solchen Messungen die Art des tatsächlichen Blitzstromverlaufes nur angenähert abgeschätzt werden konnte. Immerhin stand fest, daß der Blitzstrom ein unipolarer Stromstoß mit schnellem Anstieg und langsamem Abfall ähnlich einer Kondensatorentladung über einen Widerstand ist. Der Einsatz von Stahlstäbchen an Hochspannungsleitungen durch die Studiengesellschaft für Höchstspannungsanlagen brachte seit 1926 zusätzliche Erkenntnisse über den Scheitelwert, die Polarität, die Aufteilung auf Masten und Erdseile der Blitzströme sowie über die Häufigkeit von Blitzeinschlägen [2, 15].
Die Aufnahme vollständiger Oszillogramme von Blitzströmen gelang erstmals 1936 *Mc. Eachron* in den USA, und zwar an Antennen auf dem Empire State Building [2]. Die bisher umfangreichsten Blitzstrom-Messungen wurden von *Berger* in der Schweiz auf dem Monte San Salvatore am Luganer See in den Jahren 1943 bis 1971 ausgeführt [4 bis 8]. Auch in vielen anderen Ländern, z. B. in Italien [10], Frankreich, Japan, Norwegen, Polen, Südafrika [1], UdSSR und USA wurden oder werden Blitzforschungen aller Art betrieben. Häufigkeit und zeitlicher Verlauf der Blitzströme sind in den einzelnen Ländern zum Teil etwas unterschiedlich, doch ist grundsätzlich eine gute Übereinstimmung vorhanden.
Die Träger aller Blitzforschungen sind in erster Linie die Elektrizitäts-Versorgungsunternehmen mit dem Ziel, den Betrieb der Hochspannungsnetze blitzsicherer zu machen. An der Auswertung der weltweiten Forschungen ist daher die Internationale Konferenz für große Stromversorgungsnetze *(CIGRÉ)* maßgebend beteiligt [6, 1].
Die Blitzforschungen beziehen sich nicht nur auf den zeitlichen Verlauf der Blitzströme, sondern auch auf die Entstehung der Gewitter und der Blitze [3], auf die Nah- und Fernwirkungen der magnetischen und elektrischen

Felder usw. Im Zusammenhang mit dem äußeren und inneren Blitzschutz für bauliche Anlagen nach DIN 57185/VDE 0185 sind im wesentlichen der zeitliche Verlauf der Blitzströme und die Häufigkeit der Blitzeinschläge von Bedeutung.

2 Die Blitzstrom-Kennwerte

Bild E1 zeigt Beispiele von Blitzstrom-Oszillogrammen nach *Berger*. Ein Vergleich der einzelnen Kurven läßt erkennen, daß es im wesentlichen drei verschiedene Blitzarten zwischen Wolken und Erde gibt:
Blitze aus negativ geladenen Wolkenteilen:
diese haben häufig mehrere Teilblitze nach **Bild E2**;
der erste Teilblitz ist stromstärker aber weniger steil als die Folgeblitze.
Blitze aus positiv geladenen Wolkenteilen:
diese sind praktisch immer Einzelblitze;
sie schlagen im allgemeinen nur in bauliche Anlagen über etwa 100 m Höhe und in hohe Berge ein.

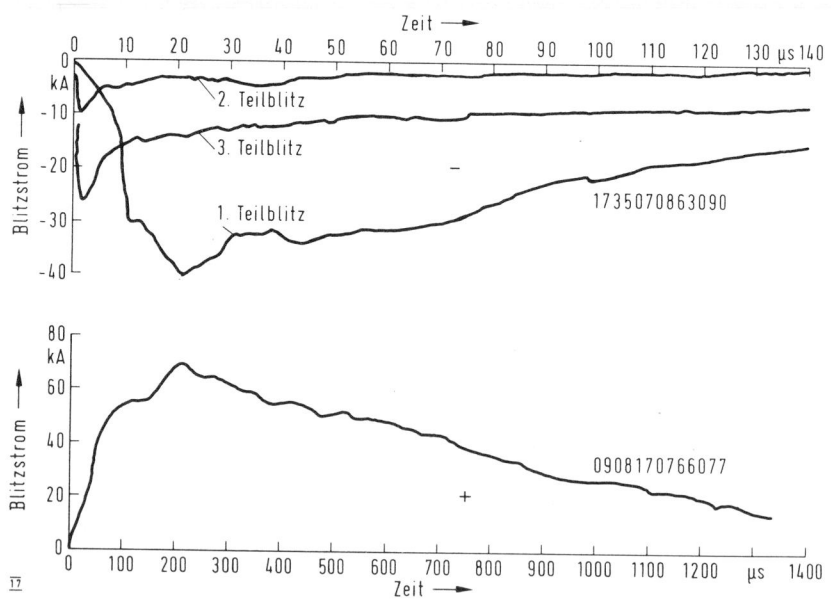

Bild E1. Oszillogramme von Blitzströmen aus negativen und aus positiven Wolkenladungen [5].

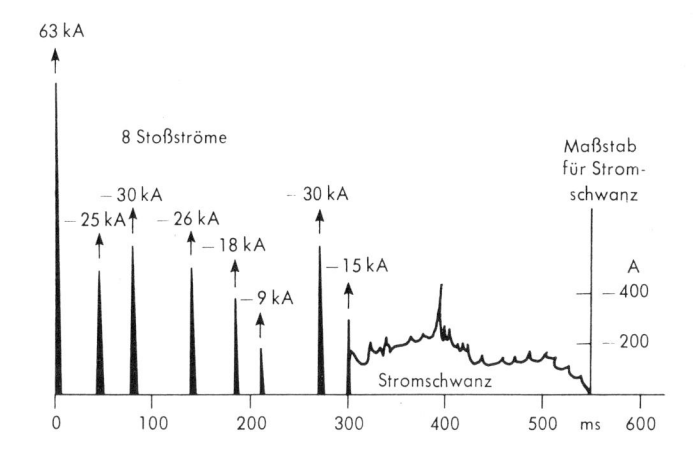

Bild E 2. Negativer Mehrfachblitz mit stromstarkem ersten Teilblitz und sieben stromschwächeren Folgeblitzen sowie einem Stromschwanz geringer Stromstärke [5].

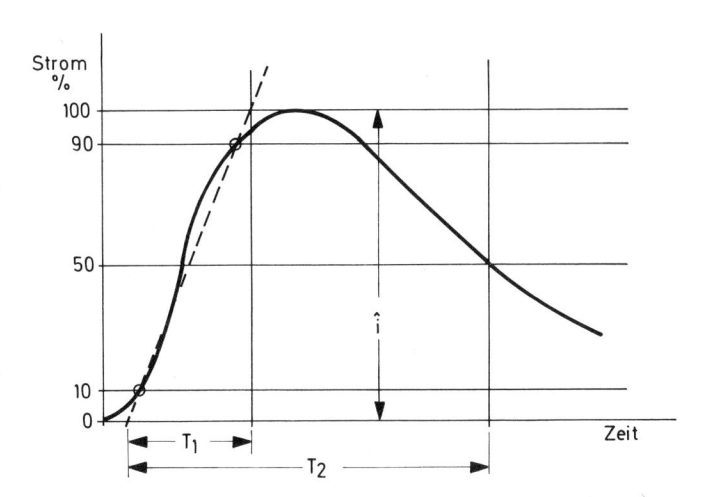

Bild E 3. Begriffe bei Stoßströmen nach DIN 57 432 Teil 2/VDE 0432 Teil 2/10.78
T_1 = Stirnzeit
T_2 = Rückenhalbwertzeit
$\hat{\imath}$ = Scheitelwert
$\hat{\imath}/T_1$ = mittlere Steilheit.

217

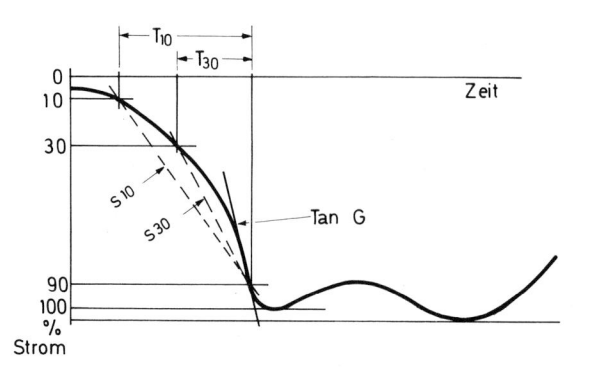

Bild E4. Begriffe im Bereich der Front negativer Abwärtsblitze nach CIGRÉ [1].
S_{10} = Stirngrade durch 10% und 90% des Scheitelwertes
$1,25 \times T_{10} = T_1$ nach Bild E3
Tan G = maximale Steilheit.

Die wichtigsten Begriffe für Blitzströme sind nach den **Bildern E3 und E4**:

der Scheitelwert	$\hat{\imath}$	kA
die maximale Steilheit	di/dt_{max}	kA/µs
die mittlere Stirnzeit	T_1	µs
die Rückenhalbwertzeit	T_2	µs

Zusätzlich werden für Berechnungen benötigt (**Bild E5**):

die Ladung Q	$\int i \cdot dt$	C
der Stromquadratimpuls	$\int i^2 \cdot dt$	kA²s

Bild E6 zeigt Frequenzanalysen für einige Blitzstrom-Formen. Daraus ist zu folgern, daß sich die verschiedenen Blitzstromarten auf Abschirmungen je nach deren Aufbau verschieden verhalten werden.
Die auf den Blitzforschungsstationen gewonnenen Meßwerte werden meist statistisch nach den einzelnen Kennwerten ausgewertet. **Bild E7** zeigt als Beispiel die Häufigkeitsverteilung der von Berger gemessenen maximalen Steilheiten negativer Folgeblitze. Die Kurve endet auf diesem Bild wie abgeschnitten bei 100 kA/µs. In Wirklichkeit verläuft die Kurve weiter bis etwa 150 kA/µs, wie eine spätere computergesteuerte Auswertung durch die *CIGRÉ* ergab. Das bedeutet, daß noch etwa 5% der negativen Folgeblitze eine maximale Steilheit von etwa 150 kA/µs erreichen. Zum Vergleich zeigt **Bild E8** die Häufigkeitsverteilung der maximalen Steilheiten nach verbesserten Meß- und Auswerteverfahren in Südafrika. Die größte Steilheit beträgt fast 300 kA/µs. Solch hohe Steilheiten sind indes sehr kurzzeitig und für die Praxis zum Teil ohne Bedeutung [14]. Für die

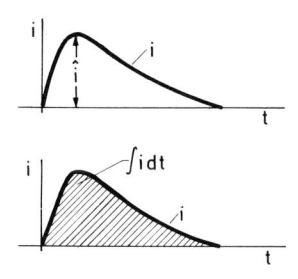

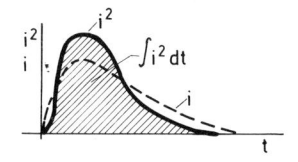

Bild E5. Ladung $\int i \cdot dt$ und Stromquadratimpuls $\int i^2 \, dt$ für einen Einzelblitz. Bei Mehrfachblitzen werden die Einzelwerte und gegebenenfalls die Werte für einen Stromschwanz addiert.

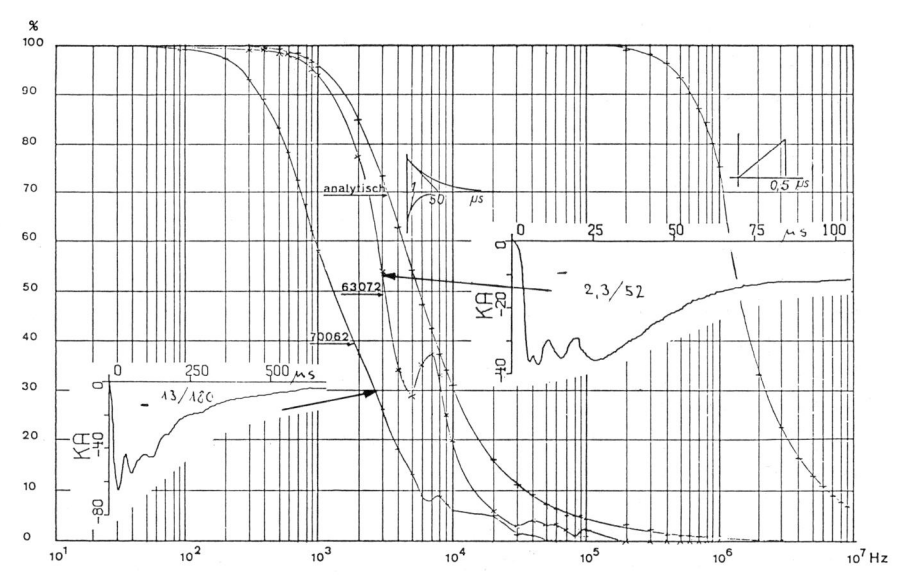

Bild E6. Frequenzanalyse einiger Blitzströme [5].

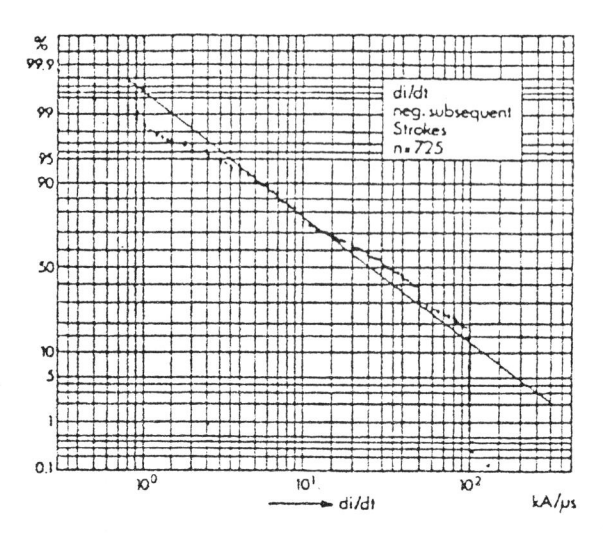

Bild E 7. Häufigkeitsverteilung der maximalen Steilheit der negativen Folgeblitze aus den Messungen in der Schweiz [8].

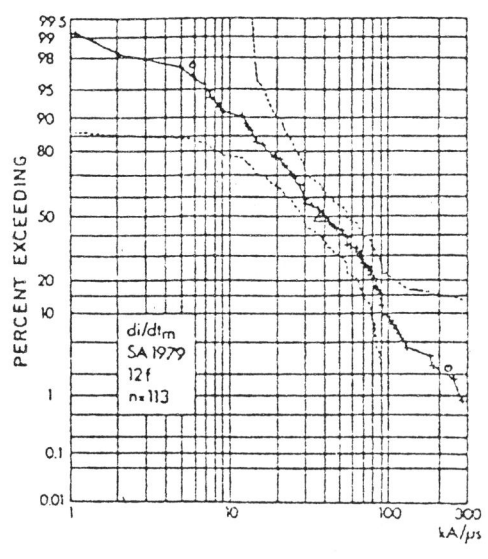

Bild E 8. Häufigkeitsverteilung der maximalen Steilheit der negativen Folgeblitze aus den Messungen in Südafrika [8].

praktische Anwendung benötigt man Kennwerte, die möglichst den zu erwartenden Höchstwerten entsprechen. Aus den zur Verfügung stehenden Unterlagen lassen sich die Höchstwerte indes nicht mit Sicherheit bestimmen. Man muß berücksichtigen, daß außer den zehntausenden von Messungen mit Stahlstäbchen auf der ganzen Erde bisher wohl nur einige Tausend Blitze oszillographiert wurden. Das ist ein sehr geringer Anteil der etwa 1 Million Blitze, die z. B. in einem Jahr in der Bundesrepublik Deutschland einschlagen. Man muß daher annehmen, daß die Häufigkeitskurven genauere obere Grenzwerte ergeben würden, wenn genügend weitere Messungen durchgeführt würden. Da mit solchen Messungen in absehbarer Zeit nicht zu rechnen ist, bleibt nur übrig, die möglichen Höchstwerte abzuschätzen.

Hasse und *Wiesinger* haben mit statistischen Methoden die gegebenen Häufigkeitskurven ausgewertet [11]. Sie schlagen drei Gruppen der 4 Kennwerte i, di/dt_{max}, Q und $\int i^2 dt$ vor: für normale, hohe und extreme Anforderungen mit Wahrscheinlichkeiten von 2%, 0,5% und 0,1%. Die angegebenen Zahlenwerte sind als Größenordnungen anzusehen und müssen vom Anwender von Fall zu Fall ausgewählt werden.

Tabelle 1 Blitzstrom-Kennwerte nach Hasse/Wiesinger

Grenzwert			Anforderungen		
			normal	hoch	extrem hoch
Scheitelwert	i	kA	150	250	400*)
Größte Steilheit	di/dt	$kA/\mu s$	80	130*)	200*)
Ladung Q	$\int i \cdot dt$	C	50	300	800*)
Stromquadratimpuls	$\int i^2 dt$	$kA^2 s$	1	10	100*)

*) = extrapolierte Werte.
Die Werte in dieser Tabelle von 1982 sind geringfügig geändert gegenüber den Werten in der 1. Auflage 1977.

Es ist zwar nicht abzusehen, ob die Blitzforschung in Zukunft einige Überraschungen bezüglich besonders starker Blitze bringen wird. Aus Überlegungen und aus praktischen Erfahrungen läßt sich jedoch folgern, daß die Extremwerte von Hasse und Wiesinger wohl kaum erreicht werden. Gegen die Annahme extrem hoher Grenzwerte spricht die begrenzte Größe der Gewitterzellen, die keine beliebig hohe Ladung erzeugen und sammeln können.

Die obere Grenze für den Stromquadratimpuls $\int i^2 dt$ läßt sich aus der Erfahrung mit zerstörten Blitzableitungen an hohen freistehenden Schornsteinen abschätzen. Bis zu den dreißiger Jahren hatten hohe Schornsteine vielfach nur eine einzige Ableitung. Dem Verfasser des Kommentars sind vier Fälle bekannt, daß solche Ableitungen bei einem Blitzeinschlag vollständig zerstört wurden. Es handelte sich in einem Fall um einen Kupferdraht von 7 mm Durchmesser = 35 mm^2, in den andern Fällen um Stahlseile von 50 mm^2. *Baatz* [2] berichtet über die Zerstörung eines Erdseiles aus Stahl von 35 mm^2; da der Blitzstrom nach zwei Seiten abfloß, wurden in diesem Fall 70 mm^2 Stahlseil zerstört. **Bild E9** zeigt Teile des zerstörten Kupferdrahtes. (Das zerstörte Erdseil ist auf Bild 34 von [2] enthalten.) In beiden Fällen sind die Leitungen nicht geschmolzen, sondern nur in Stücke zerlegt worden. Der Mechanismus solcher Zerstörungen ist von *Neuhaus* ausführlich untersucht worden [12]. Die Drähte zerfallen bei Temperaturen um 500°C. Der dazu gehörige Stromdichtequadratimpuls beträgt bei Kupfer etwa $60 \cdot 10^3$ (A/mm^2)^{2}s und bei Stahl etwa $7 \cdot 10^3$ (A/mm^2)^{2}s. Für die Zerstörung der Leitungen waren positive Blitzströme verantwortlich, da sonst die erforderliche Zerstörungsenergie nicht zur Verfügung gestanden hätte. Die Ersatzfrequenz für positive Blitzströme beträgt etwa 1 kHz. Bei Kupfer beträgt die Eindringtiefe dann etwa 2 mm, so daß der Blitzstrom etwa 30 mm^2 ausfüllte. Der dazu gehörige Stromquadratimpuls beträgt $60 \cdot 10^3 \times 30^2 = 54$ kA^{2}s. Für ein Stahlseil aus dünneren Drähten beträgt die Eindringtiefe wegen der hohen Stromstärke etwa 2 mm je Draht, so daß der Blitzstrom den vollen Querschnitt von 70 mm^2 ausfüllte. Dazu gehört ein Stromquadratimpuls von $7 \cdot 10^3 \times 70^2 = 34$ kA^{2}s. Bei diesen sehr seltenen

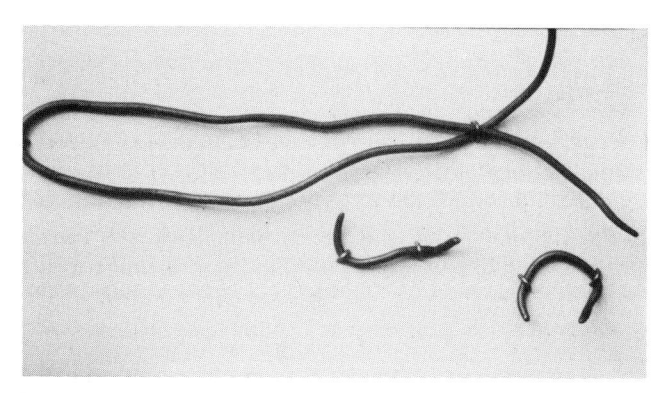

Bild E9.   Durch einen Blitz zerstörte Ableitung aus Kupfer von 7 mm Durchmesser an einem hohen freistehenden Schornstein.

Blitzschäden erreichte der Stromquadratimpuls etwa die Hälfte des in **Tabelle 1** angegebenen extrapolierten Wertes von 100 kA²s.

Auch die letzte bekannte Auswertung der Blitzstrom-Kennwerte durch *Berger* im Jahre 1980, die er selbst „Extreme Blitzströme" nennt [8], enthält Grenzwerte, die etwa zwischen den Grenzwerten nach Tabelle 1 für „hoch" und „extrem hoch" liegen. *Berger* hat dabei die Messungen in der Schweiz, in Frankreich, Italien und Südafrika berücksichtigt. **Tabelle 2** enthält diese Extremwerte nach *Berger*.

Tabelle 2 Extreme Blitzströme nach Berger

Grenzwert			bauliche Anlagen im Flachland (negative Blitze)	bauliche Anlagen über 100 m Höhe (positive und negative Blitze)
Scheitelwert	i	kA	100	300
Größte Steilheit	di/dt	kA/µs	200	200
Ladung Q	$\int i \, dt$	C	0,5...1	20...50
Stromquadratimpuls	$\int i^2 \, dt$	kA²s	200	500

Nach allen diesen Überlegungen liegen die Extremwerte in Tabelle 1 etwa beim doppelten Wert der tatsächlich möglichen Höchstwerte. Eine Blitzschutzmaßnahme, die auf Grund der Extremwerte ausgelegt ist, hat demnach eine etwa zweifache Sicherheit gegen Versagen.

3 Zusammenhängende Blitzstrom-Kennwerte

Die Werte der Tabellen 1 und 2 sind nicht unterteilt nach den drei Blitzstromarten und sie stellen auch keine für die jeweilige Blitzstromart zusammenhängenden Werte dar. Ihre Anwendung ist daher im wesentlichen beschränkt auf solche Aufgaben, bei denen die Annahme eines Kennwertes genügt, z. B. di/dt zur Berechnung des Mindestabstandes bei Näherungen oder $\int i^2 dt$ für die Bemessung von Leitungen, Verbindern, Funkenstrecken. In der Praxis kommen auch Aufgaben vor, für deren Lösung zusammenhängende Kennwerte der drei Blitzstromarten benötigt werden. **Tabelle 3** enthält Beispiele für die Anwendung einzelner und insbesondere zusammengehörender Kennwerte.

Zusammengehörende Kennwerte sind z. B. unentbehrlich zur Ermittlung der Kopplungsspannungen in geschirmten Leitungen von elektronischen Meß-,

Steuer- und Regelanlagen. Je nach Art der Schirmung, z. B. Metallmantel, Metallgeflecht, Stahlbetonkanal, ergeben sich die ungünstigsten Kopplungsspannungen bei positiven oder bei negativen Blitzen [9, 13] (s. auch Anhang D). Berechnungen oder Versuche müssen daher mit allen drei Blitzstromarten und jeweils mit Scheitelwert, T_1 und T_2 ausgeführt werden. Tabellen mit zusammengehörigen Blitzstromkennwerten sind bisher nicht bekannt geworden, werden aber z. B. dringend benötigt bei der Aufstellung einer Regel für die Auslegung von Kernkraftwerken gegen Blitzeinwirkungen. *Neuhaus* und *Pigler* [14] haben im Auftrag des zuständigen Kerntechnischen Ausschusses die **Tabelle 4** erarbeitet.

Tabelle 3 Beispiele für die Anwendung von Einzelkennwerten und von zusammengehörigen Kennwerten

Aufgabe	Pos. Blitz	Neg. Erst-Blitz	Neg. Folge-Blitz	i max kA	di/dt kA/μs	T_1 μs	T_2 μs	$\int i\,dt$ C	$\int i^2\,dt$ kA²s
1 Erwärmung von Leitungen	x	x							x
2 Erdungsspannung	x	x	x						
3 Stoßerdungswiderstand	x	x	x	x		x			
4 Mindestabstand bei Näherungen									
mit Potentialausgleich					x	x			
ohne Potentialausgleich									
pos. Blitz zu erwarten	x								
nur neg. Blitz zu erwarten		x				x			
5 Tankdach, Temperatur auf Innenseite	x								x
6 Sprengwirkung bei Holz, Stein	x	x							x
7 Magnetische Kraftwirkungen	x	x							x
8 Kopplungsspannung bei abgeschirmten Leitungen	x	x	x	x			x	x	
9 zulässige Körperströme bei Berührungs- und Schrittspannungen zu ermitteln aus	x	x	x	x			x	x	
10 Grundlage für Prüfströme									
für Ventilableiter		x				x	x		
für Klemmen, Funkenstrecken		x				x	x	x	x
für Hochstromableiter	x							x	x

Tabelle 4 Vorschlag für zusammengehörige Blitzstromkennwerte

Anforderungen an den Blitzschutz				normal	hoch	extrem hoch
positiver Blitz (in bauliche Anlagen über 100 m Höhe)	Stromscheitelwert	i	kA	300	400	500
	größte Stromsteilheit	di/dt	kA/µs	7	10	15
	Stirnzeit	T_1	µs	70	60	50
	Rückenhalbwertzeit	T_2	µs	500	500	500
	Ladung	$\int i\,dt$	C	400	600	800
	Stromquadratimpuls	$\int i^2\,dt$	kA²s	10	25	100
negativer Erstblitz	Stromscheitelwert	i	kA	70	80	100
	größte Stromsteilheit	di/dt	kA/µs	40	60	100
	Stirnzeit	T_1	µs	10	8	5
	Rückenhalbwertzeit	T_2	µs	200	200	200
negativer Folgeblitz	Stromscheitelwert	i	kA	30	40	50
	größte Stromsteilheit	di/dt	kA/µs	100	150	200
	Stirnzeit	T_1	µs	0,30	0,25	0,25
	Rückenhalbwertzeit	T_2	µs	150	150	150
negativer Mehrfachblitz	Ladung	$\int i\,dt$	C	100	150	200
	Stromquadratimpuls	$\int i^2\,dt$	kA²s	2	3	5

Die Tabelle 4 enthält entsprechend der Tabelle 1 nach *Hasse* und *Wiesinger* für Grenzkennwerte ebenfalls drei Gruppen von Anforderungen: normal, hoch und extrem hoch. Die Werte für extrem hohe Anforderungen können angewendet werden auf Blitzschutzeinrichtungen, die im Störfall nicht versagen dürfen, z. B. bei Sicherheitsschaltungen von Kernkraftwerken. Wie im Abschnitt 2 ausgeführt wurde, werden die extrem hohen Kennwerte nicht erreicht, so daß in der Auslegung der Blitzschutzeinrichtung ein Sicherheitszuschlag enthalten ist.

Im Gegensatz dazu wurden die Anforderungen im Buch „Blitzschutz" und auch in DIN 57185/VDE 0185 nach üblichen normalen Blitzkennwerten festgelegt, also ohne rechnerischen Sicherheitszuschlag. Das bedeutet für die üblichen Anlagen, daß der Blitzschutz nicht hundertprozentig sein kann. Das wäre wirtschaftlich nicht zu vertreten. Für bauliche Anlagen mit besonders gefährdeten Bereichen wie feuergefährdet, explosionsgefährdet und explosivstoffgefährdet, ist in den Blitzschutz-Richtlinien eine erhöhte Sicherheit vorgesehen, jedoch nicht durch Annahme höherer Blitzstrom-Kennwerte, sondern durch Vermehrung der Fangleitungen und Ableitungen, bei explosivstoffgefährdeten Bereichen außerdem durch eine doppelte Blitzschutzanlage. Eine Übersicht über die im Buch „Blitzschutz" und in DIN 57185/VDE 0185 angenommenen Blitzstrom-Kennwerte enthält **Tabelle 5**.

Tabelle 5 Blitzstrom-Kennwerte im Buch „Blitzschutz" und in DIN 57185/ VDE 0185

Kennwert für			ABB 5. bis 8. Auflage	DIN 57185/ VDE 0185	Anwendung für
Scheitelwert	i	kA	120	100	$D \geq R/5$
Größte Steilheit im Stromanstieg	di/dt	kA/µs	60	120	$D \geq L/10$, $D \geq L/20$ $D \geq L/5$ $D \geq L/7 \cdot n$
Scheitelwert + Steilheit	i $+di/dt$	kA kA/µs		100 120	$D \geq R/5 + L/5$ $D \geq R/5 + L/7 \cdot n$ *)
Ladung Gesamtblitz	$\int i \, dt$	C	–	200	Blechdicke Tankdach 5 mm**)
Stromquadratimpuls Gesamtblitz	$\int i^2 \, dt$	kA²s	50	50	für Ableitungen an freistehenden hohen Schornsteinen 2 × Cu 50 mm² (Temperatur 20 K) 2 × Fe 100 mm² (Temperatur 100 K) 2 × VA 113 mm² (Temperatur 200 K)

*) Zusammenwirken von 100 kA und 120 kA/µs entspricht einem sehr hohen negativen Blitzstrom. Bei positivem Blitzstrom gilt mit $i = 500$ kA etwa $D \geq R/1$; dabei ist der Einfluß der Steilheit zu vernachlässigen; dieser Hinweis fehlt in DIN 57185/VDE 0185.
Eine Berechnung der Mindestabstände D enthält Anhang G.
**) Die Blechdicke von 5 mm bei Tankdächern aus Stahl zur Verhinderung zündfähiger Temperaturen im Tankinnern hat sich seit Jahrzehnten im Inland und Ausland bewährt, obwohl Blitze mit höheren Ladungen als 200 C vorkommen können. Es ist jedoch zu berücksichtigen, daß der Blitzfußpunkt auf blankem Stahl nicht festhaftet, sondern wandert.

4 Häufigkeit und Intervalldauer bei Mehrfachblitzen

Aus Bild E2 ist zu erkennen, daß die negativen Blitze zum Teil aus mehreren oder vielen schnell aufeinander folgenden Teilblitzen bestehen. In den Tabellen 1 und 4 sind diese Folgeblitze jeweils nur mit einem Einzelwert berücksichtigt. Es besteht jedoch die Möglichkeit, daß in Sonderfällen alle Teilblitze zusammen wirken können mit Folgen, die über die Wirkung eines

einzelnen Teilblitzes hinausgehen. Mögliche Beispiele dazu sind folgende:
Veränderte Überschlags- oder Durchschlagsspannungen bei Luftstrecken, Kriechstrecken oder fester Isolation,
Überbeanspruchung von Überspannungsableitern und Überspannungsschutzeinrichtungen,
Vortäuschung falscher Signale in Meß-, Steuer- und Regelstromkreisen,
Verstärkung von Berührungs- und Schrittspannungen bei Potentialsteuerungen.
Als Unterlage zur Beurteilung solcher Sonderfälle enthält **Tabelle 6** statistische Angaben zur Häufigkeit und Intervalldauer von Mehrfachblitzen, entnommen aus [1].

Tabelle 6 Häufigkeit und Intervalldauer von Mehrfachblitzen

Mehrfachblitze	Mittel	Grenzen
Häufigkeit	55%	Schweiz 24% Südafrika 87%
Anzahl der Teilblitze	3	Schweiz 1,8, Südafrika 4,2 selten über 10 Teilblitze (5%)
Intervalldauer 1. bis 2. Teilblitz 2. bis 3. Teilblitz usw.	35 ms 45 ms	95% über 6 ms, 5% über 200 ms
Gesamte Dauer	200 ms	95% über 64 ms, 5% über 620 ms Maximum 1000 ms (nach Berger)
Anteil der Mehrfachblitze mit mehr als einer Einschlagstelle auf der Erde	10%	

5 Gewitterhäufigkeit und Blitzdichte

Unterlagen zur Gewitterhäufigkeit und zur Blitzdichte (Blitze je km^2 und Jahr), die zur Abschätzung der Einschlagerwartung in bauliche Anlagen benötigt werden, sind im Anhang A „Die Blitzschutzbedürftigkeit baulicher Anlagen" enthalten.

Schrifttum

[1] *Anderson, R. B.; Eriksson, A. J.:* Lightning Parameters for Engineering Application, Bericht der Cigré-Kommission Nr. 33, Electra 1979 Nr. 69, S. 65–102.

[2] *Baatz, H.:* Überspannungen in Energieversorgungsnetzen. Springer-Verlag Berlin 1956.

[3] *Baatz, H.:* Mechanismus des Gewitters und Blitzes – Grundlagen des Blitzschutzes von Bauten. VDE-Schriftenreihe Band 34, VDE-VERLAG GmbH Berlin, 1978.

[4] *Berger, K.:* Methoden und Resultate der Blitzforschung auf dem Monte San Salvatore bei Lugano in den Jahren 1963–1971. Bull. SEV Bd. 63 (1972) H. 24, S. 1403–1422 und Bd. 65 (1973) H. 3, S. 120–136.

[5] *Berger, K.:* Blitzstromatlas für negative und positive Abwärtsblitze, Frequenzspektren von Blitzströmen, Verlag K. Berger 1973 (Prof. Dr. K. Berger, Gestadstrasse 31, CH 8702 Zollikon).

[6] *Berger, K.; Anderson, R. B.; Kröninger, H.:* Parameters of Lightning Flashes. Bericht für die Cigré, Electra Mai 1975, Nr. 41, S. 23–37.

[7] *Berger, K.:* Blitzstrom-Parameter von Aufwärtsblitzen. Bull. SEV Bd. 69 (1978) H. 8, S. 353–360.

[8] *Berger, K.:* Extreme Blitzströme und Blitzschutz. Bull SEV Bd. 71 (1980) H. 9, S. 460–464.

[9] *Boeck, W.; Steinbigler, H.; Trapp, N.:* Der Schutz von räumlich ausgedehnten Meß-, Steuer- und Regelsystemen gegen Blitzstörspannungen. Bericht R-3.01 zur 16. Internationalen Blitzschutzkonferenz in Ungarn 1981, Auszug in etz Bd. 102 (1981) H. 19/20, S. 1050–1054.

[10] *Garbagnati, E.; Marioni, F.:* Parameters of Lightning Currents. Interpretation of the Results abtained in Italy. Bericht R-1.03 zur 16. Internationalen Blitzschutz-Konferenz in Ungarn 1981.

[11] *Hasse, P.; Wiesinger, J.:* Handbuch für Blitzschutz und Erdung. 2. Auflage, Richard Pflaum Verlag/VDE-VERLAG GmbH, 1982.

[12] *Neuhaus, H.:* Entstehung und Verhütung von Gebäudeschäden bei Blitzeinschlägen in Fernsehantennen. Bericht zur 10. Internationalen Blitzschutzkonferenz in Budapest 1969.

[13] *Neuhaus, H.:* Die Abschätzung der Blitzstromverteilung auf die einzelnen Gebäude von Industrieanlagen über unterirdische und oberirdische Verbindungen. Bericht K: 74–119 zur 15. Europäischen Blitzschutzkonferenz in Uppsala 1979. Vol. I, The Institute of High Voltage Research, Husbyborg, S-755 90 Uppsala/Sweden.

[14] *Neuhaus, H.; Pigler, F.:* Blitzkennwerte als Grundlage der Bemessung von Blitzschutzmaßnahmen. etz Bd. 103 (1982) H. 9, S. 463–467.

[15] *Wiesinger, J.:* Blitzforschung und Blitzschutz. R. Oldenbourg Verlag München 1972.

Anhang F

Personenblitzschutz gegen Berührungs- und Schrittspannungen bei Blitzeinschlag

1 Auswahl der baulichen Anlagen

Nach DIN 57185 Teil 1/VDE 0185 Teil 1, Abschnitt 5.3.9 sind bei besonders blitzgefährdeten baulichen Anlagen, die dem öffentlichen Verkehr zugänglich sind, z. B.
Aussichtstürme,
Schutzhütten,
Kirchtürme,
Kapellen,
Flutlichtmasten,
Brücken und dergleichen
im Bereich um die Eingänge und Aufgänge sowie am Fußpunkt von Masten Maßnahmen gegen eine Gefährdung von Menschen durch Berührungsspannungen und Schrittspannungen bei Blitzeinschlag zu treffen.
Solche Maßnahmen sind z. B. je nach den örtlichen Gegebenheiten einzeln oder kombiniert:
Vermeidung von Ableitungen und Erdern im gefährdeten Bereich,
Potentialsteuerung,
Isolierung des Standortes durch isolierenden Bodenbelag,
Isolierende Umhüllung von Masten.

2 Erfahrungen aus Blitzunfällen

Nach Harms [6] sind direkte Blitzeinschläge auf den Menschen fast immer tödlich. Von 250 solcher Unfälle führten 229 zum Tode; das sind rund 90%. Bei der Einwirkung von Teilblitzströmen, z. B. bei Blitzunfällen innerhalb von Gebäuden mit Metalleinbauten, aber ohne Blitzableiter, verliefen von 64 Unfällen nur 5 tödlich; das sind 8%. Von 161 Unfällen durch Schrittspannungen führten nur 13, das sind rund 10% zum Tode. Diese tödlichen Unfälle ereigneten sich im Bereich bis zu 8 m Entfernung von der Blitzeinschlagstelle. Lähmungen wurden jedoch bis zu 150 m Abstand von der Einschlagstelle beobachtet.

3 Bisherige Schutzmaßnahmen

DIN 57185/VDE 0185 enthält keine Angaben über die praktische Ausführung dieser Schutzmaßnahmen im Gegensatz zur 8. Auflage der ABB mit folgenden zahlenmäßigen Bemessungsregeln:
Gefahrenbereich ist ein Umkreis von 5 m um Zugänge usw.
bei Aussichtstürmen doppelter Ringerder in 1 m und 3 m Abstand, zusätzlich netzförmige Erder mit 0,5 m bis 1 m Maschenweite,
bei Flutlichtmasten isolierende Umkleidung auf mindestens 3 m Höhe und isolierender Bodenbelag in mindestens 5 m Umkreis,
Beispiel für den Aufbau eines isolierenden Bodenbelages.
Eine Beurteilung der tatsächlichen Wirksamkeit dieser Schutzmaßnahmen war bisher nicht möglich, da gesicherte Erkenntnisse über die zulässige Blitzstrombelastung des Menschen nach Strom und Zeit noch fehlten. Vorschläge zur rechnerischen Bestimmung solcher Schutzmaßnahmen wurden zwar bereits 1971 von Berger [1 und 2] sowie Neuhaus [9] veröffentlicht. Jedoch wurde auf der 11. Internationalen Blitzschutzkonferenz in München 1971 keine Einigung über die anzunehmenden Blitzstrombelastungen erzielt.

4 Entstehung von Schrittspannungen und Berührungsspannungen

In der Umgebung eines stromdurchflossenen Erders bildet sich auf der Erde ein Spannungsgefälle aus, das man nach **Bild F1** als Potentialkurve oder nach **Bild F2** als Spannungstrichter darstellen kann. **Bild F3** zeigt, wie auf der Erde eine Schrittspannung und wie an einer Blitzableitung eine Berührungsspannung auf einen Menschen einwirkt. Schrittspannung und Berührungsspannung werden auf 1 m Abstand bezogen. Die Berührungsspannung in Bild F3 ist als Teil des Spannungstrichters gezeichnet. Zusätzlich wirkt auf den Menschen in dieser Stellung auch noch der induktive Spannungsfall an der blitzstromdurchflossenen Ableitung. **Bild F4** zeigt die meßtechnische Aufnahme der Widerstandskennlinie eines Erders, die gleichzeitig den Spannungstrichter darstellt.

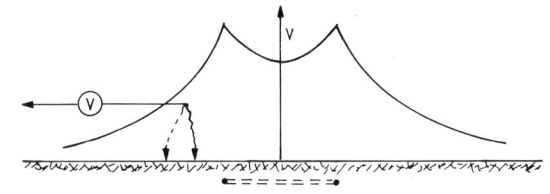

Bild F1 Potentialverteilung auf der Erde oberhalb eines Ringerders

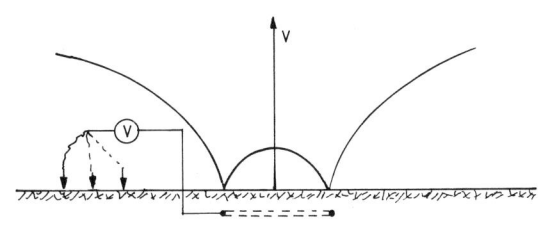

Bild F2 Spannungstrichter auf der Erde oberhalb eines Ringerders

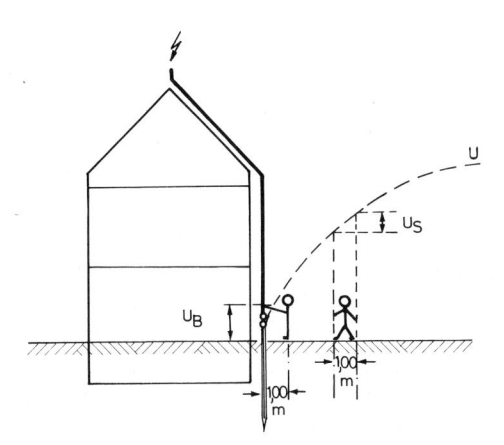

Bild F3 Begriff der Berührungsspannung und der Schrittspannung. Für beide Begriffe gilt ein Abstand von 1 m

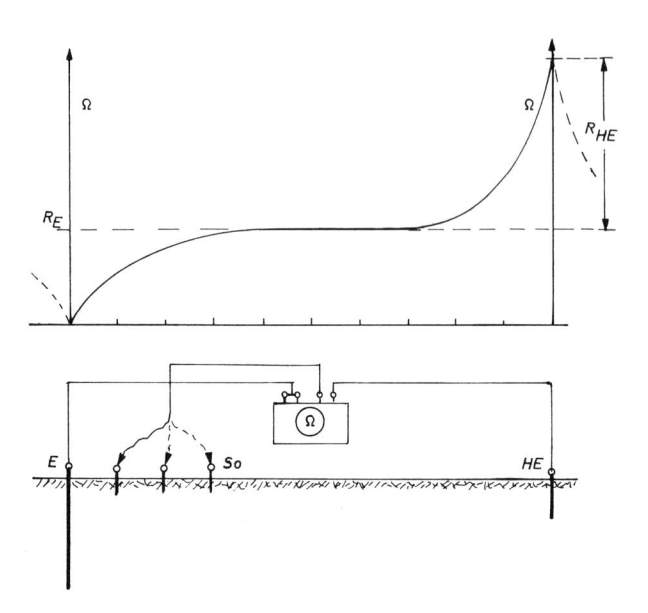

Bild F4 Meßverfahren zur Aufnahme einer Widerstandskennlinie mittels Erdungsmeßbrücke; bei verschiedenen Sondenstellungen zwischen E und HE wird der jeweilige Erdungswiderstand gemessen.

5 Zulässige Körperspannungen bei Blitzeinwirkungen

Bild F5 zeigt eine Kurve der zulässigen Spannungen am menschlichen Körper, abhängig von der Einwirkungsdauer. Die Form dieser Spannung ist eine exponentiell abfallende Kurve wie bei einer Kondensatorentladung über einen Widerstand mit der Zeitkonstanten T als Einwirkungsdauer. Diese Kurve entspricht einem Vorschlag, der von Neuhaus [9] bereits 1971 auf der Internationalen Blitzschutzkonferenz in München vorgetragen wurde.

Als Unterlagen wurden verwertet die Statistiken und die Beschreibungen von Blitzunfällen, Berichte über die Untersuchung von Unfällen durch Kondensatorentladungen und Stoßgeneratoren, VDE-Bestimmungen über zulässige Stoßspannungen oder Stoßströme an Elektrostatischen Sprühanlagen und an Weidezaungeräten, Empfindungs-Versuche bei Kondensatorentladungen an Personen. Die vorgeschlagene Kurve entspricht einer 1976 in einem DDR-Standard enthaltenen Bestimmung über zulässige Berührungsspannungen für Menschen und Nutztiere (TGL 200-0616/02 März 1976).

Inzwischen wurde vom TC 64 der IEC eine Kurvenschar für Stromein-

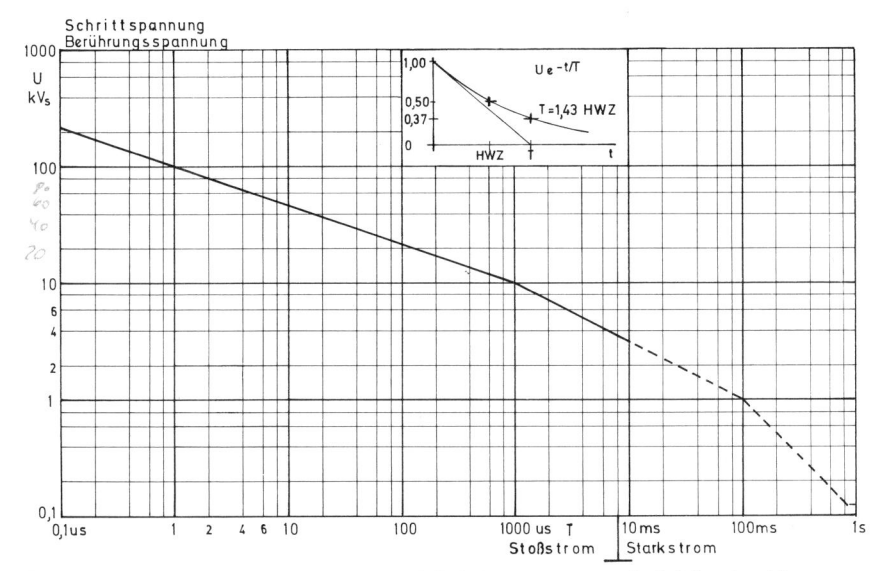

Bild F5 Zulässige Berührungs- und Schrittspannungen bei Blitzeinwirkungen auf den Menschen, abhängig von der Einwirkungsdauer T

wirkungen im Bereich von 0,1 ms bis 10 ms durch Stromstöße in Rechteckform, in angeschnittener Sinusform und bei Kondensatorentladungen als Entwurf vorgelegt [3]. Nach Umrechnung dieser Stromkurven auf Spannungskurven unter Annahme eines Körperwiderstandes von 1000 Ω ergab sich stellenweise eine geringfügige Unterschreitung der Kurvenwerte auf Bild F5. Da die IEC-Werte zur Zeit nur ein Entwurf sind und aus Tierversuchen hochgerechnet wurden, besteht keine Veranlassung, die Kurve auf Bild F5 zu ändern.
Grundsätzlich ist zu bemerken, daß Blitzeinwirkungen auch in dem zugelassenen Bereich nicht schmerzfrei und nicht ohne vorübergehende Gesundheitsbeeinträchtigungen verlaufen werden. Das gleiche gilt im übrigen auch für Starkstromeinwirkungen bei Einhaltung der VDE-Bestimmungen für die zulässigen Berührungsspannungen.

6 Körperwiderstände bei Einwirkung von elektrischem Strom

Der Widerstand des menschlichen Körpers gegen elektrischen Strom ist schon vielfach untersucht worden. Der Widerstand hängt wesentlich ab vom Stromweg, von der Spannung und von der Einwirkungsdauer.

Bei hohen Spannungen wie bei Blitzeinwirkungen spielt der Widerstand der Haut keine Rolle, sodaß im wesentlichen der Innenwiderstand aus Muskeln, Knochen, Blutbahnen wirksam ist. Nach eingehenden Untersuchungen von Sam [11] über Teilwiderstände können im Mittel die Körperwiderstände für die verschiedenen Stromwege – wie in Tabelle 1 angegeben – angenommen werden.

Tabelle 1 Körperwiderstände bei 50 Hz

Stromweg	Widerstand
Hand—Hand	1200 Ω
1 Hand—1 Fuß	1200 Ω
1 Hand—2 Füße	900 Ω
2 Hände—1 Fuß	1000 Ω
2 Hände—2 Füße	550 Ω
Fuß—Fuß	1200 Ω
Rücken/Schulter—2 Füße	400 Ω

Als Mittelwerte werden angenommen:
Widerstand Hand—Füße $R_k = 1000$ Ω bei Berührungsspannungen
Widerstand Fuß—Fuß $R_k = 1000$ Ω bei Schrittspannungen.

7 Blitzstrom-Kennwerte

Die für die folgenden Berechnungen anzunehmenden Blitzstromkennwerte sind aus Anhang E, Tabelle 4, Gruppe hohe Anforderungen, entnommen und in der folgenden **Tabelle 2** zusammengestellt.

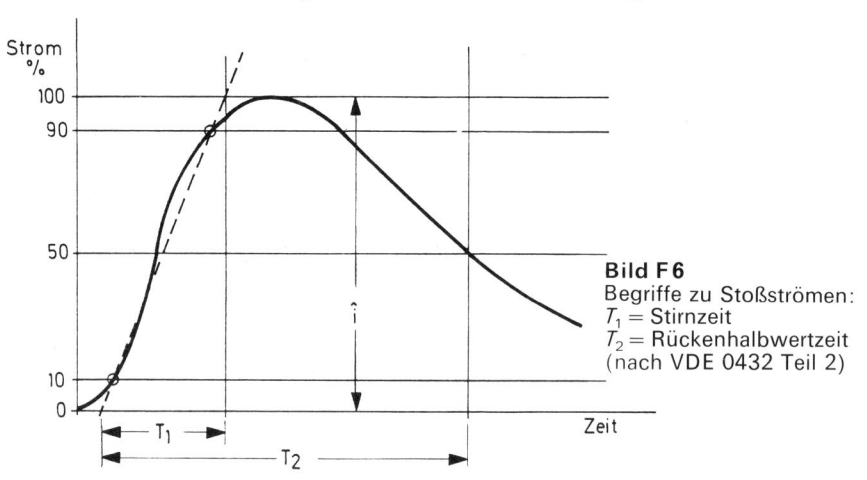

Bild F 6
Begriffe zu Stoßströmen:
T_1 = Stirnzeit
T_2 = Rückenhalbwertzeit
(nach VDE 0432 Teil 2)

Tabelle 2   Blitzstromkennwerte

Blitzart			Negative Abwärtsblitze		Positive Aufwärtsblitze
Anwendung			für alle Anlagen		zusätzlich für hohe Bauten (über 100 m) und auf Bergen
Kennwerte für			1. Teilblitz	Folgeblitze	Einzelblitze
Scheitelwert	i	kA	80	40	400
Größte Steilheit	di/dt	kA/µs	60	150	10
Stirnzeit	T_1	µs	8	0,25	60
Rückenhalbwertzeit	T_2	µs	200	150	500
Anzahl der Teilblitze		Mittelwert	3		
		Selten	über 10		
Pausen zwischen den Teilblitzen		Mittelwert Grenzen ca.	40 ms 6 und 200 ms		
Ges. Dauer eines Mehrfachblitzes		Mittelwert Selten	200 ms 1 s		

Die Begriffe T_1 und T_2 sind auf **Bild F 6** angegeben. In Bild F 5 mußte aus Vereinfachungsgründen die Zeitkonstante T einer exponentiell abfallenden Kurve angenommen werden.

3   Zulässige Schrittspannungen und Berührungsspannungen

Bild F 5 enthält die Spannungen, abhängig von der Einwirkungsdauer, die unmittelbar am Körper anliegen dürfen. Die dem Körperwiderstand R_k vorgeschalteten Erdungswiderstände der Füße erhöhen die zulässigen Gesamtspannungen in Form der Schrittspannungen auf der Erde oder der Berührungsspannung zwischen einem mit der Hand berührten Teil und Erde. Diese Überhöhungen der Schrittspannungen und Berührungsspannungen über die zulässige Körperspannung hängen sehr wesentlich ab vom spezifischen Erdwiderstand ρ.
Der Erdungswiderstand der Füße wird als Kreisplattenerder gerechnet:

$$R = \frac{\rho}{2D}$$

Als Durchmesser werden angenommen für einen Fuß $D = 0,15$ m, für

2 Füße nebeneinander $D = 0{,}35$ m. Die Erdungswiderstände betragen dann:
für einen Fuß

$R_1 = 3{,}3 \cdot \rho$

für 2 Füße in Schrittweite auseinander

$2 \cdot R_1 = 6{,}6 \cdot \rho$

für 2 Füße nebeneinander

$R_2 = 1{,}5 \cdot \rho$

Die Erdungswiderstände der Füße liegen in Reihe mit dem Körperwiderstand von $R_k = 1000\ \Omega$.
Die Überhöhungen der zulässigen Schrittspannungen und Berührungsspannungen über die zulässigen Körperspannungen sind in **Tabelle 3** zusammengestellt.

Tabelle 3 Einfluß des spezifischen Erdwiderstandes auf die zulässigen Schrittspannungen und Berührungsspannungen

spezifischer Erdwiderstand ρ (Ωm)	$2 \cdot R_1 = 6{,}6 \cdot \rho$ Ω	$\dfrac{2 \cdot R_1 + R_k}{R_k}$	$R_2 = 1{,}5 \cdot \rho$ Ω	$\dfrac{R_2 + R_k}{R_k}$
100	660	1,66	150	1,15
200	1300	2,3	300	1,3
500	3300	4,3	750	1,75
1000	6600	7,6	1500	2,5
gültig für	Schrittspannungen		Berührungsspannungen	

Die zulässigen Körperspannungen in Bild F5 sind bezogen auf die Dauer der Zeitkonstanten T einer exponentiell abfallenden Spannungskurve. Die Dauer der Blitzstromkennwerte nach Tabelle 2 ist ausgedrückt durch die Stirnzeit T_1 und die Rückenhalbwertzeit T_2. Die Stirnzeit T_1 kann mit genügender Genauigkeit der Zeitkonstanten T in Bild F5 gleich gesetzt werden. Die Rückenhalbwertzeit T_2 entspricht dagegen dem 0,7fachen Wert der Zeitkonstanten T, wie die Skizze oben in Bild F5 zeigt. Die Zeiten T_2 müssen daher um $1/0{,}7 = 1{,}43$fach verlängert werden, um die zugehörigen Spannungen aus Bild F5 zu entnehmen.
Tabelle 4 zeigt zunächst die zulässigen Körperspannungen nach Bild F5, abhängig von Stirnzeit und Rückenhalbwertzeit. Die **Tabellen 5 und 6** enthalten die aus den Tabellen 3 und 4 berechneten zulässigen Schrittspannungen und Berührungsspannungen.

Tabelle 4 Zulässige Körperspannungen nach Bild F5 und Tabelle 2

Blitzstromart	negativer 1. Teilblitz	negativer Folgeblitz	positiver Blitz
Körperspannung während Stirnzeit T_1 kV	50	150	25
während Rückenhalbwertzeit T_2 kV	15	17	11

Tabelle 5 Zulässige Schrittspannungen, abhängig vom spezifischen Erdwiderstand ρ

Blitzstromart	negativer 1. Teilblitz		negativer Folgeblitz		positiver Blitz	
	($\hat{i}$ = 80 kA)		($\hat{i}$ = 40 kA)		($\hat{i}$ = 400 kA)	
Zulässige Schrittspannungen bei	T_1 kV	T_2 kV	T_1 kV	T_2 kV	T_1 kV	T_2 kV
ρ = 100 Ωm	83	25	250	28	42	18
200	115	35	350	40	58	25
500	215	65	650	73	108	47
1000	380	115	1150	130	190	84

Tabelle 6 Zulässige Berührungsspannungen, abhängig vom spezifischen Erdwiderstand ρ

Blitzstromart	negativer 1. Teilblitz		negativer Folgeblitz		positiver Blitz	
Zulässige Berührungsspannungen bei	T_1 kV	T_2 kV	T_1 kV	T_2 kV	T_1 kV	T_2 kV
ρ = 100 Ωm	58	17	173	20	29	13
200	65	20	195	22	33	14
500	88	26	260	30	44	19
1000	125	38	375	43	63	28

9 Schutzmaßnahmen an Flutlichtmasten in großen Sportanlagen

Für Flutlichtmasten, in deren Bereich sich Zuschauer regelmäßig und in dichten Scharen mit Blick auf das Spielfeld aufhalten können, sind Maßnahmen gegen zu hohe Schrittspannungen auf der Standfläche und gegen zu hohe Berührungsspannungen am Mast erforderlich.

9.1 Maßnahmen gegen zu hohe Schrittspannungen

Zu hohe Schrittspannungen in der Umgebung eines vom Blitz getroffenen Mastes lassen sich durch eine Potentialsteuerung oder durch einen isolierenden Bodenbelag verhindern. Ein isolierender Bodenbelag allein ist jedoch nicht zweckmäßig, weil er nur auf einem begrenzten Umkreis um den Mast aufgebracht werden kann. Außerhalb des isolierenden Bodenbelages würden dabei so hohe Schrittspannungen auftreten, daß zu ihrer Begrenzung eine sehr aufwendige Potentialsteuerung notwendig würde, die bereits unterhalb des isolierenden Bodenbelages beginnen müßte. Einfacher ist daher zur Begrenzung der Schrittspannungen eine Potentialsteuerung unmittelbar in der Umgebung des Mastes mittels eines Maschenerders. Die folgenden Vorschläge sind abgeleitet aus Erfahrungen mit Potentialsteuerungen an Masten von Hochspannungsleitungen, wie sie z. B. von Koch [7, 8] berechnet und von Feist [4, 5] im elektrolytischen Trog ermittelt wurden.

Maschenerder am Flutlichtmast:
Verlegen von 5 Ringerdern um den Mastfuß in Abständen von je 1 m,
Verlegungstiefe steigend von 0,5 m auf der Mastseite bis 1 m am Rand,
Radiale Verbindungen der beiden inneren Ringe viermal, der drei äußeren Ringe achtmal,
Anschluß des inneren Ringerders zweimal an die Bewehrung des Mastfundamentes,
bei Fundament ohne Bewehrung Baustahlgewebe als Fundamenterder einlegen und zweimal anschließen,
Schaft des Mastes, falls aus Stahl, zweimal an Fundamentbewehrung oder Fundamenterder anschließen,
Bei Schaft aus Stahlbeton, dessen Bewehrung zweimal oder gegebenenfalls zwei eingelegte Ableitungen anschließen
Schafterder mit allen Erdungsanlagen im Bereich der Sportanlage verbinden (DIN 57185 Teil 2/VDE 0185 Teil 2, Abschnitte 4.7.3 und 4.7.5)
Bei Auswahl der Erder Korrosionsschutz nach DIN 57185 Teil 1/ VDE 0185 Teil 1, Abschnitt 4.3.2 beachten.

Die Wirksamkeit dieser Potentialsteuerung läßt sich am Beispiel einer ausgeführten Anlage nach den **Bildern F 7 und F 8** nachweisen. In das **Bild F 8** ist die mittels Erdungsmeßbrücke ermittelte Widerstandskennlinie (gleich dem Spannungstrichter) eingetragen (Messung ohne angeschlossenen Ringerder). Oberhalb des Maschenerders bis etwa 4 m Abstand von Mastmitte bestehen keine merklichen Spannungsdifferenzen auf der Erdoberfläche; das bedeutet, daß in diesem Bereich keine Schrittspannungen auftreten. Erst am Rande des Maschenerders tritt eine hohe Schrittspannung auf, gekennzeichnet durch ein Widerstandsgefälle von 1 Ω/m. Bei z. B. 80 kA Scheitelwert des negativen ersten Teilblitzes ergibt das eine Schrittspannung von 80 kV/m. Zulässig sind nach Tabelle 5 für die Rückenhalbwertzeit von $T_2 = 200$ µs nur 25 kV.

Bild F7 Maschenerder zur Potentialsteuerung am Fuß eines Flutlichtmastes vor der Erdabdeckung (Bild Wettingfeld, Krefeld)

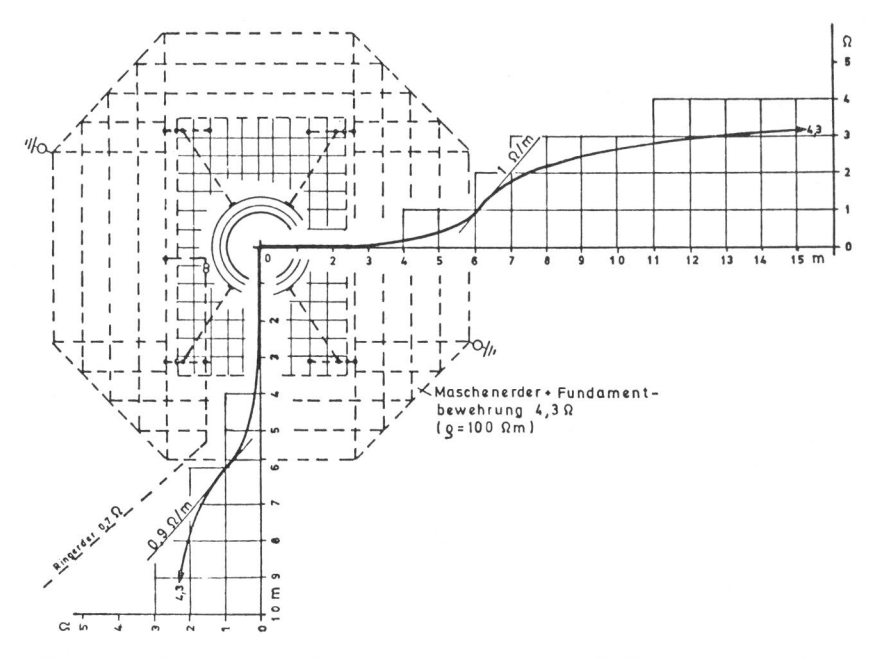

Bild F8 Abmessungen des Maschenerders nach Bild 7 und eingezeichnete Widerstandskennlinie. (Messung nach der Erdabdeckung)

239

Der oben vorgeschlagene Maschenerder allein reicht demnach nur aus zur Beseitigung von Schrittspannungen in der Umgebung des Mastes bis etwa 5 m Umkreis. Zur Beseitigung der zu hohen Schrittspannungen am Rande des Maschenerders sind zusätzliche Maßnahmen erforderlich in Form des oben vorgeschlagenen Anschlusses aller sonstigen Erder im Bereich der Sportanlage an den Maschenerder oder den Mast. In den **Tabellen 7 und 8** ist die Wirkung zusätzlicher Erder zur Begrenzung der Schrittspannungen bei spezifischen Erdwiderständen zwischen 100 und 1000 Ωm angegeben. In den Tabellen ist als zusätzlicher Erdungswiderstand der Stoßerdungswiderstand für angeschlossene Oberflächenerder der Sportanlage angenommen, der von Stirnzeit T_1 und Rückenhalbwertzeit T_2 sowie vom spezifischen Erdwiderstand ρ abhängt. Die Berechnung ist etwas umständlich; ein Rechenverfahren ist z. B. von Neuhaus in [10] angegeben.

Tabelle 7 Schrittspannungen am Rand des Maschenerders beim 1. Teilblitz

ρ	R_M	R_{St}	$R_M // R_{St}$	U_s	$U_{Szul.}$	R_{St}	$R_M // R_{St}$	U_s	$U_{Szul.}$
Ωm	Ω	Ω	Ω	kV	kV	Ω	Ω	kV	kV
100	5	5,2	2,6	52	83	1	0,85	17	25
200	10	7,2	4,2	84	115	1,4	1,2	24	35
500	25	11	7,6	152	215	2,4	2,2	44	65
1000	50	16	12,1	240	350	3,2	3,0	60	115
		$\hat{\imath} = 80$ kA,	$T_1 = 8$ µs			$\hat{\imath} = 80$ kA,	$T_2 = 200$ µs		

Tabelle 8 Schrittspannungen am Rand des Maschenerders beim Folgeblitz

ρ	R_M	R_{St}	$R_M // R_{St}$	U_s	$U_{Szul.}$	R_{St}	$R_M // R_{St}$	U_s	$U_{Szul.}$
m	Ω	Ω	Ω	kV	kV	Ω	Ω	kV	kV
100	5	28	4,3	43	250	1,2	1	10	28
200	10	40	8	80	330	1,6	1,4	14	40
500	25	68	18,3	183	650	2,6	2,4	24	73
1000	50	84	38,5	385	1150	3,8	3,5	35	130
		$\hat{\imath} = 40$ kA,	$T_1 = 0,25$ µs			$\hat{\imath} = 40$ kA,	$T_2 = 150$ µs		

Abkürzungen in den Tabellen 7 und 8:

R_M = Erdungswiderstand des Maschenerders am Mast,

R_{St} = Stoßerdungswiderstand der angeschlossenen Erdungsanlagen der Sportanlage, gerechnet für einen sehr langen Banderder,

U_s = $0,25 \times \hat{\imath} \times R_M // R_{St}$ = Schrittspannung am Rand des Maschenerders

$U_{Szul.}$ = zulässige Schrittspannung nach Tabelle 5.

Die Schrittspannung U_s am Rand des Maschenerders ist zu 25% der Erdungsspannung angenommen entsprechend der Widerstandskennlinie auf Bild F8. Nach Berechnungen und Messungen von Koch [8] und Feist [4] erreicht U_s am Rand eines Maschenerders von 10 m Durchmesser nur etwa 10% der Erdungsspannung. Die Rechenwerte in den Tabellen 7 und 8 liegen daher reichlich auf der sicheren Seite.
Nach diesen Berechnungen werden durch die Verlegung eines Maschenerders um den Mast und durch den Anschluß der Erdungsanlagen im übrigen Sportgelände die Schrittspannungen im Mastbereich bei Einschlag eines 1. Teilblitzes und der etwaigen Folgeblitze auf ungefährliche Werte begrenzt. Das gilt für beliebige spezifische Erdwiderstände, so daß deren Schwankungen im Laufe des Jahres mit Temperatur und Feuchtigkeit ohne Einfluß bleiben.
Diese Berechnungen gelten nicht für den Fall eines positiven Blitzes mit hohen Stromstärken bis zu 400 kA. Die Schrittspannungen würden bei dieser Anlage etwa drei- bis viermal höher als die zulässigen Schrittspannungen. Mit positiven Blitzen rechnet man im allgemeinen erst bei Bauten über 100 m Höhe. Da Flutlichtmasten diese Höhe nicht erreichen, darf auf eine Berücksichtigung der positiven Blitze verzichtet werden.

9.2 Maßnahmen gegen Berührungsspannungen am Mast

Bild F9 zeigt eine Person, die dicht an einem Mast steht. Würde der Mast keine Potentialsteuerung durch einen Maschenerder haben, so

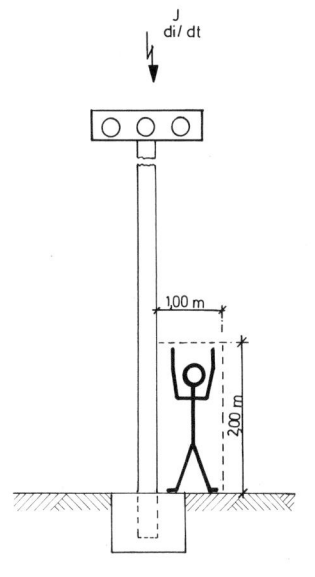

Bild F9 Gefahr durch induktiven Spannungsfall am Flutlichtmast

würde im Abstand von 1 m vom Mast zwischen der Standfläche der Person auf der Erde und dem Mast ein Teil der Erdungsspannung als Berührungsspannung wirksam sein. Ohne zusätzliche Erdungsmaßnahmen ist eine solche Berührungsspannung lebensgefährlich. Bei den im Abschnitt 9.1 vorgeschlagenen Maßnahmen tritt eine Berührungsspannung am Mast als Teil der Erdungsspannung nicht mehr auf. Es muß jedoch ermittelt werden, ob der induktive Spannungsfall am Mast bei der hohen Steilheit der Folgeblitze zu einer Personengefährdung führen kann. Nach Bild F 9 bildet eine Person mit erhobenen Armen am Mast eine Schleife von z. B. 1 m Breite und 2 m Höhe. Die Induktivität einer solchen Schleife beträgt etwa:

$$L = H \times 0{,}2 \times \ln \frac{R}{r} \qquad (\mu H)$$

$r =$ Mastradius (m)

$R =$ Mastradius + Schleifenbreite (m)

$H =$ Schleifenhöhe (m)

Die Spannung innerhalb der Schleife beträgt unter Berücksichtigung von Reflexionen [12]:

$$U_B = 2 \times L \times \mathrm{d}i/\mathrm{d}t \qquad (\text{kV})$$

Die **Tabelle 9** zeigt für einige Mastdurchmesser die zu erwartenden Schleifenspannungen für $H = 2$ m, Schleifenbreite 1 m, $\mathrm{d}i/\mathrm{d}t = 150$ kA/µs.

Tabelle 9 Schleifenspannungen an einem Flutlichtmast

Mastdurchmesser $D = 2r$	L	U_B
m	µH	kV
0,1	3	360
0,2	2,4	290
0,3	2	240
0,5	1,6	200
1,0	1,1	130

Die zulässige Berührungsspannung bei der angenommenen Blitzstrom-Steilheit entsprechend $T_1 = 0{,}25$ µs beträgt nach Tabelle F 6 bei einem spezifischen Erdwiderstand von $\rho = 100\ \Omega\mathrm{m}$ auf der Standfläche neben dem Mast 173 kV. Bei dieser Spannung wäre an Masten mit 1 m Durchmesser keine Gefahr mehr vorhanden, jedoch bei Masten mit geringerem Durchmesser. Bei höheren spezifischen Erdwiderständen auf der Standfläche, z. B. bei $\rho = 500\ \Omega m$, beträgt die zulässige Berührungsspannung 260 kV, so daß bei Masten ab 0,3 m Durchmesser keine Gefahr bestehen würde. Diese Überlegungen gelten für die Gefährdung einer einzelnen Person dicht am Mast. In der Wirklichkeit muß bei Großveranstaltungen mit ausverkauften Zuschauerplätzen wohl damit gerechnet werden, daß sich im Zuschauerbereich Scharen von Zuschauern auch um die Masten drängen. Für solche Fälle ist nicht vorhersehbar, wie sich hohe induktive Spannungsfälle am Mast auswirken werden. Als Schutzmaßnahme ist eine Standortisolierung aller Voraussicht nach unwirksam. Es bleibt daher nur übrig, den Mast selbst zu isolieren. **Bild F 10** zeigt dazu ein Beispiel. Die Isolierung ist bis auf 3 m Höhe aufgelegt und besteht aus einem Kunststoff mit Polyesterharz von 6 mm Dicke und einer Nenn-Steh-Blitzstoßspannung von mindestens 400 kV (Wellenform 1,2/50 µs). Eine solche Mastisolierung reicht demnach für alle vorkommenden Mastdurchmesser aus. Klappen für die Kabelanschlüsse und Türen zum Einsteigen in Masten mit großem Durchmesser müssen oberhalb der Mastisolierung liegen. Das muß gegebenenfalls rechtzeitig im Auftrag für die Mastlieferung vermerkt werden.

Bild F 10   Isolierung eines Flutlichtmastes auf 3 m Höhe als Schutz gegen induktiven Spannungsfall am Mast (Bild TÜV Rheinland)

Eine Standortisolierung oberhalb des Maschenerders ist aus Blitzschutzgründen nicht erforderlich. Der Bodenbelag, der üblicher Weise aufgebracht wird, sollte jedoch wasserabweisend sein und mit etwas Gefälle verlegt werden, damit sich keine Wasserpfützen bilden können (bitumenhaltiger Belag).

10 Flutlichtmasten in kleineren Sportanlagen

Kleinere Sportanlagen, insbesondere für Übungszwecke durch Schulen und Vereine, haben in der Regel keine großen Zuschauermengen. Für Flutlichtmasten bis zu einer Höhe von etwa 20 m ist die Gefährdung von Personen durch Blitzeinschlag so gering zu bewerten, daß auf umfangreiche Schutzmaßnahmen nach Abschnitt 9 verzichtet werden kann. (Geringe Blitzeinschlagwahrscheinlichkeit, geringe Personenzahl ohne Notwendigkeit, sich in Mastnähe aufzuhalten, ungehinderte Fluchtmöglichkeit bei drohendem Gewitter). Als vereinfachte Schutzmaßnahme sollte jedoch ein Rund- oder Flachleiter im Kabelgraben oberhalb der Kabel zu allen Flutlichtmasten verlegt werden. Um die Masten sollte auf 3 m Umkreis ein isolierender Bodenbelag nach den Angaben im Abschnitt 15 aufgebracht werden.

Masten bis zu etwa 20 m Höhe können auch in Kunststoff geliefert werden. Diese Bauart ist für die kleineren Sportanlagen zu empfehlen, da Berührungsspannungen vermieden werden. Die Klappen für die Kabelanschlüsse müssen dann mindestens 3 m hoch über Erde liegen.

11 Aussichtstürme

In der Nähe von Aussichtstürmen, besonders auf erhöhten Standorten, besteht zweifellos eine Gefährdung von Personen durch Schrittspannungen und unter Umständen auch durch Berührungsspannungen, wenn der Turm z. B. aus Stahlkonstruktion oder Stahlbeton besteht. Bei Türmen aus Mauerwerk oder aus Holzkonstruktion dürfte die Gefährdung durch Berührungsspannungen nur gering sein.

Die Wahrscheinlichkeit einer Personengefährdung ist bezüglich der Schrittspannungen wesentlich geringer als bei einem Flutlichtmast in einer großen Sportanlage. Die mögliche Personenzahl in der Nähe eines Aussichtsturmes ist nur gering und ihre Aufenthaltsdauer ist nur kurz im Vergleich zu einer Sportveranstaltung. Es ist daher berechtigt, die Schutzmaßnahmen in geringerem Umfang auszuführen als bei Flutlichtmasten nach Abschnitt 9. Für Aussichtstürme werden folgende Blitzschutzmaßnahmen vorgeschlagen:

Äußere Blitzschutzanlage mit 2 Ableitungen, die möglichst weit abgewandt vom Eingang verlegt werden; das gilt auch für Türme unter 20 m Höhe,

Erdung mittels zweier Oberflächenerder, die von den Ableitungen ausgehend mindestens 40 m lang in freies Gelände verlegt werden,

Bei Türmen aus nichtleitenden Werkstoffen wird im Umkreis von 3 m um den Eingang ein isolierender Oberflächenbelag aufgebracht.

Bei Türmen aus Stahl oder Stahlbeton soll der Belag in 5 m Umkreis aufgebracht werden.

Metallteile im Turminnern oben und unten anschließen, Unterbrechungen überbrücken.

Eine derartige Blitzschutzanlage ist in den Erläuterungen zu Teil 1, Abschnitt 5.3.9 und in Bild 141 bereits beschrieben. Umfangreichere Maßnahmen sind bei Aussichtstürmen wirtschaftlich nicht tragbar.

12 Kirchtürme

Für Kirchtürme waren im Buch Blitzschutz, 8. Auflage keine Maßnahmen gegen Schrittspannungen und Berührungsspannungen vorgesehen. In nächster Nähe von Kirchtürmen halten sich in der Regel Menschen nur selten auf und auch nur für kurze Zeiten und in geringer Personenzahl. Bei drohendem Gewitter können sie ungehindert fortgehen. Die Wahrscheinlichkeit eines Blitzschlages in den Kirchturm genau zu einem solchen Zeitpunkt ist daher äußerst gering. Bisher liegen auch keine Erfahrungen vor über Personenschäden durch Schrittspannungen oder Berührungsspannungen im Bereich der Blitzableiter von Kirchtürmen. Maßnahmen gegen Schrittspannungen und Berührungsspannungen zusätzlich zu der üblichen Blitzschutzanlage an Kirchen sind daher in der Regel nicht erforderlich. In Sonderfällen, z. B. bei Kirchen in hoher exponierter Lage, kann durch eine Verbesserung der Erdung auf einen möglichst niedrigen Erdungswiderstand und durch einen isolierenden Bodenbelag nach Abschnitt 15 in 5 m Umkreis um alle Eingänge eine Verminderung der Personengefährdung durch Blitzeinschlag erreicht werden. Alle Ableitungen sollen soweit wie möglich von den Eingängen entfernt sein, mindestens 3 m.

13 Kapellen, Schutzhütten in exponierter Lage

Bei solchen baulichen Anlagen sind aufwendige Blitzschutzmaßnahmen ebensowenig möglich wie bei Aussichtstürmen nach Abschnitt 11. Es wird empfohlen, die Blitzschutzanlagen ebenfalls nach den Angaben im Abschnitt 11 auszuführen.

14 Brückenaufgänge

Brücken über große Flüsse, z. B. viele Rheinbrücken, haben Pylone bis zu 100 m Höhe und zum Teil noch mehr zur Aufnahme der Tragseile. Die Wahrscheinlichkeit eines Blitzeinschlages in einen derartigen Pylon ist verhältnismäßig groß. An den Enden der Brücken sind Zugänge für Fußgänger in Form von Treppen oder Rampen angebracht, deren Geländer aus Stahl mit der Brückenkonstruktion metallisch verbunden ist. Bei einem Blitzeinschlag in die Brücke entstehen an diesen Zugängen Gefahren durch Schrittspannungen und Berührungsspannungen. Als Schutzmaßnahme können im Umkreis von etwa 3 m isolierende Bodenbeläge nach Abschnitt 15 aufgebracht werden. Bild 227 in den Erläuterungen zu Teil 2 enthält ein Beispiel dazu.

15 Isolierender Bodenbelag

Die Standortisolierung, wie sie in Hochspannungsanlagen nach DIN 57141/ VDE 0141 angewendet werden kann, reicht für Blitzschutzzwecke nicht aus. Dort genügt eine Schotterschicht von mindestens 10 cm Dicke oder eine Asphaltschicht von 1 cm Dicke. Als Schutz gegen Berührungs- oder Schrittspannungen bei Blitzschlag eignet sich ein Aufbau, wie er bereits in der 8. Auflage des Buches Blitzschutz im § 9.11 angegeben ist:

Unterlage ein Pflaster oder eine Schotterschicht aus Basalt oder Granit, Oberschicht aus Gußasphalt mit Füllung aus Quarzmehl und Quarzsand von 6 cm Dicke, Oberschicht dreiteilig von je 2 cm Dicke mit bitumengetränkten Jutegewebezwischenlagen zum Schutz gegen Risse.
Die Einlagen aus Jutegewebe lassen sich einsparen, wenn die Lieferfirma die Gefahr von Rissen auf andere Weise vermeiden kann.
Wesentlich ist auch ein ausreichendes Gefälle des Bodenbelages gegen Wasserstau und eine Ablaufmöglichkeit für das Wasser.

Schrifttum

[1] Berger, K.: Zum Problem des Personenblitzschutzes. Bull. SEV 62 (1971) Nr. 8, S. 397–399.
[2] Berger, K.: Blitzforschung und Personenblitzschutz. etz-a 92 (1971) H. 9, S. 508–511.
[3] IEC TC 64 Electrical Installations of buildings, WG 4: Effects of currents passing through the human body. Schriftstück 64 (Secretariat) Juni 1982.
[4] Feist, K. H.: Der Einfluß der Sternpunktbehandlung auf die Bemessung der Erdungsanlagen in Hochspannungsnetzen. Elektrizitätswirtschaft Bd. 57 (1958) H. 5, S. 105–112.
[5] Feist, K.-H.: Einsatz des elektrolytischen Troges zur Lösung von Aufgaben der Erdungsprojektierung und anderer Probleme der Netzplanung. Siemens Zeitschrift 1959 H. 7, S. 444–450.
[6] Harms, W.: Unfälle durch Blitzschlag. ETZ-A 82 (1961) H. 9, S. 285–288.
[7] Koch, W.: Die Potentialsteuerung bei Leitungsmasten. ETZ 72 (1951) H. 22, S. 651–655.
[8] Koch, W.: Erdungen in Wechselstromanlagen über 1 kV. 3. Auflage 1961, Springer Verlag Berlin.
[9] Neuhaus, H.: Personenblitzschutz gegen Schrittspannungen und Berührungsspannungen. Bericht zur 11. Internationalen Blitzschutzkonferenz in München 1971.
[10] Neuhaus, H.: Die Abschätzung der Blitzstromverteilung auf die einzelnen Gebäude von Industrieanlagen über unterirdische und oberirdische Verbindungen. Bericht K2: 74–119 zur 15. Europäischen Blitzschutzkonferenz in Uppsala 1979, Vol I, The Institute of High Voltage Research, Uppsala University, Sweden, Husbyborg S-755 90.
[11] Sam, U.: Untersuchungen über die Gefährdung des Menschen bei Teildurchströmungen, insbesondere beim Arbeiten in Kesseln, Behältern und Rohrleitungen. I. Teil, Elektromedizin Bd. 11 (1966), H. 4, S. 193–212, II. Teil, Bd. 12 (1967), H. 1, S. 29–37, III. Teil, Bd. 12 (1967) H. 3, S. 102–114.
[12] Wiesinger, J.: Ersatzschaltungen für geerdete Blitzableitungen. Bericht zur 11. Internationalen Blitzschutzkonferenz in München 1971.

Anhang G
Mindestabstände D zu Blitzschutzanlagen, abhängig von Durchmesser und Abstand der Ableitungen

1 Bisherige Bemessungsregeln für Mindestabstände zur Beseitigung von Näherungen

Eine Formel zur Berechnung der Mindestabstände zur Beseitigung von Näherungen wurde erstmals von *Schwenkhagen* [1] aufgestellt und lautete
$D \geq L/10$
Darin sind D der Mindestabstand an der Näherungsstelle und L die Länge der beeinflussenden Blitzableitung. Diese Formel wurde im Buch „Blitzschutz" unverändert von der 5. Auflage 1951 bis zur 7. Auflage 1963 beibehalten. *Lampe,* ein Assistent von Schwenkhagen, entwickelte die Berechnung der Mindestabstände weiter insbesondere für Hochhäuser mit vielen Ableitungen [2]. Er kam zu dem Ergebnis, daß der Mindestabstand mit zunehmender Anzahl der Ableitungen wesentlicher kleiner wird als $L/10$, das nur für einen Blitzableiter mit einer einzigen Ableitung gilt. Die Arbeit von *Lampe* wurde indes in der 8. Auflage des Buches „Blitzschutz" 1968 nur sehr vorsichtig berücksichtigt und führte zu der Formel
$D \geq L/20$,
unabhängig von der Anzahl der Ableitungen.
Genauere Berechnungen der Mindestabstände veröffentlichten *Wiesinger* und Mitarbeiter [3, 4, 5] in den Jahren 1970 und 1971. Ein bemerkenswertes Beispiel ist ein Turm von 6 m Durchmesser und 50 m Höhe mit wahlweise 1 bis 8 Ableitungen. Die Mindestabstände sind **Tabelle 1** zu entnehmen.

Tabelle 1   Mindesabstände bei 1 bis 8 Ableitungen

Anzahl der Ableitungen	1	2	4	8
Formel $D \geq L/\ldots$	$L/10$	$L/23$	$L/58$	$L/150$
Mindestabstand in m	5	2	0,9	0,3

Berger wies 1974 [6] darauf hin, daß Regenfallrohre als Ableitungen einen erheblichen Vorteil gegenüber Ableitungen aus Draht aufweisen, weil der größere Durchmesser der Rohre geringere Mindestabstände D ergibt. Ein Vergleich der Arbeiten der hier genannten 4 Verfassergruppen zeigt, daß die Annahmen für die Berechnungen zum Teil weit auseinander liegen, s. **Tabelle 2**:

Tabelle 2 Berechnungsannahmen

Verfasser	Blitzstrom di/dt kA/µs	Ableitung Wellenwiderstand Ω	Stoßspannungsfestigkeit kV/m
Schwenkhagen 1952	60	500	1000
Lampe 1959	30	500	1000
Wiesinger 1971	80	450	1000 und 1500
Berger 1974	100	400	500

Von *Lampe* und *Wiesinger* wurde außerdem die Verdopplung der induzierten Spannungen in den Ableitungen infolge der Reflexion an der Erdungsanlage berücksichtigt.

2 Berechnung der Mindestabstände zur Aufnahme in DIN 57185 Teil 1/VDE 0185 Teil 1

In DIN 57185 Teil 1/VDE 0185 Teil 1 sind folgende Mindestabstände zur Beseitigung von Näherungen angegeben:
Abschnitt 6.2.1.5, bauliche Anlagen mit nur einer Ableitung:
$D \geq L/5$
Abschnitt 6.2.1.6, bauliche Anlagen mit mehreren Ableitungen:
$D \geq L/7 \cdot n$
Darin bedeuten: D = Mindestabstand in m
L = Länge der beeinflussenden Ableitungen
n = Anzahl der Ableitungen
darin sind
angenommen: d = 8 mm als Durchmesser der Ableitungen
A = 10 bis 20 m als Abstand der Ableitungen
Nach einer Anmerkung darf bei Abständen A wesentlich unter 20 m mit geringeren Mindestabständen D gerechnet werden.
Anmerkung: Nach DIN 57185 Teil 1/VDE 0185 Teil 1, Abschnitt 6.2.1.5 wird die Länge der Ableitung L gemessen von der Stelle des geringsten Abstandes bis zur nächsten Potentialausgleichs*schiene*.
Gemeint ist damit die *Ebene* der nächsten Potentialausgleichsschiene unterhalb der Näherungsstelle. Eine zusätzliche Leitungslänge quer durch das Gebäude bis zu einer entfernten Potentialausgleichsschiene ist nicht anzunehmen.

Druckfehlerberichtigung im Abschnitt 6.2.1.7 von DIN 57185 Teil 1/VDE 0185 Teil 1:
In der 2. Zeile muß es richtig heißen: Mindestabstand statt zulässiger Näherungsabstand; in der ersten Formel muß es richtig heißen: Ableitung statt Fangeinrichtung; in der zweiten Formel muß es richtig heißen: Ableitungen statt Fangeinrichtungen.

Für die Berechnungsbeispiele der Mindestabstände D in den Abschnitten 2.1 und 2.2 wurden folgende Annahmen getroffen (die Berechnungen wurden 1977 von *Neuhaus* durchgeführt und berücksichtigen den damaligen Stand der Kenntnisse über die größte Steilheit im Blitzstrom-Anstieg): Die größten Steilheiten weisen die negativen Folgeblitze auf. Ihre Kennwerte nach einer Zusammenfassung von *Berger, Anderson* und *Kröninger* [7] sind in **Tabelle 3** angegeben.

Tabelle 3 Kennwerte negativer Folgeblitze

Häufigkeit	95%	50%	5%	
Scheitelwert	4,6	12	30	kA
größte Steilheit	12	40	120	kA/µs

Aus Tabelle 3 wurde für die Berechnung des induktiven Spannungsfalls an Ableitungen der Wert von $di/dt = 120$ kA/µs angenommen. Die Stirnzeit eines Blitzstromes mit dieser Steilheit beträgt nur einige Zehntel µs. Für diese kurze Dauer der induzierten Spannung liegt die Stoßspannungsfestigkeit von Funkenstrecken in Luft wesentlich höher als 1000 kV/m. Nach einer Untersuchung von *Wiesinger* [8] kann man etwa $U_s = 2000$ kV/m annehmen.

2.1 Mindestabstand bei nur einer Ableitung

Bild G1 zeigt die grundsätzliche Anordnung. In der Nähe der Ableitung mit dem Durchmesser $d = 2r$ befindet sich eine Leiterschleife mit metallenen oder elektrischen Installationen, bezeichnet mit 1−2−3−4. Der Abstand der Installation von der Ableitung ist mit R bezeichnet; die auf Überschlag gefährdete Stelle liegt bei D.
Die Induktivität der Schleife 1−2−3−4 beträgt je m Ableitungslänge:
$l_0 = 0.2 \times \ln R/r$ µH/m
Für die gesamte Länge L der Ableitung beträgt die Induktivität:
$L_i = L \times l_0 = L \times 0.2 \times \ln R/r$ µH
Die induzierte Spannung in der Schleife beträgt:
$U_i = 2 \times L_i \times di/dt$ kV
$U_i = 2 \times L \times di/dt \times 0.2 \times \ln R/r$ kV

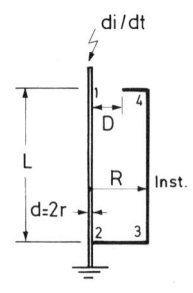

Bild G1 Mindestabstand D zwischen Blitzschutzanlage mit nur einer Ableitung und einer Installation *Inst*. (Erläuterungen im Text).

Diese induzierte Spannung muß gleich sein der Stehstoßspannung $U_s \times D$ an der Stelle D. D muß so groß gemacht werden, daß diese Bedingung erfüllt ist; dann kann die Spannung U_i den Mindestabstand nicht mehr durchschlagen:

$U_i = U_s \times D = 2 \times L \times di/dt \times 0{,}2 \times \ln R/r$.

Aus dieser Formel ergibt sich der gesuchte Mindestabstand D in der Form

$$D = L/y \text{ mit } y = \frac{U_s}{2 \times di/dt \times 0{,}2 \times \ln R/r}$$

Setzt man die gegebenen Werte ein
U_s 2000 kV/m
$di/dt = 120$ kA/μs
so ergbit sich

$$y = \frac{42}{\ln R/r}$$

Beispiel:

Gebäude mit nur einer Ableitung dürfen nur 20 m Umfang haben. Ein runder Turm mit 20 m Umfang hat einen Durchmesser von 6,4 m. Das ergibt für einen Abstand von 6,40 m:

$$y = \frac{42}{\ln 640/0{,}4} = 5{,}7 \quad (\text{Ableitung } d = 8 \text{ mm}, r = 4 \text{ mm})$$

$D = L/5{,}7$

Im Abschnitt 6.2.1.5 von DIN 57185 Teil 1/VDE 0185 Teil 1 ist daraus durch Abrundung $D \geq L/5$ angenommen. Für ein Regenrohr von 100 mm Durchmesser ($r = 50$ mm) würde sich ergeben
$D \geq L/8,7$

2.2 Mindestabstand D bei mehreren Ableitungen

Bild G2 zeigt die Anordnung mehrerer Ableitungen eines Gebäudes zur Vereinfachung der Berechnungen auf einem Kreis. Der Durchmesser der Ableitungen ist mit d, ihre Abstände sind mit A bezeichnet. Parallele Leitungen auf einem Kreisquerschnitt bezeichnet man als Reuse. Die in den Reusenstäben fließenden Blitzteilströme koppeln in einen Installationsleiter *Inst.* eine Spannung ein, die in einfacher Weise aus der Kopplungsinduktivität L_k berechnet werden kann. **Bild G3** zeigt für Reusen die Kopplungsinduktivität l_{k0} für den Einzelstab an, bezogen auf 1 m Länge, abhängig vom Verhältnis A/d. Die gesamte Kopplungsinduktivität ist dann je m Reusenlänge
$l_k = l_{k0}/n$ mit $n = $ Anzahl der Stäbe.
Die Kurve ist entnommen aus einer Arbeit von *Schulz* [9].
Die innerhalb der Reuse auf eine Installation der Länge L nach Bild G2

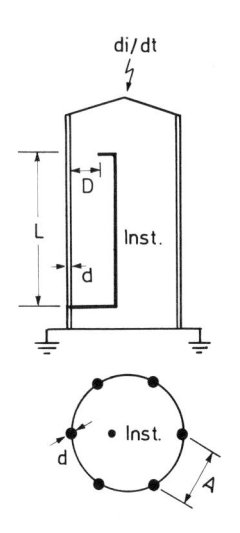

Bild G2   Mindestabstand D zwischen Blitzschutzanlage mit mehreren Ableitungen und Installationen *Inst.* Erläuterungen im Text.

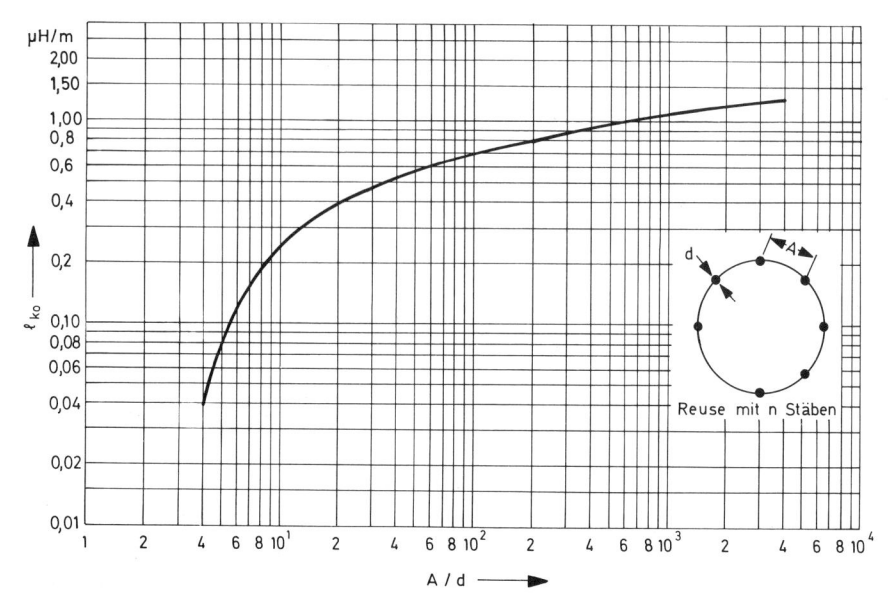

Bild G 3 Kopplungsinduktivität l_{k0} des Einzelstabes einer Reuse als Ersatzbild einer Blitzschutzanlage mit mehreren Ableitungen, abhängig vom Verhältnis A/d
A = Abstand der Ableitungen
d = Durchmesser der Ableitungen

eingekoppelte Spannung beträgt unabhängig von der Lage im Querschnitt der Reuse:
$U_k = L \times I_k \times di/dt \times 2$
$U_k = L \times I_{k0}/n \times di/dt \times 2 = U_s \times D$
Diese induzierte Spannung muß gleich sein der Stehstoßspannung $U_s \times D$ an der Stelle des geringsten Abstandes D. Daraus ergibt sich
$D \geq (L \times I_{k0}/n \times di/dt \times 2)/U_s$
Eine Umformung ergibt
$D \geq L/y \cdot n$

mit $y = \dfrac{U_s}{I_{k0} \times di/dt \times 2}$

Setzt man die gegebenen Werte ein
$U_s = 2000$ kV/m
$di/dt = 120$ kA/μs
so ergibt sich
$y = 8{,}3/I_{k0}$

Beispiele:

Tabelle 4 Berechnung der y-Werte

Ableitungen   aus Bild 3

A	d	A/d	k_0	y	$D \geq L/ \ldots$	
m	cm					
20	0,8	2500	1,25	6,6	$L/6,6 \cdot n$	abgerundet $L/7 \cdot n$
10	0,8	1250	1,15	7,2	$L/7,2 \cdot n$	
5	0,8	625	1,04	8	$L/8 \cdot n$	
7	10	70	0,65	12,8	$L/13 \cdot n$	z. B. Stahl- und
7	20	35	0,5	16,6	$L/17 \cdot n$	Stahlbeton-
7	30	23	0,43	19	$L/19 \cdot n$	stützen

In den Erläuterungen zu DIN 57185 Teil1/VDE 0185 Teil 1, Abschnitte 6.2.1.5 bis 6.2.1.7 ist ausgeführt, daß bei sehr großen Gebäuden mit vielen Ableitungen die wirksame Anzahl der Ableitungen n_w kleiner sein kann als die tatsächliche Anzahl der Ableitungen n.

Schrifttum

[1] *Schwenkhagen, H. F.:* Neuere Erkenntnisse über den Gebäudeblitzschutz. ETZ Bd. 73 (1952), H. 3, S. 63 ... 68.
[2] *Lampe, W.:* Der Blitzschutz an Hochhäusern. ETZ-A Bd. 80 (1959), H. 7, S. 201 ... 206.
[3] *Wiesinger, J.:* Bestimmung der induzierten Spannungen in der Umgebung von Blitzableitern und hieraus abgeleitete Dimensionierungsrichtlinien. Bull. SEV Bd. 61 (1970), Nr. 15, S. 669 ... 676.
[4] *Wiesinger, J.:* Ersatzschaltungen für geerdete Blitzableitungen. Bericht 2.6 zur Internationalen Blitzschutzkonferenz München 1971.
[5] *Müller, E.; Steinbigler, H.; Wiesinger, J.:* Rechenprogramm zur Bestimmung der induzierten Schleifenspannungen in der Umgebung von Blitzableitern. Bericht 2.7 zur Internationalen Blitzschutzkonferenz München 1971.
[6] *Berger, K.:* Blitzforschung und Gebäudeblitzschutz. Bull. SEV Bd. 65 (1974), Nr. 26, S. 1899 ... 1902.
[7] *Berger, K.; Anderson, B. B.; Kröninger, H.:* Parameters of lightning flashes. Papers of Cigré, Electra Mai 1975, Nr. 41, S. 23 ... 37.
[8] *Wiesinger, J.:* Funkenstrecken unter Blitzstoßspannungen und ihre Bedeutung für die Isolationskoordination. Bericht zur 10. Internationalen Blitzschutzkonferenz Budapest 1969.
[9] *Schulz, E.:* Der Reduktionsfaktor von Schirmen. Frequenz Bd. 21 (1967), Nr. 9, S. 292 ... 300.

Anhang H

Verbinden von Blitzschutzanlagen mit metallenen Gas- und Wasserleitungen in Verbrauchsanlagen

DVGW Technische Regeln
Arbeitsblatt GW 306, August 1982

Vorwort

Diese Technische Regel, vereinbart zwischen dem DVGW Deutscher Verein des Gas- und Wasserfaches e.V. und der Arbeitsgemeinschaft für Blitzschutz und Blitzableiterbau (ABB) e.V., tritt an die Stelle der bisherigen „Richtlinien für das Verbinden von Blitzschutzanlagen mit metallenen Gas- und Wasserleitungen" aus dem Jahr 1921 in der Fassung von 1932, 1937, 1953 und 1968 (DVGW-Arbeitsblatt GW 306).
Das DVGW-Arbeitsblatt ist dem neuesten Stand der technischen und wissenschaftlichen Erkenntnisse angepaßt, die in der Zwischenzeit auf dem Gebiet des Rohrleitungsbaues und des Blitzschutzes erzielt wurden.

DVGW Deutscher Verein des
Gas- und Wasserfaches e.V.

© 1982 DVGW, Eschborn
Nachdruck mit Genehmigung des DVGW Deutscher Verein des Gas- und Wasserfaches e.V. Eschborn.
Bezug durch ZfGW-Verlag GmbH,
Voltastraße 79,
Postfach 90 10 80,
6000 Frankfurt am Main 90

Inhalt

1 Allgemeines

2 Geltungsbereich

3 Begriffe

4 Verbindungen

4.1 Gasinnenleitungen und Wasserverbrauchsleitungen

4.2 Hausanschluß-, Anschluß- und Versorgungsleitungen

5 Herstellen der Verbindungen

6 Anmeldung von Verbindungen

7 Inkrafttreten

8 Mitgeltende Technische Regeln und Schrifttum

1 Allgemeines

Blitzschutzanlagen müssen nach DIN 57185/VDE 0185 Teil 1 „Blitzschutzanlage; Allgemeines für das Errichten" so gebaut werden, daß sie hinsichtlich Ableitung und Erdung voll wirksam sind, und zwar unabhängig von etwa vorhandenen Verbindungen mit Gas- und Wasserleitungen in Gebäuden oder im Erdboden (siehe auch DVGW-Arbeitsblätter G 600 und GW 0190/VDE 0190). Bestehende Blitzschutzanlagen müssen dieser Forderung entsprechen, weil eine im DVGW-Arbeitsblatt GW 306, Ausgabe Juli 1968, festgelegte Umstellungsfrist abgelaufen ist.

Blitzschutzanlagen müssen zum Blitzschutz-Potentialausgleich mit metallenen Gas- und Wasserleitungen in Gebäuden im Kellergeschoß oder etwa in Höhe der Geländeoberfläche verbunden werden. Zusätzliche Verbindungen können an Näherungsstellen innerhalb der Gebäude zwischen Blitzschutzanlagen und Rohrleitungen erforderlich sein. Durch diese Verbindungen sollen Personen, Gebäude und Rohrleitungen vor Blitzschäden bewahrt werden.

Durch das Verbinden der Blitzschutzanlage mit den Rohrleitungen in Gebäuden ist im Fall des Blitzeinschlages auch eine Verbindung mit den in der Straße liegenden Versorgungsleitungen gegeben, soweit die Hausanschluß- bzw. Anschlußleitungen aus Metall sind. Dies gilt auch beim Vorhandensein von Isolierstücken in den Hausanschluß- bzw. Anschlußleitungen, da hier ein äußerer Überschlag erfolgen kann.

Für Isolierstücke in Gas-Hausanschlußleitungen ist nach DIN 3389 eine als Funkenstrecke wirkende Überschlagstelle vorgesehen. Vorhandene Isolierstücke ohne definierte Überschlagstelle brauchen nachträglich nicht mit einer Trennfunkenstrecke überbrückt zu werden. Die nachträgliche Errichtung einer Blitzschutzanlage erfordert nicht den Einbau eines Isolierstückes in die Hausanschluß- bzw. Anschlußleitung.

2 Geltungsbereich

Diese Technische Regel gilt für das Verbinden von neu zu errichtenden Blitzschutzanlagen mit Gas- und Wasserleitungen in Verbraucheranlagen. In Krankenhäusern und Kliniken sowie in feuer-, explosions- und explosivstoffgefährdeten Bereichen gelten zusätzlich die in DIN 57185/VDE 0185 Teil 2 „Blitzschutzanlagen; Errichten von besonderen Anlagen" enthaltenen weitergehenden Festlegungen.

3 Begriffe

3.1 Blitzschutzanlage
ist die Gesamtheit aller Einrichtungen für den äußeren und inneren Blitzschutz der zu schützenden Anlagen.

3.2 Äußerer Blitzschutz
ist die Gesamtheit aller außerhalb, an und in der zu schützenden Anlage verlegten und bestehenden Einrichtungen zum Auffangen und Ableiten des Blitzstromes in die Erdungsanlage.

3.3 Innerer Blitzschutz
ist die Gesamtheit der Maßnahmen gegen die Auswirkungen des Blitzstromes und seiner elektrischen und magnetischen Felder auf metallene Installationen und elektrische Anlagen im Bereich der baulichen Anlage.

3.4 Ableitung
ist eine elektrisch leitende Verbindung zwischen einer Fangeinrichtung und einem Erder.

3.5 Potentialausgleich
3.5.1 Der Potentialausgleich nach GW 0190/VDE 0190
ist das Beseitigen von Potentialunterschieden (im Zusammenhang mit dem Betrieb elektrischer Verbraucheranlagen), z. B. zwischen dem Schutzleiter der Starkstromanlage und Wasser-, Gas- und Heizrohrleitungen sowie zwischen diesen Rohrleitungen untereinander.

3.5.2 Blitzschutz-Potentialausgleich
Das Beseitigen von Potentialunterschieden bei Blitzeinwirkung erfordert Maßnahmen, die über die Anforderungen nach GW 0190/VDE 0190 hinausgehen. Die Blitzschutzanlage wird dazu mit weiteren metallenen Installationen über Leitungen oder Trennfunkenstrecken, falls erforderlich, auch mit aktiven Teilen von elektrischen Anlagen über Überspannungsschutzgeräte, verbunden.

3.6 Näherung
ist ein zu geringer Abstand zwischen Blitzschutzanlage und metallenen Installationen oder elektrischen Anlagen, bei der die Gefahr eines Über- oder Durchschlages bei Blitzeinschlag besteht.

3.7 Hausanschlußleitung
ist der Rohrleitungsteil zwischen dem Anschluß an die Gas-Versorgungsleitung und der Gas-Hauptabsperreinrichtung im Gebäude.

3.8 Anschlußleitung
ist der Rohrleitungsteil zwischen dem Anschluß an die Wasser-Versorgungsleitung und der Hauptabsperreinrichtung bei zählerlosen Anschlüssen bzw. der Wasserzähleranlage auf dem Grundstück oder im Gebäude.

3.9 Gasinnenleitungen
sind Rohrleitungen hinter der Gas-Hauptabsperreinrichtung in Strömungsrichtung gesehen.

3.10 Wasserverbraucherleitungen
sind Rohrleitungen hinter der Wasserzähleranlage bzw. hinter der Hauptabsperreinrichtung in zählerlosen Anlagen in Strömungsrichtung gesehen.

3.11 Versorgungsleitungen
sind Rohrleitungen innerhalb des Versorgungsgebietes, von denen die Hausanschluß- bzw. Anschlußleitungen abgehen.

3.12 Isolierstück
ist eine elektrisch nicht leitende Rohrverbindung. Es dient zur Unterbrechung der elektrischen Längsleitfähigkeit einer Rohrleitung (siehe DIN 3389).

3.13 Trennfunkenstrecke
für eine Blitzschutzanlage ist eine Funkenstrecke zur Trennung von elektrisch leitfähigen Anlageteilen. Bei einem Blitzeinschlag werden die Anlagenteile durch Ansprechen der Funkenstrecke vorübergehend leitend verbunden.

4 Verbindungen

4.1 Gasinnenleitungen und Wasserverbrauchsleitungen
Gas- und Wasserleitungen in Verbraucheranlagen sind nach GW 0190/ VDE 0190 zum Potentialausgleich mit anderen Rohrleitungen und mit dem Schutzleiter der Starkstromanlagen und deren Erdungsanlage in der Nähe der Hauseinführungen zu verbinden. Potentialausgleichs- und Überbrückungsleitungen müssen mindestens die Leitfähigkeit der Schutzleiter

(ausführliche Angaben dazu siehe Erläuterungen zu Teil 1, Abschnitt 6.1.1.2, Tabelle 103) der betreffenden Starkstromanlagen haben, jedoch nicht weniger als die eines Kupferquerschnittes von 10 mm^2. In Baderäumen und Duschecken genügen 4 mm^2 Kupfer.
Für den Blitzschutz-Potentialausgleich sind Blitzschutzanlagen mit den metallenen Rohrleitungen und dem Schutzleiter der Starkstromanlage im Kellergeschoß oder etwa in Höhe der Geländeoberfläche zu verbinden, z. B. durch Anschluß der Ableitungen oder Blitzschutzerder an die Potentialausgleichsschiene nach GW 0190 (siehe GW 0190/VDE 0190, Bild 1). Bei Blitzschutzerdern aus Kupfer oder aus Stahl mit Kupfermantel dürfen Verbindungen nur über Trennfunkenstrecken hergestellt werden. Befindet sich ein Isolierstück in der Hausanschlußleitung (Gas) bzw. in der Anschlußleitung (Wasser), so ist die Verbindung in Strömungsrichtung gesehen hinter dem Isolierstück anzuschließen. Der Querschnitt der Verbindungsleitungen muß mindestens 10 mm^2 bei Kupfer, 16 mm^2 bei Aluminium und 50 mm^2 bei Stahl betragen. Als Verbindungsleitungen dürfen auch durchverbundene metallene Rohrleitungen, z. B. mit geschweißten oder geschraubten Rohrverbindungen – ausgenommen Gasleitungen – benutzt werden. Näherungen in Gebäuden zwischen Teilen von Blitzschutzanlagen und metallenen Anlagen aller Art, also auch Gasinnen- und Wasserverbrauchsleitungen, sind möglichst durch Vergrößerung der Abstände zu beseitigen. Andernfalls sind Blitzschutzanlage und Rohrleitung an der Näherungsstelle zu verbinden (siehe DIN 57185/VDE 0185 Teil 1, Abschnitt 6.2.1). Näherungen zu metallenen Rohrleitungen brauchen bei Stahlbetonbauten, deren Bewehrungen als Ableitungen verwendet werden, und bei Stahlskelettbauten nicht berücksichtigt zu werden.

4.2 Hausanschluß-, Anschluß- und Versorgungsleitungen
Die in der Nähe eines Blitzschutzerders verlaufenden erdverlegten Hausanschluß- bzw. Anschlußleitungen und Versorgungsleitungen sollen nicht mit der Blitzschutzanlage verbunden werden. Im Ausnahmefall geplante Verbindungen dürfen nur über Trennfunkenstrecken nach vorheriger Genehmigung durch das zuständige Versorgungsunternehmen hergestellt werden. Trennfunkenstrecken müssen der Besichtigung zugänglich sein.
Trennfunkenstrecken sind erforderlich, um eine Korrosionsgefahr durch Streuströme oder Elementbildung mit Metallen mit edleren Potentialen zu verhindern bzw. den kathodischen Korrosionsschutz von Rohrleitungen aufrecht zu erhalten.

5 Herstellen der Verbindungen

Verbindungen der Blitzschutzanlage mit Gas- oder Wasserleitungen dürfen nur mittels einer Rohrschelle oder eines anderen vom Gas- oder Wasserversorgungsunternehmen zugelassenen Verfahrens erfolgen. Eine Rohrschelle muß einen dauernden, gut leitenden Kontakt sicherstellen, nach DIN 48818 ausgeführt sein und nach DIN 48837 angeschlossen werden. Bei Verwendung eines Kabels als Verbindungsleitung muß dieses mittels Kabelschuh an die Rohrschelle angeschlossen werden. Bei der Auswahl von Verbindungsleitungen im Erdboden ist DIN 57185/VDE 0185 Teil 1 zu beachten. Verbindungen im Erdboden sind gegen Korrosion zu schützen, z. B. durch Umwickeln mit Korrosionsschutzbinden.

6 Anmeldung von Verbindungen

Geplante Verbindungen mit Gas- und Wasser-Versorgungsleitungen bzw. mit Hausanschluß- oder Anschlußleitungen sind beim Gas- bzw. Wasser-Versorgungsunternehmen zusammen mit einem Plan oder einer Skizze im Format mindestens Format A 4 zwecks Zustimmung anzumelden. In dieser Unterlage sind die Lage der Rohrleitungen, der Blitzschutzerder und der vorgesehenen Verbindungsstellen einzuzeichnen. Die Verbindungen dürfen erst nach Zustimmung und unter Aufsicht des zuständigen Versorgungsunternehmens hergestellt werden. Ein Plan mit den eingemessenen Verbindungsstellen ist dem Versorgungsunternehmen zur Verfügung zu stellen. Eine weitere Ausfertigung ist vom Grundstückseigentümer aufzubewahren.
Verbindungen mit Gasinnen- und Wasserverbrauchsleitungen im Gebäude brauchen dem Gas- bzw. Wasserversorgungsunternehmen nicht gemeldet zu werden.

7 Inkrafttreten

Die Bestimmungen dieses Arbeitsblattes treten mit der Veröffentlichung in Kraft.

8 Mitgeltende Technische Regeln und Schrifttum

8.1 DVGW-Regelwerk
G 600 — Technische Regeln für Gasinstallationen DVGW-TRGI 1972 (s. auch 8.4)

GW 0190 — Bestimmungen für das Einbeziehen von Rohrleitungen in Schutzmaßnahmen von Starkstromanlagen mit Nennspannungen bis 1000 V. (Textgleich VDE 0190)
Bezugsnachweis: ZfGW-Verlag
Voltastr. 79 — Postfach 901080
6000 Frankfurt (Main) 90

8.2 VDE-Bestimmungen
VDE 0100 — Bestimmungen für das Errichten von Starkstromanlagen mit Nennspannungen bis 1000 V.
DIN 57185/
VDE 0185/11.82 — Blitzschutzanlage
Teil 1 — Allgemeines für das Errichten
Teil 2 — Errichten besonderer Anlagen
Bezugsnachweis: VDE-VERLAG GmbH
Bismarckstraße 33
1000 Berlin 12

8.3 DIN-Normen
DIN 3389 — Isolierstücke für Hausanschlußleitungen in der Gas- und Wasserversorgung; Einbaufertige Isolierstücke, Anforderungen und Prüfungen
DIN 48818 — Schellen für Blitzableiter
DIN 48837 — Verbinder für Blitzableiter
Bezugsnachweis: Beuth-Verlag GmbH
Burggrafenstraße 4–10
1000 Berlin 30

8.4 Literatur
— Kommentar zu den DVGW-TRGI 1972
Verfasser: Höppner, Schmidt, Schölhorn
Bezugsnachweis: ZfGW-Verlag GmbH,
Voltastraße 79,
Postfach 901080
6000 Frankfurt am Main 90

— Potentialausgleich und Fundamenterder
VDE 0100/VDE 0190 (VDE-Schriftenreihe Band 35)
Verfasser: Dieter Vogt
Bezugsnachweis: VDE-VERLAG GmbH
Bismarckstraße 33
1000 Berlin 12

Anhang J

PTB-Merkblatt für den Blitzschutz an eigensicheren Stromkreisen, die in Behälter mit brennbaren Flüssigkeiten eingeführt sind

Zur Betriebsüberwachung erhalten Tanks und Behälter für brennbare Flüssigkeiten elektrische Meßeinrichtungen, z. B. Meßwertgeber für Füllstand und Temperatur, die aus Funktionsgründen unmittelbar im Bereich der Zone 0 eingebaut werden müssen. Als Explosionsschutz gegen mögliche Einflüsse der elektrischen Einrichtungen wird vielfach die Zündschutzart „Eigensicherheit" gewählt. Nach DIN 57165/VDE 0165, Abschnitt 6.2.1, gibt es zur Zeit noch keine Baubestimmungen für Betriebsmittel zur Verwendung in Zone 0. Es dürfen jedoch Betriebsmittel verwendet werden, die hierfür besonders bescheinigt sind. Diese Bescheinigungen sind:
Eine Baumuster-Prüfbescheinigung der Physikalisch Technischen Bundesanstalt (PTB) oder einer anderen anerkannten Prüfstelle (§ 8 der ElexV [1]) und
eine Bauartzulassung seitens der zuständigen Landesbehörde (§ 12 der VbF [2]).
Bauartzulassungsbedürftig zur Verwendung in Zone 0 sind z. B. Geräte zur Meßwerterfassung wie Flüssigkeitsstandanzeiger, Niveausteuerungen und -regler, Temperatur-, Druck- und Dichte-Meßeinrichtungen (§ 12 der VbF [2] und Abschnitt 2.2 der TRbF [3]).
Die hier genannten 3 Verordnungen oder Richtlinien enthalten keine ausdrücklichen Hinweise auf die Berücksichtigung von Blitzeinwirkungen auf die Zone 0.

Bis zum Jahre 1965 wurde die Eigensicherheit nur ausgelegt auf die Spannungen und Ströme, die im Betrieb oder bei Störungen, z. B. bei Leiterbruch oder Kurzschluß, im eigensicheren Stromkreis auftreten. Ein Tankbrand durch Blitzschlag im Jahre 1965 [4] zeigte erstmalig, daß für die eigensichere Meßeinrichtung zusätzliche Maßnahmen vor Blitzeinwirkungen erforderlich sind. Die Zündursache für diesen Tankbrand war ein Überschlag im Tankinneren zwischen Tankdach und Meßleitungen. **Bild J1** zeigt die damalige Anordnung der Meßleitungen im Tank. Der Tank nimmt bei Blitzeinschlag eine sehr hohe Erdungsspannung an, während die Meßleitungen noch das Potential Null der fernen Erde in der Meßwarte aufweisen. Ähnliche Tankbrände durch Blitzschlag sind inzwischen noch mehrfach aufgetreten [5], darunter auch an einem unterirdischen Tank.

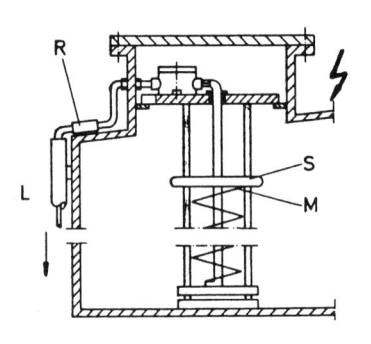

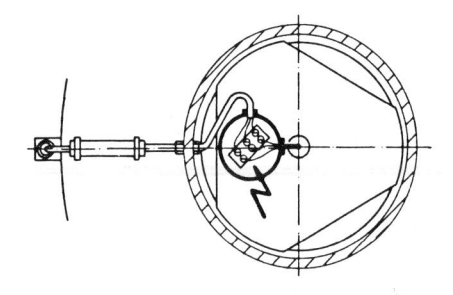

Bild J 1. Blitzeinschlag in einen Tank mit daraus folgendem zündenden Überschlag im Tankinnern zur Meßleitung
Temperaturmessung durch Widerstandsspirale
S = Schwimmer   R = Schutzrohr aus Stahl
M = Meßwiderstand L = Kabel zur Meßwarte
(Bild H.-W. von Thaden)

Der Tankbrand im Jahre 1965 gab Veranlassung, seitens der PTB unter Mitwirkung der Betreiber, der Überwacher und der Aufsichtsbehörden ein Merkblatt aufzustellen, das die notwendigen Zusatzmaßnahmen für eigensichere Stromkreise innerhalb von Tanks gegen Blitzeinwirkungen zusammenfaßt. Das Merkblatt ist in einem ausführlichen Aufsatz von *K. Nabert* und *W. Balkheimer* veröffentlicht [6]. Im Buch Blitzschutz, 8. Auflage und in DIN 57185 Teil 2/VDE 0185 Teil 2, Abschnitt 6.2.3.3.2, ist auf dieses Merkblatt hingewiesen jedoch ohne Wiedergabe des Textes. Der Text ist deshalb am Schluß dieses Anhanges aufgeführt, weil das Merkblatt auch zur Zeit noch gültig ist. Auf die Einhaltung der im Merkblatt angegebenen Schutzmaßnahmen ist inzwischen in den Explosionsschutz-Richtlinien [7] hingewiesen mit folgendem Text im Abschnitt E 2.3.7:

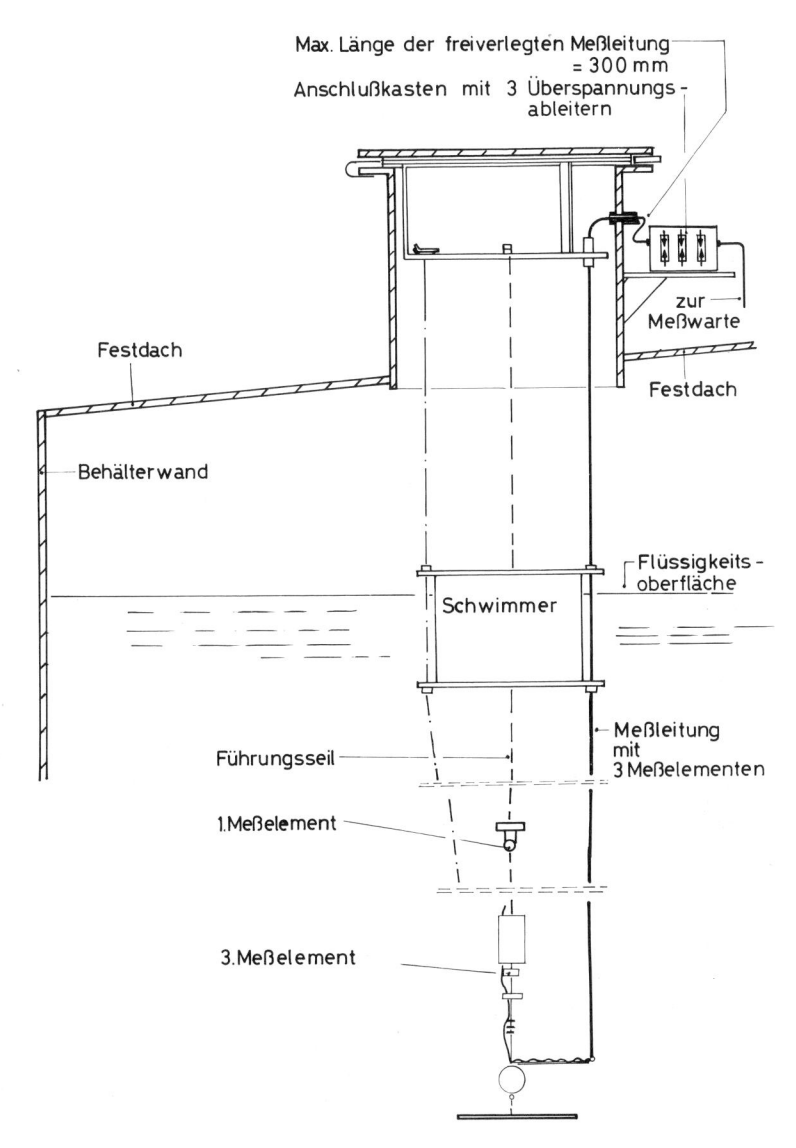

Bild J 2. Widerstandsthermometer in Festdach-Tank mit Blitzschutz-Ausrüstung nach dem Merkblatt der PTB
(Bild Enraf-Nonius, Solingen)

„Um schädliche Einwirkungen von Blitzeinschlägen, die außerhalb der Zone 0 und 10 erfolgen, auf die Zone 0 und 10 selbst zu verhindern, sind z. B. Überspannungsableiter an geeigneten Stellen einzubauen [6]".

Das Merkblatt gilt auch für unterirdische Behälter und Tanks, für die nach [5] die gleichen Gefahren bestehen wie für oberirdische Behälter und Tanks.

Die im Merkblatt angegebenen Maßnahmen beziehen sich nur auf den Schutz vor Explosionen, jedoch nicht auf den Überspannungsschutz der Meßeinrichtungen. Zur Vermeidung von Überspannungsschäden an den Meßeinrichtungen, insbesondere an solchen mit elektronischen Bauteilen, sind gegebenenfalls zusätzliche Maßnahmen erforderlich, wie sie z. B. in DIN 57185 Teil 1/VDE 0185 Teil 1, Abschnitt 6.3 vorgeschlagen sind. Die Auswahl der jeweils erforderlichen Überspannungsschutzmaßnahmen ist Aufgabe der Hersteller der Meßeinrichtungen. Üblicherweise enthalten die Druckschriften der Hersteller bereits die notwendigen Angaben.

Bld J 2 zeigt eine Temperatur-Meßeinrichtung in einem oberirdischen Festdach-Tank. Das von der Meßwarte kommende dreiadrige Kabel führt zu einem Anschlußkasten außerhalb des Tankinnern mit drei Überspannungsableitern. Von dort wird die dreiadrige Meßleitung auf kurzem Wege über zwei Durchführungen aus aromatenfestem Kunststoff in den Tank eingeführt. Im Tank sind drei Widerstands-Meßelemente mittels Schwimmern und Seilzügen so angeordnet, daß sie stets gleichmäßig im Bereich des Flüssigkeitsstandes verteilt sind. Bisher haben sich derartige dem Merkblatt entsprechende Anordnungen bewährt.

Schrifttum

[1] Verordnung über elektrische Anlagen in explosionsgefährdeten Räumen (ElexV) vom 27.2.1980. Bundesgesetzblatt 1980, Teil 1, Seiten 214–220.
[2] Verordnung über brennbare Flüssigkeiten – VbF vom 27.2.1980. Carl Heymanns Verlag KG, Gereonstraße 18–32, 5000 Köln 1.
[3] Technische Regeln für brennbare Flüssigkeiten (TRbF 100), Juli 1980. Carl Heymanns Verlag KG, Gereonstraße 18–32, 5000 Köln 1.
[4] *von Thaden, H.-W.:* Tankbrand durch Blitzschlag. Erdöl und Kohle · Erdgas · Petrochemie Bd. 19 (1966) H. 6, S. 422–424.
[5] *Brood, T. G. P.:* Bericht über infolge Blitzeinschlag verursachte Brände in zwei geschützten Tanks für die Lagerung von brennbaren Flüssigkeiten. Bericht R 4.5 zur 13. Internationalen Blitzschutzkonferenz in Venedig 1976.
[6] *Nabert, K.; Balkheimer, W.:* Blitzschutz an eigensicheren Meßanlagen in oberirdischen Tanks. PTB-Mitteilungen 1966, H. 6, S. 521–523, Deutscher Eichverlag, GmbH, 1000 Berlin 30.
[7] Explosionsschutz-Richtlinien Ausgabe 8.1980, herausgegeben von der Berufsgenossenschaft der Chemischen Industrie. Druckerei Winter, Postfach 106140, 6900 Heidelberg 1.

Merkblatt für den Blitzschutz an eigensicheren Stromkreisen, die in Behälter mit brennbaren Flüssigkeiten eingeführt sind.

Diese Hinweise gelten zusätzlich zu den einschlägigen VDE-Bestimmungen bei Stromkreisen in Schutzart „Eigensicherheit", (Ex)i, an Anlagen im Freien für brennbare Flüssigkeiten der Gruppen und Gefahrklassen A I, A II und B gemäß VbF [2] sofern die Anlagen betriebsmäßig nicht vollständig mit Flüssigkeit gefüllt sind (z. B. Tanks).
1. Werden Leitungen eigensicherer Stromkreise von oben in Behälter eingeführt, so sind die Hinweise Ziffer 3 bis 13 (einschl.) zu beachten.
2. Leitungen, die von der Seite oder von unten in Behälter eingeführt werden, müssen betriebsmäßig mindestens 100 mm unter der Flüssigkeitsoberfläche liegen; für sie sind Ziffer 3, 4, 11 und 13 zu beachten. Abweichungen von dem angegebenen Maß bedürfen einer Sonderregelung.
3. Für die Zuleitung von der Meßwarte zum Lagerbehälter ist ein Kabel mit Metallmantel oder Schirmung zu verwenden.
4. Metallische Schutzrohre am Behälter müssen mit der Behälterwand leitend verbunden sein.
5. Im Gasraum des Behälters dürfen nur Leitungen ohne Metallmantel oder ohne Schirm mit einer Prüfspannung von $U_{eff} \geq 1500$ V verwendet werden.
6. Vor der Einführung der Leitung in den Tank ist ein metallener Klemmenkasten zum Verbinden der Leitungen nach Ziffer 3. und 5. und zur Aufnahme einer Überspannungs-Schutzeinrichtung anzuordnen; Abstand des Kastens von der Einführungsstelle höchstens 300 mm. Der Kasten ist mit der Behälterwand elektrisch leitend und möglichst direkt zuverlässig zu verbinden, z. B. durch gesicherte Verschraubung.
7. Im Klemmenkasten muß für jede anzuschließende Leitungsader und für den Kabelmantel eine gegen Lockern gesicherte Anschlußklemme vorhanden sein. Als Überspannungsschutz ist zwischen jeder Leitungsader und dem Gehäuse eine geschlossene Funkenstrecke einzubauen, deren Ansprechwechselspannung höchstens 500 V bei 50 Hz betragen darf. Die bei Überschlag stromführenden Bauteile der Funkenstrecke müssen mindestens einem Kupferquerschnitt von 4 mm² leitwertgleich sein. Bei Überlastung dürfen die Funkenstrecken kurzschließen.
8. Die Leitung zwischen dem Klemmenkasten und der Einführung in den Behälter soll so verlegt werden, daß ein Blitzeinschlag in diese Leitung unwahrscheinlich ist (z. B. Einführung seitlich in einen Dom).
9. Die Leitung muß mit Hilfe einer Durchführung aus Isolierstoff gasdicht

durch die Behälterwand geführt werden. Die für die Durchführung verwendeten Werkstoffe müssen gegenüber den auf sie einwirkenden Medien beständig und bei Mineralölen auch aromatenfest sein. Die elektrische Festigkeit der Leitungseinführung gilt als ausreichend, wenn die Isolierteile 50 mm in den Behälter hineinreichen, außerhalb des Behälters mindestens 30 mm lang sind und die Wanddicke mindestens 10 mm beträgt.

10. Innerhalb des Gasraumes von Behältern dürfen keine Klemmen oder Leitungsverbindungen vorhanden sein. Jede Leitung muß gegenüber allen Metallteilen und anderen Leitungen einen Abstand von mindestens 50 mm haben. Zum Umlenken und Befestigen der Leitungen innerhalb des Gasraumes müssen Isolierstoffteile verwendet werden, die auch den Werkstoffanforderungen in Ziff. 9 entsprechen.

11. Im Flüssigkeitsraum sind nur Leitungsverbindungen zulässig, die betriebsmäßig mindestens 100 mm unterhalb des Flüssigkeitsspiegels liegen.

12. Bei Schwimmdachtanks darf abweichend von Ziff. 6 der Klemmenkasten mit Überspannungsschutz an einem Ausleger angebracht werden. In diesem Fall müssen die Leitungen und leitfähige Führungsseile durch Isolierrohre in den Behälter eingeführt werden. Die Rohre müssen abriebfest sein, betriebsmäßig mindestens 300 mm in die Flüssigkeit eintauchen und mindestens 100 mm über die metallische Abdeckplatte hinausragen. Die Wanddicke der Isolierrohre muß mindestens 10 mm betragen.

13. Wird ein Behälter über das betriebsübliche Maß (vgl. Ziffer 2, 11, 12) entleert (z.B. beim Reinigen), ist der erhöhten Zündgefahr durch besondere betriebliche Maßnahmen Rechnung zu tragen.

Erläuterungen zum Merkblatt

zu 3. Es empfiehlt sich, die Leitungen mehrerer eigensicherer Stromkreise zwischen Meßwarte und Tanks mit Einzelabschirmung zu verlegen.

zu 5. Die Prüfspannung für die Isolierung der Leitungen im Gasraum eines Tanks wurde gegenüber den Mindestwerten nach VDE 0165 und VDE 0171 (500 V) auf 1500 V erhöht. Damit sind zwar praktisch nur Leitungen der Starkstromtechnik, dafür aber einfache Funkenstrecken verwendbar, bei denen Störungen leicht erkennbar sind.

zu 9. und 12. Die Abmessungen der Durchführungen wurden auch zur Gewährleistung ausreichender mechanischer Festigkeit festgelegt.
Auf die sinngemäße Anwendung der Überspannungsschutzmaßnahmen in Fernmeldeanlagen wird hingewiesen.

Anhang K
Beispiel einer Leistungsbeschreibung und eines Leistungsverzeichnisses

Bauvorhaben: Neubau einer Kraftfahrzeug-Prüfstelle

Leistungsbeschreibung

Die Prüfstelle besteht aus folgenden baulichen Anlagen (siehe Bild K1):
Bürogebäude
Zwischenbau
Prüfhalle
Kassenpavillon
Das **Bürogebäude** hat einen achteckigen Grundriß von etwa 20 m Durchmesser, Keller, Erdgeschoß und Obergeschoß, Höhe über Erdboden rund 9 m.
Bauweise in Stahlbetonskelett in Ortbeton,
Dach zweischalig, obere Schale in Holzkonstruktion, Dachpappe.
Der **Zwischenbau** hat einen ungefähr rechteckigen Grundriß von 7 m × 15 m mit Keller und Erdgeschoß, Höhe über Erdboden etwa 3 m.
Bauweise in Ortbeton, Dachdeckung Dachpappe.
Die **Prüfhalle** hat einen Grundriß von etwa 55 m × 19 m, teilweise mit Keller für Prüfgeräte und Prüfbahnen. Kellerfußböden, Kellerwände und Kellerdecken in Stahlbeton, bei den Elektronikprüfbahnen Kellerdecke in Stahlkonstruktion.
Stützen der Hallenwände aus Stahlbetonfertigteilen,
freitragende Dachbinder aus Stahlbetonfertigteilen,
Dachschalen aus Gasbetonplatten,
Dachdeckung Dachpappe, Höhe über Erdboden etwa 6 m.
An der NW-Ecke ist ein Lüftungskamin von 14 m Höhe vorgesehen.
Der **Kassenpavillon** ist eine Stahlkonstruktion von etwa 9 m × 9 m im Grundriß und 3 m Höhe und steht etwa 10 m vor der Einfahrt der Prüfhalle.
Dem Auftragnehmer werden die Entwurfszeichnungen der Architekten im Maßstab 1:50, soweit erforderlich, kostenlos zur Verfügung gestellt.

Elektronische Einrichtungen
Von den vier Prüfbahnen der Halle werden zwei Bahnen für automatischen Betrieb mit elektronischer Datenerfassung und -auswertung eingerichtet. Der dazu gehörige Elektronenrechner wird im Zwischenbau aufgestellt. Die Geräte für die Datenerfassung sind über die ganze Länge der Halle und auf den Kassenpavillon verteilt. Dementsprechend ist ein umfangreiches Ka-

Bild K1 Blitzschutz einer KFZ-Prüfhalle mit elektronischen Prüfbahnen

ZEICHENERKLÄRUNG:
- ── FUNDAMENTERDER
- SF IM STREIFENFUNDAMENT
- T   IM EINZELFUNDAMENT
- K   KELLERFUSSBODEN
- E   ERDGESCHOSSFUSSBODEN
- ▭   POTENTIAL-AUSGLEICHSSCHIENE
- ⌀   POTENTIAL-AUSGLEICHSFAHNE
- ∞   STEUERTAFEL
- ─   TRENNSTÜCKE AUF DEM DACH
- ─   BLITZEINSCHLAGZÄHLER
- Z   BLITZBÜHNE FÜR ELEKTRONIK

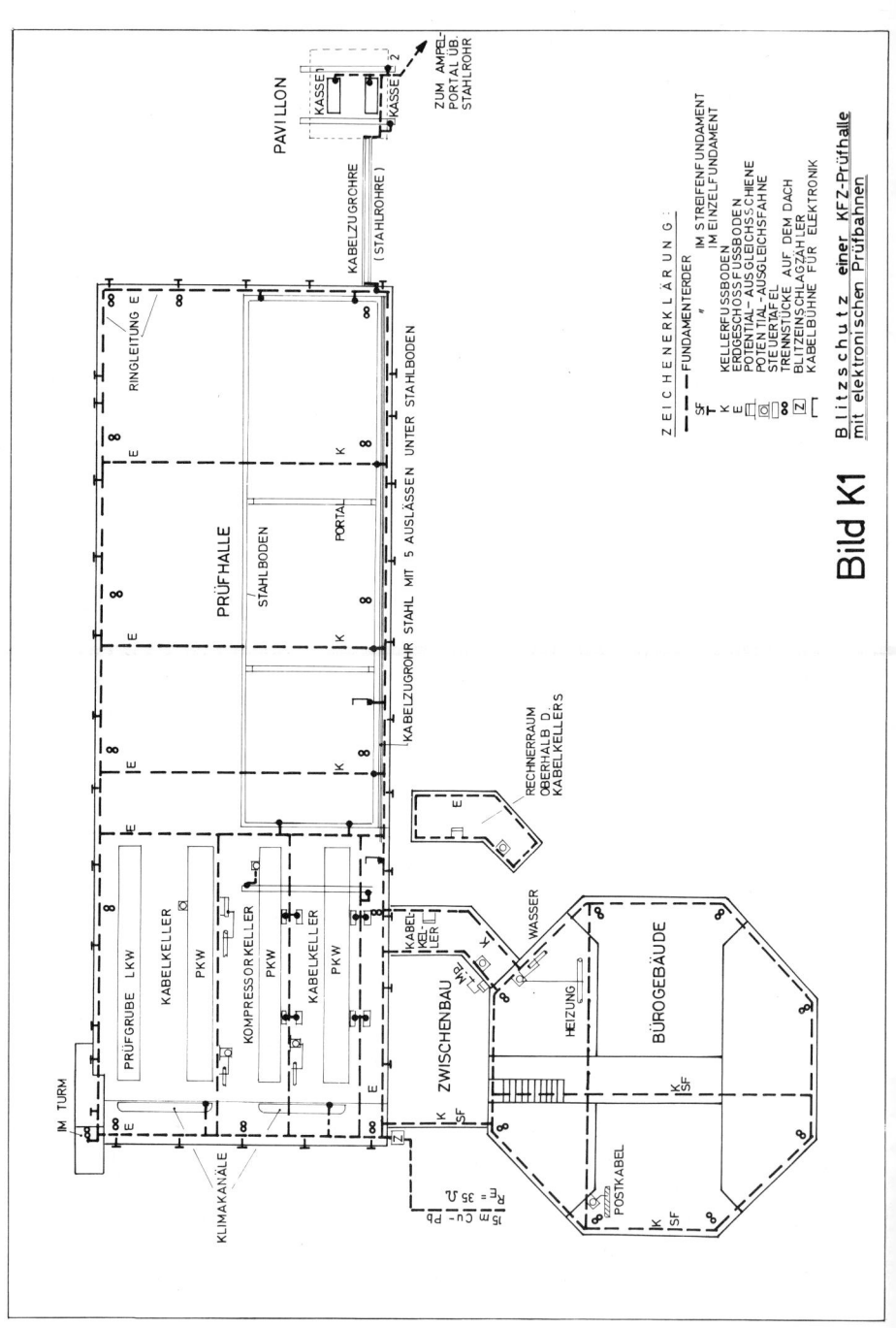

belnetz für die elektronischen Anlagen erforderlich. Für diese Kabel sind als Abschirmung in Erde Stahlzugrohre und innerhalb der Gebäude geschlossene Stahlblech-Kabelbühnen zu verlegen.

Abschirmung von Räumen
Die Blitzschutzanlage für die Prüfstelle wird so ausgelegt, daß störende und schädigende Einflüsse auf die Elektronik bei Blitzeinschlägen an beliebiger Stelle der baulichen Anlagen soweit wie möglich vermieden werden. Die Gebäude erhalten zu diesem Zweck über die übliche Bemessung hinaus ein wesentlich dichteres Netz von Fangleitungen, Ableitungen und Erdern. Außerdem werden folgende Räume mit Hilfe der Bewehrung im Stahlbeton zu abgeschirmten Käfigen gestaltet:
Keller unter Elektronik-Prüfbahnen in der Halle
Kabelkeller Elektronik im Zwischenbau
Rechnerraum Elektronik im Zwischenbau.
Diese Abschirmungen müssen Fußböden, Wände und Decken umfassen. Soweit nicht bereits aus statischen Gründen eine Bewehrung vorgesehen ist, müssen seitens der Rohbaufirma zusätzliche Bewehrungen in Form von Baustahlgewebe, z. B. Q 131, in die Wände eingelegt werden.
Die Baustahlgewebematten in Fußböden, Wänden und Decken müssen mit Ausnahme von Fenstern und Türen geschlossene Käfige darstellen. Zu diesem Zweck müssen die Matten an allen Stoßstellen um 3 Maschenweiten überlappt und an jeder zweiten Masche verrödelt werden.
Auf den Matten ist ein Netz aus verzinktem Bandstahl 20 mm × 2,5 m mit einer Maschenweite von etwa 5 m zu verlegen. Der Bandstahl ist mit jeder von ihm berührten Matte zuverlässig elektrisch zu verbinden, entweder durch Verschweißen oder durch Klemmen. Die Bandstähle sind an den in den Schalplänen angegebenen Stellen mit den Fundamenterdern zu verbinden, die zu diesem Zweck besondere Anschlußfahnen erhalten.
Die obengenannten abzuschirmenden Räume dürfen nach Verlegen der Baustahlgewebe und der Bandstähle erst betoniert werden, wenn die richtige Ausführung durch die Bauleitung geprüft und schriftlich bestätigt wurde.

Erdungsanlagen
Als Erder werden im Bereich des Bürogebäudes und des Zwischenbaues Fundamenterder verlegt. Vorhandene Bewehrungen in den Streifen- und Stützenfundamenten werden mit dem Fundamenterder verbunden durch Schweißen oder Klemmen.
Als Erder im Bereich der Halle werden im wesentlichen die Bewehrungen der Stützenfundamente benutzt. In jedem Fundament wird eine Anschluß-

leitung an die Bewehrung angeschweißt, nach oben mitgeführt und mit einer Ringleitung in Höhe der Kellerdecke verbunden. Die Ringleitung erhält Anschlußfahnen für die Ableitungen und für Metallteile und Elektroanlagen.

Ableitungen
Als Ableitungen für das Bürogebäude werden in den Stahlbetonstützen an den 8 Gebäudeecken verzinkte Stahldrähte 10 Durchmesser mit hochgeführt und etwa 0,20 m unterhalb der inneren Oberkante der Eckstützen mit einer freien Länge von ca. 1 m nach außen geführt zum späteren Anschluß der Fangleitungen.
In mehreren Keller- und Erdgeschoßräumen werden Anschlußfahnen vom Fundamenterder herausgeführt.
Im Bereich der Halle erhält ein Teil der Stahlbeton-Fertigstützen herstellerseitig eingelegte Ableitungen mit zugänglichen Ankerschienen am oberen und unteren Ende. An die unteren Ankerschienen werden die von der Ringleitung hochgeführten Anschlußfahnen angeschlossen. An die oberen Ankerschienen werden Anschlußfahnen aus verzinktem Stahldraht 10 Durchmesser angeschlossen und durch die Dachdeckung mit einem freien Überstand von 1 m hindurchgeführt.
Folgende Zeichnungen, die dem Auftragnehmer zur Verfügung gestellt werden, sind für die Ausführung der Blitzschutzanlagen verbindlich:
Fundamentplan Bürogebäude
Schalplan Decke über Kellergeschoß Bürogebäude
Schalplan Decke über Erdgeschoß Bürogebäude
Schalplan Decke über 1. Obergeschoß Bürogebäude
Blatt 44 Prüfhalle Stahlbetonfertigteile
Blatt 54 Prüfgruben
Blatt 55 Prüfhalle Erdgeschoß

Auf diesen Zeichnungen sind die Blitzschutzeinrichtungen mit B 1, B 2, B 3 usw. bezeichnet, entsprechend den einzelnen Nummern des Leistungsverzeichnisses.

Ausführung der Blitzschutzanlagen
Maßgebend für die Ausführung der Blitzschutzanlagen sind insbesondere:
1. Blitzschutz und Allgemeine Blitzschutzbestimmungen, 8. Auflage, VDE-VERLAG Berlin.
2. VOB DIN 18384, Ausgabe August 1974;
    Daraus gilt vor allem Abschnitt 2.2.1:
    Stoffe und Bauteile, für die DIN-Normen bestehen, müssen DIN-Güte

und -Maßbestimmungen entsprechen. Stoffe und Bauteile, für die weder DIN-Normen bestehen noch eine amtliche Zulassung vorgeschrieben ist, dürfen nur mit Zustimmung des Auftraggebers verwendet werden.
3. DIN 48801 bis 48852 „Bauteile für Blitzschutzanlagen".
4. Richtlinien für das Einbetten von Fundamenterdern in Gebäudefundamente

herausgegeben von der Vereinigung Deutscher Elektrizitätswerke e.V. – VDEW –, 3. Auflage 1968
Verlags- und Wirtschaftsgesellschaft der Elektrizitätswerke mbH. – VWEW –, 6 Frankfurt/Main 70, Stresemannallee 23.
Daraus gilt vor allem Abschnitt 2.21:
Fundamenterder müssen in eine Betonschicht Bn 250 oder in Beton mit mindestens 300 kg/m^3 Zementanteil eingebracht werden.
Das Einlagern in Magerbeton ist nicht zulässig.

Einheitspreise und Abrechnung
Mit den Einheitspreisen sind unter anderem folgende Leistungen abgegolten:
1. Liefern sämtlicher Materialien, soweit in den Positionen nichts Gegenteiliges angegeben ist.
2. Herstellen von Verbindungen einschließlich Lieferung von Klemmen, Schweißdrähten usw.
3. Mehrmassen wegen Umleitungen usw., die der Auftragnehmer zu vertreten hat.
4. Arbeitsunterbrechungen und Ausführen der Arbeiten in Abschnitten.
5. Korrosions-Schutzanstrich aller verzinkten Leitungen und sonstigen Blitzschutzbauteile im Freien.
6. Berichtigung der Blitzschutzzeichnungen nach der tatsächlichen Ausführung.

Die Abrechnung erfolgt nach gemeinsamem Aufmaß zu den Einheitspreisen des Angebotes. Verschnitt-, Klein-, Isolier-, Befestigungs-, Kleb- und Dichtungsmaterial wird nicht besonders vergütet.

Anmerkung:
Das nachfolgende Leistungsverzeichnis bezieht sich nur auf den Teil der Blitzschutzanlagen, der zusammen mit dem Rohbau erstellt werden muß. Zur besseren Übersicht sind die Positionen, die sich inhaltlich wiederholen, fortgelassen.

Für den weiteren Ausbau der Blitzschutzanlagen, insbesondere
Fangeinrichtungen auf allen Dächern,
Einbeziehung der Metallfassade in den Blitzschutz,
Potentialausgleich,
Einbau von Überspannungsschutzgeräten
ist ein weiteres Leistungsverzeichnis aufgestellt worden, das aber hier nicht wiedergegeben wird.

Leistungsverzeichnis

Einige Beispiele der praktischen Ausführung der hier ausgeschriebenen Blitzschutzanlage zeigen folgende Bilder:
Erläuterungen zu DIN 57185 Teil 1/VDE 0185 Teil 1: Bilder 134 und 140.
Hasse/Wiesinger, Handbuch für Blitzschutz und Erdung, 2. Auflage:
Bilder 5.2.1 a (S. 92)
    5.2.2.4 a (S. 111)
    5.2.2.4 b (S. 112)

In allen nachstehenden Positionen sind folgende Abkürzungen verwendet:

verzinkter Rundstahl 10 ⌀
für
    R 10 DIN 48801-St

verzinkter Bandstahl 20 × 2,5
für
    Fl 20 DIN 48801-St

verzinkter Bandstahl 30 × 3,5
für
    Fl 30 DIN 48801-St

schwere Kreuzstücke für
    K Fl-10 DIN 48845
oder
    K Fl-Fl DIN 48845

E.i.W. = Einheitspreis
    in Worten
Alle Anschlußfahnen sind nach dem Verlegen sofort mit rotem Klebeband zu kennzeichnen.

Lfd. Nr.	Anzahl	Leistung	Einheitspreis		Gesamtbetrag	
			DM	Pf	DM	Pf
		Übertrag				
1	135 m	**Bürogebäude und Zwischenbau** Fundamenterder aus verzinktem Rundstahl 10 ⌀ in die Fundamente von Bürogebäude und Zwischenbau einlegen einschließlich der Abstandshalter. Verbindungen mit vorhandenen Bewehrungen durch Schweißen oder Klemmen in Abständen von ca. 2 m				
		Material: Montage: E.i.W.:				
2	4	Anschlußfahnen in Kellerräumen von Bürogebäude und Zwischenbau aus verzinktem Bandstahl 30 × 3,5 an die Fundamenterder nach Pos. 1 anschließen mittels schwerer Kreuzstücke, Fahnenlänge je ca. 3,50 m Fahnen aus der Schalung herausgeführt in 0,5 m Höhe über OK Kellerfußboden mit 1 m freier Länge außerhalb der Schalung,				
		Material: Montage: E.i.W.:				
5	100 m	Ableitungen in den 8 Eckstützen des Bürogebäudes aus verzinktem Rundstahl 10 ⌀ in der Schalung mit hochführen, unten an die				
		Übertrag				

Lfd. Nr.	Anzahl	Leistung	Einheitspreis		Gesamtbetrag	
			DM	Pf	DM	Pf
		Übertrag				
		Fundamenterder nach Pos. 1 mittels schwerer Kreuzstücke anschließen, oben ca. 0,2 m unterhalb der inneren Oberkante der Stützen mit 1 m freier Länge aus der Schalung herausführen				
		Material: Montage: E.i.W.:				
6	35 m	verzinkter Rundstahl 10 $\varnothing$ in der Kellerdecke verlegen zwischen 3 Ableitungen nach Pos. 5 sowie in der Kellerdecke des Zwischenbaues in Richtung zur Halle.				
		Material: Montage: E.i.W.:				
		Kabelkeller Elektronik im Zwischenbau				
		Fußboden ca. 30 m^2 Wände außer Fenster, Türen, Durchbrüchen ca. 60 m^2 Decke ca. 30 m^2				
		Insgesamt ca. 120 m^2 mit Baustahlgewebematten belegen, Überdeckung auch an Ecken und Kanten 3 Maschenweiten.				
11	60 m^2	Baustahlgewebe-Matten Q 131 liefern und einbauen, soweit nicht bauseits bereits vorgesehen.				
		Material: Montage: E.i.W.:				
		Übertrag				

Lfd. Nr.	Anzahl	Leistung	Einheitspreis		Gesamtbetrag	
			DM	Pf	DM	Pf
		Übertrag				
12	100	Baustahlgewebe-Matten von 120 m^2 Gesamtfläche an den Überdeckungsstellen verrödeln, und zwar auf einer Linie an jeder zweiten Masche, Verrödelungen soweit nicht bauseits bereits vorgesehen Material: Montage: E. i. W.:				
		Rechnerraum Elektronik im Zwischenbau Fußboden ist bereits durch Pos. 11 erfaßt, Wände außer Fenster und Türen ca. 50 m^2 Decke ca. 30 m^2 Insgesamt ca. 80 m^2 mit Baustahlgewebematten belegen, Überdeckung auch an Ecken und Kanten 3 Maschenweiten. Mit Bewehrung des Fußbodens (= Decke über Elektronikkeller) rundherum ebenfalls verbinden mittels Überdeckung mit 3 Maschenweiten				
13	50 m^2	Baustahlgewebe-Matten Q 131 liefern und einbauen, soweit nicht bauseits bereits vorgesehen Material: Montage: E. i. W.:				
		Übertrag				

Lfd. Nr.	Anzahl	Leistung	Einheitspreis		Gesamtbetrag	
			DM	Pf	DM	Pf
		Übertrag				
14	100	Verrödelungen soweit nicht bauseits bereits vorgesehen Material: Montage: E. i. W.:				
15	80 m	verzinkter Bandstahl 20 × 2,5 auf der Bewehrung von Fußboden, Wänden und Decke des Elektronikkellers verlegen, und zwar in 3 Ringen in senkrechter Ebene und je 2mal an den Längskanten von Fußboden und Decke, Verschweißen der Bandstähle mit den Baustahlgewebe-Matten in Abständen von ca. 1 m und Verbindung der Bandstähle untereinander und mit den Anschlußfahnen nach Pos. 3 mittels Schweißen oder schwerer Kreuzstücke. Material: Montage: E. i. W.:				
		Übertrag				

Lfd. Nr.	Anzahl	Leistung	Einheitspreis		Gesamtbetrag	
			DM	Pf	DM	Pf
21	31 Stück	**Prüfhalle** Übertrag Fundamenterder in den Stützenfundamenten, bestehend aus je einem verzinkten Rundstahl 10 $\varnothing$, der an der untersten Bewehrung angeschweißt, im Fundament mit hochgeführt und auf der Innenseite der Halle mit einer freien Länge von ca. 1 m ausgeführt wird zum späteren Anschluß an die Ringleitung nach Pos. 28, innerhalb der Fundamente in Abständen von ca. 1 m zusätzlich an die Bewehrung angeschweißt oder angeklemmt, Rundstahllänge je ca. 6 m im Mittel, siehe Zeichnungen Blatt 54 und 55 Material: Montage: E. i. W.:				
23		Bewehrung im Bereich der PkW-Prüfgruben, der Kabelkeller, des Kompressorraumes und des Luftkanals muß in Fußböden, Wänden und Decken durch ausreichende Überdeckung auch an Ecken und Kanten mit mindestens 5 Verrödelungen je lfd. m an allen Stoßstellen elektrisch gut leitfähige Käfige bilden, siehe Blatt 54 Soweit bauseits nicht ausreichend vorgesehen, sind zusätzliche Verrödelungen notwendig:				
	100	zusätzliche Verrödelungen Material: Montage: E. i. W.:				
		Übertrag				

Lfd. Nr.	Anzahl	Leistung	Einheitspreis		Gesamtbetrag	
			DM	Pf	DM	Pf
		Übertrag				
26		Bewehrung des Kellers unter dem Stahlboden für die Elektronik-Prüfbahnen muß durch ausreichende Überdeckung auch an Ecken und Kanten und mit mindestens 5 Verrödelungsstellen je lfd. m einen elektrisch gut leitenden Käfig bilden. Soweit bauseits nicht ausreichend vorgesehen, zusätzliche Verrödelungen auszuführen, siehe Blatt 55:				
	100	zusätzliche Verrödelungen				
		Material: Montage: E. i. W.:				
28	120 m	Ringleitung aus verzinktem Rundstahl 10 ⌀ am inneren Rand der Stützen (siehe Blatt 44, 54, 55) im Bereich des Hallenfußbodens verlegen und mit der Bewehrung der Kellerdecken verbinden durch Schweißen oder Klemmen in Abständen von ca. 2 m, ferner an diese Ringleitung anschließen durch Schweißen oder Klemmen: die 31 Fundamenterder nach Pos. 21, 5 Bandstahlleitungen nach Pos. 27				
		Material: Montage: E. i. W.:				
		Übertrag				

Lfd. Nr.	Anzahl	Leistung	Einheitspreis		Gesamtbetrag	
			DM	Pf	DM	Pf
		Übertrag				
35	14 Verbdg.	Nach Einbau der Stahlbeton-Fertigstützen die 14 Anschlußfahnen nach Pos. 32 mit den Ankerschienen am unteren Ende der Stützen verbinden mittels einer verzinkten Hammerkopfschraube M 10, siehe Blatt 44 Material: Montage: E.i.W.:				
36	14	Nach Einbau der Dachbinder und Auflegen der Gasbeton-Dachplatten an den in Pos. 35 genannten Fertigstützen Ableitungen an den Ankerschienen am oberen Ende anschließen, durch die Dachplatten hindurchführen und ca. 1 m frei überstehen lassen. Ableitungen aus verzinktem Rundstahl 10$\varnothing$, Anschluß an die Ankerschienen mittels gekröpfter Verbinder nach DIN 48837 und verzinkter Hammerkopfschrauben M 10 (siehe Blatt 44) Ableitungslänge je Stück ca. 3 m Material: Montage: E.i.W.:				
		Summe				

Anhang L
DIN-Normen bezüglich Planung, Errichtung und Prüfung von Blitzschutzanlagen

Folgende DIN-Normen sollten dem Planer, dem Errichter und dem Prüfer von Blitzschutzanlagen zur Hand sein:

1 Bestehende Normen

DIN 18015
Elektrische Anlagen in Wohngebäuden, Teil 1/4.1980 Planungsgrundlagen.
Mit dem Blitzschutz stehen folgende Abschnitte im Zusammenhang:
8. Für jeden Neubau ist ein Fundamenterder vorzusehen.
9. Der Potentialausgleich nach VDE 0190 ist durchzuführen.
10. Sofern eine Blitzschutzanlage gefordert wird, sind die geltenden Blitzschutzbestimmungen zu beachten. Am Fundamenterder sind die notwendigen Anschlußfahnen vorzusehen.

DIN 18384/8.74
VOB Verdingungsordnung für Bauleistungen
Teil C: Allgemeine Technische Vorschriften für Bauleistungen – Blitzschutzanlagen
Folgende Vorschriften sind auch sinnvoll anzuwenden für Blitzschutzanlagen, die nicht nach der VOB vergeben werden:
aus 2.2.1
Stoffe und Bauteile, für die DIN-Normen bestehen, müssen den DIN-Güte- und -Maßbestimmungen entsprechen.
aus 3.3
Der Auftragnehmer hat, wenn in der Leistungsbeschreibung nichts anderes vorgeschrieben ist, die für die Ausführung nötigen Entwurfszeichnungen und die Zeichnungen über die ausgeführten Leistungen (Bestandspläne) aufzustellen und zu liefern.
aus 3.4
Der Auftragnehmer darf nur nach den vom Auftraggeber genehmigten Zeichnungen arbeiten.

Standardleistungsbuch für das Bauwesen LB 050/10.78
Leistungsbereich 50 Blitzschutz- und Erdungsanlagen

2 Normen in Vorbereitung

DIN 48803
Blitzschutzanlage
Anordnung von Bauteilen und Montagemasse
DIN 48806
Blitzschutzanlage
Benennungen und Begriffe für Leitungen und Bauteile
DIN 48820
Blitzschutzanlage
Graphische Symbole für Zeichnungen
DIN 48830
Blitzschutzanlage
Erforderliche Angaben für eine Beschreibung
DIN 48831
Blitzschutzanlage
Bericht über eine Prüfung

Die unter 2 aufgeführten Normen sind vom zuständigen Unterkomitee 251.1 „Normung von Blitzschutzanlagen" bereits weitgehend fertiggestellt zur Weitergabe an das Deutsche Institut für Normung zwecks Veröffentlichung als Entwurf im Gelbdruck.
Das UK 251.1 bereitet zusätzlich ein DIN-Taschenbuch vor, das die unter 2 aufgeführten Normen nach Erscheinen im Wortlaut enthalten soll. Von den unter 1 genannten zwei Normen genügt für das Taschenbuch die Übernahme eines Auszuges.

Anhang M

Merkblätter zum Personenblitzschutz

1 Merkblatt zur Verhütung von Blitzunfällen im Freien

Gefährdung durch direkten Blitzeinschlag und durch Schrittspannungen z. B. für Wanderer, Radfahrer, Reiter, landwirtschaftliche Arbeiter − Schutz des Menschen gegen Blitzschlag − Schutzmaßnahmen − Wiederbelebung bei Blitzunfällen.

2 Campen bei Gewitter: Merkblatt zur Verhütung von Blitzunfällen auf Camping- und Zeltplätzen

Drei typische Gefahren:
   Blitzeinschlag in Wohnwagen oder Wohnmobil oder Zelt,
   Blitzeinschlag in die elektrischen Versorgungsleitungen
   Blitzeinschlag in einen Baum mit Absprengen dicker Äste und Splitter
Gefahren für Wohnmobile und Wohnwagen
Gefahren für Zelte

3 Merkblatt: Blitzschutz für Wassersportfahrzeuge

Blitzschutz nicht möglich für kleine Wasserfahrzeuge wie Surfbretter, Ruder-, Paddel-, Tret- und Schlauchboote, ferner nicht für kleine Jollen und offene Motorboote.
Aus diesen Booten rechtzeitig geschützte Orte wie Häuser, Autos, auf dem Land aufsuchen.
Auf größeren Booten, z. B. auf Segelbooten Blitz über vorhandene oder zusätzliche Metallteile ins Wasser ableiten:
2.1 Segelyachten mit metallener Außenhaut
2.2 Hölzerne Segelyachten
2.3 Boote mit metallenem Schwert
2.4 Kunststoffyachten mit außenliegendem Metallkiel
2.5 Kunststoffboote mit in Kunststoff eingebettetem Ballast
2.6 Motoryachten

3 Technische Ausführung der Blitzschutzanlage
3.1 Kupferbleche anbringen am Unterwasserschiff
3.2 Behelfsmäßiger Blitzschutz
4 Blitzschutz für elektrische und elektronische Einrichtungen an Bord
5 Verhalten bei Gewitter

Die Merkblätter sind kostenlos zu beziehen:
Arbeitsgemeinschaft für Blitzschutz und Blitzableiterbau (ABB) e.V.
Preetzer Straße 75
2300 Kiel 14
[Telefon: (0431) 74047]

Zum Blitzschutz von Personen siehe auch:
Hasse, P.; Wiesinger, J.: Handbuch für Blitzschutz und Erdung, Abschnitt 6, 2. Auflage, Pflaum Verlag, VDE-VERLAG 1982